U0894529

江苏省科技人才科技厅思想库年度报告

企业创新创业人才投资的动力机制与制度政策研究（BR2013076）
科技创新人才引进、培养政策及其措施研究（BR2012076） 资助
企业家自我效能对战略变革的影响（71172102/ G0201）

江苏科技创新人才管理研究

Jiangsu Science and Technology Innovative Human Resource Management

周小虎 恢光平 主编

经济管理出版社
ECONOMY & MANAGEMENT PUBLISHING HOUSE

图书在版编目（CIP）数据

江苏科技创新人才管理研究/周小虎，恢光平主编．—北京：经济管理出版社，2014.5

ISBN 978－7－5096－3102－7

Ⅰ.①江… Ⅱ.①周…②恢… Ⅲ.①科学工作者—人才管理—研究—江苏省 Ⅳ.①G316

中国版本图书馆 CIP 数据核字（2014）第 089055 号

组稿编辑：张　艳
责任编辑：杨　雪
责任印制：黄章平
责任校对：超　凡

出版发行：经济管理出版社
（北京市海淀区北蜂窝 8 号中雅大厦 A 座 11 层　100038）
网　　址：www. E－mp. com. cn
电　　话：（010）51915602
印　　刷：三河市海波印务有限公司
经　　销：新华书店
开　　本：720mm×1000mm/16
印　　张：16. 25
字　　数：301 千字
版　　次：2014 年 7 月第 1 版　2014 年 7 月第 1 次印刷
书　　号：ISBN 978－7－5096－3102－7
定　　价：55. 00 元

·版权所有　翻印必究·
凡购本社图书，如有印装错误，由本社读者服务部负责调换。
联系地址：北京阜外月坛北小街 2 号
电话：（010）68022974　邮编：100836

序　言

投资创新人才，实现先发优势

30 多年来，中国经济的发展创造了一系列“中国奇迹”，世界银行预测中国经济规模将在 2014 年超过美国成为世界第一。尽管第一更具象征意义，但经济规模的第一并不是经济竞争力的第一。中国钢铁产量在 1996 年就开始排名世界第一，至今我们保持世界第一的位置已经近 18 年了，它只是代表我们生产规模的扩大。然而，在中国经济总量的增长过程中，我们也要看到中国与世界发达国家的差距在缩小，中国企业的竞争力在不断增强。2013 年公布的全球主要商品和服务中，我国在智能手机、个人电脑消费电子领域，以及在太阳能和风力发电等新能源领域也都处于世界领先地位。在过去的几年中，我国外贸出口已经摆脱了劳动密集型为主的结构，展现出多元化出口格局，中国经济竞争力在稳步上升。

完成中国经济根本转变的一个核心武器就是充分利用后发优势。所谓利用后发优势就是以追赶为目标，承接了发达国家的产业转移，利用劳动力成本优势，在技术上跟踪模仿，从而节省了自行探索和自行研发过程中的高昂成本，避开了产业发展过程中可能遇到的障碍，大幅度节省了时间，提高了效率。改革开放初期，我们与发达国家巨大技术差距反过来也为我们避开研发风险，通过模仿和引进发达国家的技术留下足够的空间。而我们经济政策和政治体制都是充分利用了这种后发优势。尽管存在着不同观点，但不可否认，行政主导的政治体制可以有效调动全社会资源，保持整体行动的一致性，更容易将政府目标转向经济导向目标体系。事实上，在过去 30 多年中，GDP 考核导向已经使得政府官员变成了类企业家群体，他们用企业化的思维和手段经营着城市和区域经济。另外，行政主导的体制也使得经济不均衡发展成为可能，从而有效地解决了稀缺资源的合理配置问题。在社会整体发展目标约束下，以政策扭曲资源价格，用行政手段将资源配置到赶超突破的关键领域，成为我国经济腾飞的秘诀。

然而，当中国经济迈入新的时代，支撑后发优势战略的基础已经大大削弱。人口红利在衰减，技术模仿空间在缩小，全球化红利已经透支，传统产业严重过剩。更为麻烦的是，以追赶为目标的政府政策关注的只是 GDP 政绩，结果导致了环境污染和生态保持的严重问题。同时，这些政策强化了社会不平衡发展，忽视了社会整体和谐问题，引发诸多社会矛盾。储户、农户、散户、外来户和购房户在为工业化提供充足的发展资金和土地资源的同时，也成为社会经济发展的牺牲者。随着社会经济的逐步发展，这些政策负面性越来越突出。它们导致了工业化规模扩张偏向的加剧；同时也因为财富分配不合理而导致有效消费不足；政府拥有财政资源过多，支配资源权力过大，也为腐败的高发提供了机会。

改变政策投资方向，投资创新人才是从后发优势转向先发优势的关键。从后发优势转向先发优势就是从要素驱动转向创新驱动，转向由创新主体带动经济发展方式。不管创新主体是个人的创造者，还是组织的创造团体，社会经济创新驱动都是通过这些人的创新活动来实现的。因此，实现从“后发优势”战略到“先发优势”的转变，根本上就是依靠技术创新和人力资本驱动来强化自主创新，彰显“中国创造”，而不仅是依赖于“中国制造”。其中，创新人才已经成为实现创新驱动的关键要素。创新驱动并不是与投资驱动相对立的，“创新”对应的是“模仿”而不是投资。创新驱动是相对模仿驱动而不是投资驱动而言的。成功国家的经验都表明，对 R&D 和人力资本的投资是推动内生经济增长的主要动力源。要实现从后到先，就是要大力投资创新人才，特别是科技创新人才。

在当今国际国内新形势下，江苏必须加快转到“先发优势”的战略轨道上来。开创江苏发展的新局面，实现“两个率先”就是要更换发展动力，从获取“要素投入红利”转向寻求“技术创新红利”，从获取数量型“人口红利”转向寻求质量型“人口红利”。事实上，要实现这种转换必须按照人才规律来办事，提高创新人才管理效率。南京理工大学研究团队在这个方面进行了有益的开创性研究，本书无疑是创新人才管理领域的一部力著。概括本书研究可以发现，做好科技创新人才管理必须处理好以下几个问题：

首先，必须摸清科技创新人才与管理现状，它是一切管理工作的出发点。摸清现状不能简单按照统计年鉴进行统计，固然数量统计有其存在价值，但就根本来说，这项工作是要搞清科技人才的需求状况和对发展做出预测。因为“人力资源结构调整是经济发展和产业升级及劳动力价值提升的根本要求，人力资源结构调整的速度与效率制约产业结构的调整与升级”，本书利用抽样方法，按照传统产业、主导产业和新兴产业分类对人才需求进行调查，并利用灰色预测模式对供求关系进行了预测。我对本书一个主要印象就是其工作非常扎实。正是这样的扎实调查才发现了一些难以用逻辑推理得出的结论。例如，本书研究发现不同产业中创新人才需求量和结构是不同的，迫于转型升级的压力，传统产业比其他产业更加需要研发人才。

其次，必须直面科技人才政策及其效率。江苏对于科技创新人才开发、引进与管理工作一直高度重视，出台了一系列的科技人才政策，包括“双创计划”、“333 工程”等。然而，要进一步提升江苏科技人才开发与管理效率，就必须对现有政策进行总结，去思考这些政策取得哪些功效，还存在哪些可以改进的问题？本书利用定性与定量相结合的方法对此进行了研究，发现一系列有待改进的问题。例如：①虽然江苏省在科技人力资源拥有优势，但与发达地区相比，在投入强度上仍有一定差距；②在创新人才政策中存在“重引进、轻培养”的现象，政策制度匹配性不足；③在人才队伍建设上，政府主导过多，行政化倾向突出，企业对政府依赖严重，人才工作机制持续创新乏力等；④虽然科技人才在整体上为 DEA 有效，但各地级市表现出较大差异性。毫无疑问，这些研究对于日后的江苏科技人才政策都会产生积极的影响。

最后，必须创新科技人才管理体制与机制。人才的竞争力不仅仅在于拥有多少，更重要的是引进与开发的速度。创新人才管理体制与机制是科技创新人才引进与开发速度的重要保障。本书依据《2002～2005 年全国人才队伍建设规划纲要》就如何服务江苏经济发展进行了制度创新探讨，这些成果具有较强的可操作性。例如，本书提出要改变重引进、轻培育的局面，要在创新人才培养上做到：①进一步规范结构布局，调整工作流程；②对创新人才培养进行统筹规划，分层分类开展；③对于重大人才工程应当摆脱政策经营的局面，引导和培育企业主体地位形成。在人才评价机制上，本书提出了发展专业化、社会化的人才评价组织；创建江苏人才评鉴中心，设立社会关键职业及关键人才的职业能力标准等。此外，本书还对人才选拔机制、人才激励机制、人才流动机制和人才保障机制进行了充分研究。

科技创新人才管理是一项宏大的系统工程，其中要研究的事情很多，不是一本书所能涵盖的，有很多课题还有待后续研究，如各类创新人才平台建设与完善问题，促进各类创新人才培养主体的形成问题，建设全社会培育创新创业的社会氛围问题等。但有一点可以肯定，从后发优势到先发优势的转变，在发挥政府的有效作用外，还需要着力发挥市场的“无形之手”的作用。30多年的发展经验一再表明，我国正在走从“强政府 + 弱市场”逐步向“强政府 + 强市场”转变的道路。

南京财经大学校长　刘志彪

2014年7月

目　录

1 江苏科技人才引进与培养的现状研究

人才作为第一资源，其引进和培养已经成为世界各国的国家战略。其中对于科技人才的引进与培养不仅能够提升国家整体科技实力，促进中国科技和社会经济跨越式地发展，而且引进人才还直接培养了新一代的后备力量，通过报告、讲课、主持会议、接收访问学者和学生、参与论文和项目评审等形式做了很多无形的贡献。

科技人才的引进与人才的培养虽然在概念和过程上可以分开，但在实际工作中，两者又紧密联系，特别是两者所依赖的资源、手段等方面，往往很难分开，而且从实际统计数据来看，两者也往往粘连在一起。所以，以下论述则将两者合并在一起，部分内容再分开阐述。下面对现状的阐述总的思路是从科技人才引进与培养的基本状况、计划项目平台、硬件支撑载体、软件保障措施等几个方面展开。

1.1 关于科技人才的概念与范围

国际上，由经济合作与发展组织（OECD）和欧盟统计局（Eurostat）等联合编写的《科技人力资源手册》对科技人力资源有明确的定义，按照国际教育标准分类和国际标准职业分类分别对科技人力资源的教育和职业范围进行了界定，认为科技人力资源是指完成了科学技术学科领域的第三层次教育，或者虽然不具备上述正式资格但从事科学技术职业需要上述资格的人。

在我国，人才是政策概念，统计上所依的标准是指具有中专（职高）学历及以上或具有初级职称及以上的工作人员。在我们所看到的大多数的人才统计指标中，“专业技术人才”显然要比“科技人才”使用广泛，统计数据也更加连续完整。其中，《中国统计年鉴》对于“专业技术人才”的解释是，已取得科学技术职称，或大学、中专的理、工、农、医科系毕业以及国民经济各部门从工作实践中提拔，从事理、工、农、医等自然科学技术的研究、教学、生产的专业人员和在机关、企业、事业中从事科学技术业务管理工作的专业人员。《中国科技统计年鉴》则认为，“专业技术人员”是指从事专业技术工作和专业技术管理工作的人员，即企事业单位中已经聘任专业技术职务从事专业技术工作和专业技术管理工作的人员以及未聘任专业技术职务，现在专业技术岗位上的人员。包括工程技术人员，农业技术人员，科学研究人员，卫生技术人员，教学人员，经济人员，会计人员，统计人员，翻译人员，图书资料、档案、文博人员，新闻出版人员，律师、公证人员，广播电视播音人员，工艺美术人员，体育人员，艺术人员及企业政治思想工作人员，共17个专业技术职务类别。由此可见，两个权威的统计年鉴在“专业技术人员”的概念以及所涉及的统计范围上有较大的差异。

中共中央组织部编写的《2010中国人才资源统计报告》则将“专业技术人才”定义为在各类单位中从事专业技术工作、专业技术管理工作以及在管理岗位工作具有专业技术职务（资格）的人员。但是我国将自然科学、农业科学、医药科学、工程与技术科学以及部分与科学技术知识的产生、发展、传播和应用密切相关的人文与社会科学学科均纳入科技领域的范围，而在实际工作中，统计上往往是根据职业和实际工作岗位划分人才和收集整理相关数据的，如《国家中长期人才发展规划纲要》将人才划分为党政人才、专业技术人才、企业经营管理人才、技能人才、农村实用人才和社会工作人才六类。《国家中长期科技人才发展规划（2010～2020）》对科技人才的解释是这样的：科技人才是指具有一定的专业知识或专门技能，从事创造性科学技术活动，并对科学技术事业及经济社会发展做出贡献的劳动者，主要包括从事科学研究、工程设计与技术开发、科学技术服务、科学技术管理、科学技术普及等工作的科技活动人员。不过，该《规划》在随后提供的科技人才的现状（规模与结构）时，则是以研发人员（R&D人员）的数据来加以说明的。

综上所述，对于科技人才有不同的理解，为了方便利用现有数据说明问题，同时考虑到人才素质的时代背景，在下面的内容阐述中，除了有特别的说明之外，我们将专业技术人才等同于科技人才，在具体数据的使用上，采取已有数据进行说明的模糊做法。至于“科技”所包含的范围，我们理论上更倾向于《中国统计年鉴》的解释。

1.2 江苏科技人才的基本概况

根据“2011 年江苏省人才发展统计公报的数据”，全省的人才资源总量为987 万人，其中，专业技术人才为468 万人，高层次人才为55.39 万人。高层次人才占人才资源总量的5.6%，占专业技术人才的11.84%（来源于江苏省人力资源和社会保障厅的资料，截止到2013 年6 月，全省的专业技术人才已经达到515.96 万人，其中，高层次专业技术人才为50.37 万人，占专业技术人才的9.76%）。全省从事科技活动的人员为81.62 万人（2012 年为91.42 万人），从事研发活动的人员为45.51 万人（2012 年为52.22 万人），占科技活动人员的55.76%，其中企业从事研发活动的人员为37.76 万人。每百万从业人员中科学家和工程师的数量为4142 人，每万从业人员中研发活动人员的数量为95.65 人。全省拥有院士91 人，其中科学院院士42 人、工程院院士49 人，居全国第3 位。“973 计划”（国家重点科技创新计划项目）首席科学家53 人，国家“杰出青年基金”获得者189 人，“长江学者奖励计划”特聘教授120 人，国家“百千万人才工程”培养对象208 人，国家级有突出贡献中青年专家201 人，省级有突出贡献中青年专家1952 人，享受国务院政府特殊津贴专家3549 人。

表1－1 江苏省人才资源总况（2009～2012 年）

指 标	2009 年	2010 年	2011 年	2012 年
人才总量（万人）	760	810	987	
专业技术人才（万人）	421.53	440	468	
高层次专业技术人才（万人）	35.31	40	55.39	
从事科技活动的人员（万人）	67.17	73.31	81.62	91.42
从事研发活动的人员（万人）	42.87	40.62	45.51	52.22
企业从事科研活动的人员（万人）	36.24	32.37	37.76	
每百万从业人员中科学家和工程师（人）	3170	3197	4142	
每万从业人员中研发人员（人）	91.96	66.31	95.65	
院士总量/科学院院士/工程院院士（人）	91/43/48	87/40/47	91/42/49	90
“973 计划”首席科学家（人）	34	48	53	

续表

指 标	2009 年	2010 年	2011 年	2012 年
国家“杰出青年基金”获得者（人）	162	173	189	
“长江学者奖励计划”特聘教授（人）	109	120	120	
国家“百千万人才工程”培养对象（人）	53	208	208	
国家级有突出贡献中青年专家（人）	100	201	201	
省级有突出贡献中青年专家（人）	1753	1952	1952	
享受国务院政府特殊津贴专家（人）	3447	3197	3549	
2012 年科技进步贡献率为（%）				56.5

资料来源：《江苏省人才统计公报》（2009～2011），“2012 年江苏科技工作基本情况”。

江苏省人才资源的发展与其牢固树立“人才资源是第一资源”的指导思想以及在人才事业上的投资密切相关。同样根据“2011 年江苏省人才发展统计公报的数据”，全省对人力资本投资的总量达到 6590 亿元，占全省 GDP 的 13.6%，年增长率为 24%。以 987 万人才资源总量来计算，人均投资额为 6.68 万元，全省的人才贡献率达到 33.5%。2011 年全社会 R&D 投入 1071.96 亿元，占 GDP 的 2.2%。财政性教育经费支出 1025.19 亿元，财政性医疗卫生经费支出 340.78 亿元，财政性科技经费支出 206.82 亿元。省级财政性人才发展专项资金 15 亿元，占省级一般预算收入的 4.06%。纳入备案管理的创投机构 248 家，管理的资产规模 385 亿元。

表 1－2　江苏人力资本投资状况（2009～2012 年）

	2009 年	2010 年	2011 年	2012 年
人力资本投资（亿元）	4359	5605	6590	
人力资本投资占 GDP（%）	12.8	13.2	13.6	
年人均投资额（万元）	5.74	6.92	6.68	
人才贡献率达到（%）	26.2	31.4	33.5	
全社会 R&D 投入（亿元）	702	858	1071.96	1243
全社会 R&D 投入占 GDP（%）	2.0	2.1	2.2	2.3
财政性教育经费支出（亿元）	740.48	865.36	1025.19	
财政性医疗卫生经费支出（亿元）	198.21	249.69	340.78	
财政性科技经费支出（亿元）	117.02	150.35	206.82	
省级财政性人才发展专项资金（亿元）	9.06	10.6	15	17.2

续表

	2009 年	2010 年	2011 年	2012 年
纳入备案管理的创投机构（家）	203	183	248	
纳入备案管理的创投机构管理的资产规模（亿元）	320	323.09	385	

数据来源：江苏省人才统计公报（2009～2011），“2012 年江苏科技工作基本情况”。

江苏省通过不断强化科技创新在发展全局中的核心地位，深入实施创新驱动战略，全面推进科技创新工程，创新型省份建设取得了重大进展。2012 年，江苏区域创新能力连续第四年居全国第一，科技进步贡献率达 56.5%。全省有 49 项成果获国家科学技术奖，总数居全国第一。已建国家和省级高技术研究重点实验室、工程技术研究中心等各类科技基础设施 2572 个，大中型工业企业研发机构建有率超过 75%。全社会研发投入超过 1200 亿元，占地区生产总值的 2.3%，其中企业研发投入超过 1000 亿元。全省专利申请量和授权量、企业专利申请量和授权量、发明专利申请量继续保持全国第一，发明专利授权量突破 1.6 万件，增幅达 47.1%，万人发明专利拥有量达 5.73 件。实施省重大科技成果转化专项资金项目 135 项，省资助经费 11.2 亿元。全省企业与高校院所建立“校企联盟”7216 个，与中国科学院的合作项目产出连续七年居全国第一，2012 年达 621 亿元。全省高新技术企业超过 5100 家，2012 年高新技术产业产值突破 4.5 万亿元，增长 17.4%，占规模以上工业总产值比重达 37.5%。

表 1－3　江苏科技创新能力与成果（2009～2012 年）

		2009 年	2010 年	2011 年	2012 年
江苏区域创新能力（名次）		1	1	1	1
科技进步贡献率达（%）		52.3	54.12	55.2	56.5
国家科学技术奖	总量（项）	51	46	55	49
	自然科学奖（项）	4	4	3	
	技术发明奖（项）	4	1	9	
	科技进步奖（项）	43	41	43	
江苏省科技进步奖（项）		159	199	219	
专利申请/授权量（万件）		17.4/8.7	23.59/13.8	34.84/19.98	
发明专利申请/授权量（万件）		3.18/0.5332	—/1.1043	—/0.721	—/1.6

续表

	2009 年	2010 年	2011 年	2012 年
全省/企业累计拥有有效发明专利（件）		19862/9387	29385/15237	
新认定省级高新技术产品（项）	3487	4923	6938	
国家重点新产品（项）	247	201	201	

资料来源：《江苏省人才统计公报》（2009～2011），“2012 年江苏科技工作基本情况”。

1.3 科技人才的引进与培养的计划项目平台建设

从世界各国和各地区的经验来看，在经济快速发展的阶段，人才，特别是科技人才的引进与培养是解决人力资源和人力资本供给的重要手段。国家科技部门围绕《国家中长期人才发展规划纲要（2010～2020）》，分别制定了《国家中长期科技人才发展规划（2010～2020）》和《国家“十二五”科学和技术发展规划》，来指导科技人才的引进、培养等相关工作。

科技人才的引进与培养需要相应的平台作为才华施展的依托，同时这些平台也为各类科技人才的培养成长提供了所需的资源和空间，从而实现了人才和事业的双发展。从国家层面来看，为科技人才的引进与培养所搭建的平台主要有：“千人计划”（海外高层次人才引进计划），“青年千人计划”，“973 计划”（国家重点科技创新计划项目），国家“杰出青年基金”项目，“长江学者奖励计划”，国家“百千万人才工程”，教育部优秀人才支持计划，“111”计划（高等学校学科创新引智计划），“春晖计划”（教育部资助留学人员短期回国工作专项经费），国家自然科学基金委留学人员短期回国基金项目，中科院“百人计划”，教育部留学回国人员科研启动基金，中国科学院留学经费择优支持回国工作基金，等等。这些众多的平台为人才，特别是科技人才的事业发展提供了广阔的空间，同时也为我国的经济社会发展注入了活力。这些平台为各省市人才引进和培养起到了重要作用。

在国家（包括部委）级的平台中，影响最大的就是“千人计划”（海外高层次人才引进计划），2008 年成立，其工作机构由中央组织部、科技部等多家单位组成，主要是围绕国家发展战略目标，从 2008 年开始，用 5～10 年，在国家重点创新项目、重点学科和重点实验室、中央企业和国有商业金融机构、以高新技术产业开发区为主的各类园区等，引进并有重点地支持一批能够突破关键技术、发展高新产业、带动新兴学科的战略科学家和领军人才回国（来华）创新创业。引进的海外高层次人才主要包括各类国外著名专家学者、国际知名企业的专业技术人才和经营管理人才、科技复合型创业人才以及国家急需紧缺的创新创业人才。截至2012年7月25日，全省已引进各领域高端人才2263名。除此之外，江苏省也积极利用“千人计划”的引才育才平台，扩大对高层次人才的集聚。到2012年底，全省共资助国家“千人计划”累计320人。

江苏省是全国引才工作最为突出的一个省份，也是全国引才工程最多的省份，同时江苏省引进的高端领军人才非常有效地推动了江苏经济的转型和升级，为推进“两个率先”提供人才保障和智力支持。江苏省为科技人才的引进和培养也搭建了众多基于不同层次和领域的平台，在全国范围内加快引进和培养高层次创新创业人才方面的主要平台有：“双创计划”（江苏省高层次创新创业人才引进计划），产学研人才过程，科技企业家培育工程，“企业博士集聚计划”，“333工程”，“汇智计划”，高层次现代服务业人才工程，高层次经信人才工程，高层次教育人才工程，“江苏特聘教授计划”，“江苏产业教授”计划，高层次卫生人才工程，江苏科技镇长团计划（到2013年6月，累计有6万名专家在江苏企业开展产学研合作），等等。在深入推进人才国际化方面，2013年江苏省推出了“111国际化人才引进工程”（到2020年，柔性引进100名诺贝尔奖得主、外籍院士和世界顶级专家，引进1000名国家“千人计划”专家，10000名“双创计划”专家）、“222国际化人才合作联盟工程”（支持高校、科研院所、企业与世界排名前200强高校、200强重点实验室、200强企业共建研发基地、产业创新国际合作联盟）、“江苏省博士后科研资助计划”（首批271个项目入选，其中原创性基础研究项目73个，所占比例达到27%），进一步构筑江苏科技人才引进和培养的平台优势，继续在人才发展工作上领跑全国。

表1－4　江苏省主要项目平台引进科技人才情况（2009～2012年）

	2009年	2010年	2011年	2012年
资助高层次创新创业人才（人）	265	359	402	475
累计资助引进高层次人才（人）		5350	6724	
引进创新团队（个）		8	30	
累计“双创计划”（人）	557	916	1318	

续表

	2009 年	2010 年	2011 年	2012 年
累计企业博士集聚计划（人）			777	907
资助博士到企业创新创业（人）		395	382	
“千人计划”/创业类（人）	58/—	62/36	122/60	74/—
累计“千人计划”/创业类（人）	62/—	124/63	246/123	320/—
江苏特聘教授（人）		20	50	
资助苏北引进急需专业人才（人）			512	

资料来源：《江苏省人才统计公报》（2009～2011），“2012 年江苏科技工作基本情况”。

在江苏省各类科技人才引进和培养平台，特别是“双创计划”引才计划的带动下，全省出现了竞相引才的生动局面：无锡“530 计划”、苏州“姑苏人才计划”、常州“千名海外人才集聚工程”、扬州“绿扬金凤计划”、南京“紫金人才计划”、镇江“331 计划”、南通市“江海英才引进计划”、泰州市“凤城千人计划”、徐州市“515 高层次创新创业人才工程”、连云港市“创业创新领军人才集聚工程”、淮安市“淮上英才”计划、宿迁市百名创业创新领军人才集聚计划……这些引才计划聚焦的重点都是高层次的领军人才，尤其是创新创业团队。许多区县也推出各具特色的引才计划。此外，江苏省“人才特区”建设也不断体现着吸引人才的制度优势，在特定区域内，人才工作的政策环境、体制建设、机制运行、资金投入、环境营造和工作内容、工作模式等都具有区域外不能相比的优先性和特殊性。在江苏昆山市、常州新北高新区、南通市、徐州市城区、盐城大丰和南京大学等分散的“人才特区”的基础上，出台了《关于建设苏南人才特区的意见（征求意见稿）》，计划到 2015 年将南京、无锡、苏州、常州、镇江五市建设成为高端人才密集区、自主创新示范区、科学发展先行区，人才发展主要指标达到国际先进水平。在苏南人才特区，将重点实施国际化人才引进、领军人才培养、汇智计划、“名校优生”集聚等九大重点工程。

在科技人才的培养方面，除了依靠众多的人才工程项目计划平台外，江苏省还组织了各种形式的培训，促进科技人才素质的提升和创新创业潜力的发挥。从《2011 年江苏省人才发展统计公报》来看，江苏省直接培训科技企业家 1813 人，其中在海外著名大学培训创新创业领军人才和科技领军人才 50 人次；在国内著名大学培训科技企业家 1265 人；在无锡基地培训高层次创新创业人才 498 人；省直接培训专业技术人才 11.02 万人；省实施专业技术人才知识更新工程培训约 70 万人；在“333 工程”培训基地培训 467 人；其他国际化专题培训 284 人。

表 1-5 江苏省科技人才培训情况（2009～2012 年）

	2009 年	2010 年	2011 年	2012 年
省直接培训科技企业家（人）	641	1244	1813	
省直接培训专业技术人才（万人）	9.88	10.78	11.02	
省专业技术人才知识更新工程培训（人）			约 70	
“333 工程”培训基地培训（人）	510	440	467	
其他专题培训（人）	943		284	

资料来源：《江苏省人才统计公报》（2009～2011），“2012 年江苏科技工作基本情况”。

此外，在后备科技人才的培养工作上，江苏省也十分重视遴选出第四期“333 工程”第一层次培养对象 37 人，第二层次培养对象 292 人，第三层次培养对象 2955 人。实施省“333 工程”科研项目资助 239 项。选派 23 名“333 工程”培养对象到国际知名大学担任高级访问学者。实施“六大人才高峰行动计划”第八批高层次人才项目资助 403 项，选拔培养行业（产业）拔尖创新人才 3646 人。实施“科教兴卫工程”，选拔培养医学领军人才 68 人，医学重点人才 213 人。实施“江苏人民教育家培育工程”，选拔培养对象 50 人，获得高级专业技术资格 2.94 万人，获得高级工以上职业资格 18.8 万人。

表 1-6 江苏省主要项目平台培养科技人才情况（2009～2012 年）

		2009 年	2010 年	2011 年	2012 年
“333 工程”培养对象	第一层次（人）	38	38	37	
	第二层次（人）	388	388	292	
	第三层次（人）	3466	3436	2955	
“333 工程”科研项目资助（项）		161	196	239	
“六大人才高峰行动计划”人才项目资助（项）		265	273	403	
行业（产业）拔尖创新人才（人）		1325	1989	3646	
选拔培养医学领军人才（人）		30	30	68	
医学重点人才（人）		122	122	213	
“江苏人民教育家培育工程”培养对象（人）		50		50	

续表

	2009 年	2010 年	2011 年	2012 年
获得高级专业技术资格（万人）	2. 36	2. 88	2. 94	
获得高级工以上职业资格（万人）	15. 73	15. 9	18. 8	

资料来源：《江苏省人才统计公报》（2009～2011），“2012 年江苏科技工作基本情况”。

江苏省在引进海外留学人才和国外智力资源工作上成绩卓著。截至 2013 年 6 月底，通过上述各类科技人才的引进平台，全省累计引进留学人员 6. 3 万人，有 12 名外国专家入选国家“外专千人计划”，入选的高端科研项目达到 35 个，有国外专家参与立项的省级以上科研项目达到 300 个，有 983 家企事业单位聘请有国外专家参与科研活动。

1. 4　科技人才的引进与培养的硬件载体建设

科技人才的引进与培养不仅需要各类项目和计划进行科研资金支持，还需要其他社会资源的支撑，主要包括两个方面：一是工作环境的硬件载体的建设，二是工作生活的社会制度环境软件载体的建设。

科技人才的引进与培养的硬件载体主要分为三类：一是国家、省、市、县（区）不同层级的基地和园区。根据 2011 年《江苏省人才发展统计公报》，江苏省现有国家级文化产业示范基地 10 家，国家级高层次人才创新创业基地 9 家，省级高层次人才创新创业基地 54 家，省级留学人员创业园 36 家，省级文化产业示范基地 27 家。国家级高新技术产业园区 8 家，省级高新技术产业园区 10 家。拥有科技创业园、大学科技园、软件园、创业服务中心等各类科技孵化器 349 家，面积 1945 万平方米。二是主要建立在企业内部的各种工作站和研发中心。同样根据 2011 年《江苏省人才发展统计公报》，全省建有企业院士工作站 310 个，博士后科研工作站 241 个，博士后创新实践基地 237 个，企业研究生工作站 481 个，校企联盟 6026 个，省级以上工程技术研究中心 1639 个，省级以上企业技术中心 755 个，省级以上工程中心 130 个，技能大师工作室 13 个，高技能人才公共实训基地 41 个。国家重点实验室 32 个，省级重点实验室 60 个。产业技术研究院 9 个，企业研究院 24 个，其他重大研发机构 11 个。省级以上科技公共服务平台 286 个。三是高校院所的学科点。2011 年《江苏省人才发展统计公报》显示，全省拥有普通高等院校126所，国家一级重点学科29个，国家二级重点学科64个，省优势学科122个，一级学科省重点学科81个，一级学科省重点（培育）学科36个，一级学科省重点建设学科32个，博士后科研流动站210个，一级学科博士学位授予点269个，二级学科博士学位授予点56个，一级学科硕士学位授予点408个，二级学科硕士学位授予点204个。

上述各类硬件载体为科技人才的引进与培养提供了物质条件和制度保障，吸引了大量人才，特别是科技人才纷纷来苏工作发展，有力地促进了江苏省科技创新能力的提升，2011年江苏省区域人才竞争力全国排名总分第一。2013年，江苏省进一步拓展和提升科技人才引进与培养的硬件载体的功能作用，积极筹划与世界著名高校和国内著名高校、企业、实验室建立人才合作关系，在企业院士工作站、博士后科研工作站、企业研究生工作站的基础上，建立更高层次的诺贝尔奖获得者工作站。到2013年6月底，江苏已引进10名诺贝尔奖得主、外籍院士等顶尖人才，丰富了江苏科技人才的层次，优化了科技人才的结构。

表1-7　江苏省科技人才引进与培养的主要硬件载体情况（2009~2012年）

		2009年	2010年	2011年	2012年
国家、省市级基地园区	国家级高层次人才创新创业基地（家）	3	3	9	
	省级高层次人才创新创业基地（家）	11	54	54	
	国家级高新技术产业园区（家）	6	7	8	
	省级高新技术产业园区（家）	10	9	10	
	科技创业园等各类科技孵化器（家）	200	301	349	
	各类科技孵化器面积（万平方米）	941	1504	1945	
	国家级留学人员创业园（家）	7	7	7	
	累计省级留学人员创业园（家）	28	33	36	40
	国家级文化产业示范基地（家）	7	10	10	
	省级文化产业示范基地（家）	27	27	27	

续表

		2009 年	2010 年	2011 年	2012 年
企业级工作站、技术中心	企业院士工作站（个）	142	264	310	
	博士后科研工作站（个）	411	241	241	
	博士后创新实践基地（个）		181	237	
	企业研究生工作站（个）	32	263	481	
	校企联盟（个）	4112	5068	6026	
	省级以上工程技术研究中心（个）	592	1422	1639	
	省级以上企业技术中心（个）	473	596	755	
	省级以上工程中心（个）	105	117	130	
	国家重点实验室（个）	27	29	32	
	省级重点实验室（个）		55	60	
	产业技术研究院（个）			9	
	企业研究院（个）			24	
	其他重大研发机构（个）			11	
	省级以上科技公共服务平台（个）	230	245	286	
高校学科建设点	国家一级重点学科（个）	29	29	29	
	国家二级重点学科（个）	64	64	64	
	省优势学科（个）		92	122	
	一级学科省重点学科（个）	80	80	81	
	博士后科研流动站（个）	210	210	210	269
	一级学科博士学位授予点（个）	135	135	269	
	二级学科博士学位授予点（个）	167	167	56	
	一级学科硕士学位授予点（个）	151	151	408	
	二级学科硕士学位授予点（个）	650	650	204	

资料来源：《江苏省人才统计公报》（2009～2011）。

1.5 科技人才的引进与培养的软件环境

1.5.1 制度环境

在智力支持和推进新兴产业发展条件中，科技人才是中坚力量，科技人才的引进和培养是形成现实生产力的有力途径和手段，而这一过程依赖正确的思想指导、良好的社会环境。江苏围绕落实《江苏省中长期人才发展规划纲要（2010～2020）》（苏发〔2010〕10号），加快确立人才优先发展战略布局，大力实施科教与人才强省战略和创新驱动战略，出台了50多条鼓励科技创新创业政策，如《江苏省“十二五”专业技术人才发展规划》、《江苏省博士后工作“十二五”规划》、《江苏省“十二五”引进国外智力规划》等。通过人才优先发展、优先投入，编制人才发展的规划，推动各地各部门推进人才规划建设，形成了全省上下贯通、分工明确的人才发展规划体系，将人才强省战略不同层次和领域的推进单元：人才强省战略、人才强市战略、人才强县战略、人才强镇战略和人才强企战略、人才强校战略、人才强院战略，使得人才发展规划体系更具战略性和可执行性。通过编写《第一资源》、《科学人才观简明读本》，联合中国教育电视台拍摄电视纪录片《关键在人》，以多种形式大力宣传普及科学人才理念，并形成尊重科技、尊重人才、发展人才的社会制度环境。

1.5.2 科技人才的激励与保障

科技人才专业化很强，对于工作生活环境的依赖性和敏感性也很强。为了能够使得引进的科技人才安心工作，充分发挥人才在科研、科技创新、产业转型等方面的聪明才智，江苏省各级政府部门制定了一系列有利于科技人才引进和培养的重大政策。2011年江苏省政府在全国率先在颁布实施了《江苏省海外高层次人才居住证制度暂行办法》（苏政发〔2011〕87号）和《江苏省海外高层次人才居住证制度暂行办法实施细则》，在社会保障、金融信贷、子女教育、住房等工作生活方面为引进的科技人才特别是海外留学回国人员提供了优质便捷的服务。同时，江苏省还引导各级政府加大投入，新建人才公寓数十万套，为人才的引进提供良好的居住条件。江苏省还积极鼓励企业为科技人才建立企业补充养老保险和补充医疗保险，保障科技人才的职业生活质量。通过实行帮办制、选派行政助理等方式，在政策落实、手续办理、信息咨询、项目申报等方面，为引进人才及创办企业提供“保姆式”、“管家式”服务。为了有效保护科技人才的劳动成果，2012 年成立了“江苏高层次人才知识产权法律服务中心”，按照管理创新、服务创新的要求，积极为高层次创业创新人才在江苏省及南京市的创业创新活动提供公益性和专业性相结合的知识产权法律高端服务。

1.5.3　科技人才服务业的发展

科技人才对社会经济发展的作用也少不了来自专业化的人才或人力资源的服务支撑，特别是对于在江苏省全面深化人才是第一资源的科学人才观的今天，社会大量资源投向人才的引进、培养、使用等环节，专业化的人才服务就更加必要。2012 年江苏省委办公厅、省政府办公厅在全国率先出台了《关于加快人力资源服务业发展意见》（以下简称《意见》），成为我国第一部由省级党委、政府出台的人力资源服务业发展规范性文件，系统提出了江苏新时期人力资源服务业发展的指导思想、基本原则和发展目标，明确到 2015 年，基本建成专业化、信息化、产业化、国际化的现代人力资源服务业体系，构筑全国人力资源服务业高地；到 2020 年，力争达到中等发达国家水平，基本实现人力资源服务业现代化。在发展具体目标上，对省人力资源服务业从业人员、服务机构、营业总收入提出具体要求，提出要创新行业服务产品、提高行业服务能力、建立行业标准体系；要加强人力资源服务业信息化建设，促进人力资源服务管理信息化；要推进人力资源服务业产业化进程，推进产业品牌化、规模化、集约化；要加快人力资源服务业国际化步伐，重点引进一批具有国际先进水平的人力资源服务高端企业和国际化人才。围绕加快发展人力资源服务业，《意见》提出实施人力资源服务业“四大工程”：一是高端人才培育工程，二是骨干企业培育工程，三是产业园区建设工程，四是标准化建设工程。到 2013 年 6 月，全省发展培育了 30 家人力资源服务骨干企业，引进 36 家国外和省外人力资源服务机构，积极推进人力资源服务产业园的发展。

1.5.4　科技人才的金融支持

江苏省不仅通过上述的科技项目和各类人才计划的投入来引进人才和培养人才，还十分重视和强化科技成果转化形成社会生产力的后续支持，努力使科技人才在江苏创业有机会、干事有舞台、发展有空间。在科技成果的转化方面，设立有“江苏省科技成果转化专项资金”（每年10亿元）和“江苏省科技成果转化风险补偿专项资金”，2012年，转化科技项目135个，项目总收入达到135.7亿元，其中省资助经费11.2亿元。在科技人才创业方面，2011年，江苏省设立有“新兴产业创业投资引导基金”，初期规模10亿元，有力扶持江苏省创业投资企业发展，增加创业投资资本供给，促进新兴产业壮大规模。同时科技人才创业还可以享受土地出让金、建设费减免等政策优惠。截止到2013年6月，江苏全省有39家“双创计划”人才企业成功上市。此外，江苏省还出台政策鼓励企业设立人才发展专项基金，建议其额度大于当年销售额的0.6%；鼓励高校设立人才发展专项基金，建议其额度不低于高校公共财政预算的5%，用于高校人才的引进、培养和鼓励。2011年，纳入备案管理的创投机构248家，管理的资产规模385亿元，为科技人才的后续创业和科研发展提供了有力的物质保障。

参考文献

[1] 江苏省人才统计公报，2009~2011

[2] 江苏省人力资源和社会保障事业发展统计公报，2009~2012

[3] 江苏科技工作基本情况，2012

[4] 江苏科技手册，2012

[5] 中共中央组织部．2010中国人才资源统计报告［M］．北京：中国统计出版社，2012

[6] 中共中央组织部．2011中国人才资源统计报告［M］．北京：中国统计出版社，2013

[7] 桂昭明，王辉耀．中国区域人才竞争力报告（No.1）［M］．北京：社会科学文献出版社，2013

[8] ［美］斯丹凝，［英］曹聪．中国科技崛起的人才优势［M］．北京：科学出版社，2012

2　江苏工业企业人力资源现状分析与多层面适用人才培养

江苏作为全国经济社会发展的大省，在现代化建设和社会转型的新时期，为又好又快推进“两个率先”，加快转变经济发展方式，实现经济社会的跨越发展，就必须实施创新驱动战略——技术创新、管理创新和制度创新，有效地促进产业转型升级。企业是创新驱动和产业转型升级的主体，人力资源是创新成果的主要创造者、使用者和推广者，是经济实力和发展活力的根基。江苏的工业企业是其经济力量的主力军，吸纳了大量的人力资源，研究这一领域的人力资源的宏观状况以及变化规律，对于江苏战略目标的实现具有重要的政策意义。然而，从产业调整与人力资源关系看，还存在诸多有待解决的问题，如：产业发展区域演进与人力资源结构的不平衡性，高级人才、创新型人才、关键性人才的短缺，产业发展中人力资源存量现状的一致性问题，人力资源的分类分层的数据缺乏，等等。本章将成为逐步解决上述问题的一个开端。

2.1　研究背景与意义

2.1.1　研究背景

第一，江苏产业人力资源的分类缺少基本信息，特别是与支撑传统产业、主导产业、新兴产业升级要求相适应的人力资源结构数据信息。按照江苏省“十二五”时期全面实现小康并向基本实现现代化迈进的发展目标要求，省政府近年制定了“江苏省服务业提速计划”（2010）、“江苏省传统产业升级计划”（2010）、“江苏省新兴产业倍增计划”（2010）、“江苏省政府关于加强企业创新促进转型升级的实施意见”（2011）、“江苏省‘十二五’科技发展规划”（2011）等政策计划，对江苏省产业发展的方向、转变发展方式和发展阶段等都做了明确的界定，加快和推动产业经济转型升级更加依赖人力资源要素的作用、人力资本功能的发挥。从科学决策的角度出发，实现上述的发展战略目标需要掌握产业人力资源的基本现状以及供需结构，这是制定产业政策的基本依据。

第二，江苏企业存在“招工难”、高层次技术和管理人才的需求强烈现象。从微观上说，企业的竞争说到底是人才的竞争，企业竞争力的提升需要更多依赖于人力资源，差异化和创新型人力资源的需求远远大于供给，这成为江苏企业继续保持竞争优势的最大的瓶颈。从宏观角度看，能够适应江苏产业升级需求的人力资源供给不仅存在质和量上的不足，同时还存在结构上的不协调性。一方面是产业对创新型人力资源的需求无法满足，另一方面又有大量高素质的人力资源远离产业发展的前沿，聚集在许多事业单位，现有人力资源存量的价值开发滞后。此外，在长线培养方面，人力资源的创新能力素质开发不足，这也使得人力资源对产业升级的有效供给存在可持续性方面的问题。

第三，江苏的产业结构调整方向与人力资源供需结构之间的动态关系存在较大的理论上的不确定性。就是说，江苏的人力资源与产业结构之间的协调关系和状态，在理论上需要深入研究。例如，产业结构调整需要什么样的人力资源，其结构特征怎样；传统产业、主导产业、新兴产业对人力资源的需求在质、量以及结构上有哪些不同；创新型的人力资源如何推动产业演化，其供给的可持续性怎样；人力资源与产业结构在宏观上具有哪些系统性特征；产业结构如何通过人力资源获得持续的创新驱动力，影响这一过程的因素有哪些。这些问题都是实现产业结构调整和升级的基础，而了解和掌握基本现状是解决上述问题的前提。

第四，现有的人力资源供给质量、结构还不能持续地支撑江苏产业发展要求。产业恒基所要求的人力资源应当具有什么样的素质特征，在人力资源的培养上需要做哪方面的改革，这也是产业调整战略中需要认真思考的环节。虽然江苏是经济大省，也是人才大省，而且江苏的工业在地区和全国具有传统优势，已经凝聚了一大批人才，但是，面对服务业的提速、传统产业的升级、主导产业的发展、新兴产业的倍增等新课题，现存的人力资源能否适应环境，人力资源质量结构需要做哪些调整，现存的人力资源供给体制机制需要如何创新，等等，这都需要认真研究。

第五，本章的研究也是建立江苏产业人力资源基本数据库的需要。从以往的统计数据看，大多是居于经济角度的资料，而对于管理角度的统计甚是缺乏。人力资源方面的数据多数还停留在劳动力就业人口数量及其在不同产业领域的分布的统计阶段，对于地区性和行业性的人力资源结构及其历史变化特征，产业发展对人力资源需求的数量、质量与结构等级别情况难以准确把握。因此，本章通过对级别数据的收集和长期积累，逐步为江苏产业结构调整以及相关人力资源政策制定的连续性和前瞻性提供坚实的科学依据，同时也为科学研究提供基本的素材。

2.1.2 研究意义

第一，通过抽样调研，摸清全省工业企业的人力资源的现状（包括工业企业人力资源存量、需求、分类和计量方法、系统结构特征、创新人才的供求、高层次人才的供求、其他共同存在的问题等），以客观的数据和研究结果，反映江苏工业企业人力资源的最新状况和发展态势，为政府的产业政策与人力资源政策的制定提供科学的决策依据，为相关部门加强行业指导提供参考和依据。同时，从政府职能转变的角度看，这也是政府以实际行动体现了服务社会职能的前移，将促进政府服务质量不断提高。

第二，就企业而言，本章有助于企业在了解产业发展战略的基础上，充分认识相关人力资源供给的宏观背景和整体特征，适时制定和调整人力资源管理政策，以及自身的人力资源结构，以适应企业发展战略的要求。特别是人力资源供求的区域特征、行业特征等，是企业进行合理的人力资源布局，高级人才、关键人才和创新型人才培养开发的重要根据。另外，本章对于企业正确认识产业聚集与人力资源的结构变化关系、创新创业驱动模式等也有帮助。

第三，本章将对产业发展所要求的人力资源的特征分析，对人力资源的社会培养机构，特别是高校而言有重要意义。产业创新驱动下的人力资源需求将会更加看重人力资源的创新能力素质，人力资源类型将会是专业性和综合型两个方向，而且还有不断高级化的趋势，对于领军型人才的需求更强烈。由此，它将会引导人力资源特别是高级化人才和紧缺型人才的培养，产业导向的专业选择与调整，人力资源培养方案内容的改革、培养理念和方式的创新；同时，对于人力资源的社会化投资机制也有参考意义。

第四，本章的研究可以成为一个开端，逐步建立起江苏工业企业人力资源基本数据库，通过不断的积累，不仅可以成为产业人力资源信息的重要发布平台，而且可以对相关数据进行深度挖掘，开发出更有社会价值的成果和产品；当然，这一平台也服务于相关政策制定和科学研究。

另外，本章的研究对人力资源个体的专业选择、职业选择与调整、能力素质培养以及职业生涯的规划等也有一定参考价值。

2.2 人力资源结构、创新驱动与产业升级

2.2.1 人力资源与产业结构的演变

2.2.1.1 产业结构演变的动因

产业结构演进是指产业结构本身所固有的从低级到高级的变化趋势。由于产业结构是一定技术水平、资源结构和需求结构的综合反映，因此，其演变的动因也主要来自这几个方面。

首先，社会需求结构变化即高级化带动产业结构演变。产业结构演变的各个阶段与消费结构变化发展的各个阶段是相适应的。人们的消费需求特征从解决温饱问题、追求便利与功能、追求个性时尚到追求生活质量的不同阶段，所对应产业结构也经历了从以农业和轻工业为主到以重工业为主，再到工业结构深化和高技术化，最后到以服务产业为主的发展历程。

其次，科技发展推动产业结构演变。科技发展通过提供新的生产工具和生产方式，使各产业得到技术改造和更新，导致新产品的开发和生产，引起新兴产业部门的出现和发展，直接推动产业结构向高级阶段演化；同时，科技发展所导致的各产业部门技术进步率上升的差异，也使得资源向上升的产业部门流动，使产业结构向更高层次推进。同时，科技发展还推动着产业结构在空间上的递次分布。

再次，资源结构的变化也决定着产业结构的演变内容和方向。生产要素（资本、劳动力、技术）总是向收入弹性高和劳动生产率上升快的产业部门流动。产业结构在空间上的递次推进，往往伴随着生产要素的相反的发展方向，特别是人力资源，具有向中心城市和产业高级化领域聚集的特征。

最后，产业结构变动还受到政府政策的引导。政府的产业政策在产业发展中也起到相当大的作用，这不仅表现在政府不断通过自身的改革推动经济体制的变革，而且政府具有通过产业政策和相关配套政策调控经济的能力。政府行政、财政、税收等方面的政策倾斜会促进某些产业的发展，同时也会限制某些产业的发展。对于对经济和社会发展有重要意义的产业，国家会制

定相应的优惠政策；对于不利于经济和社会发展的行业，将予以限制。

2.2.1.2 产业结构调整的基本态势

20世纪90年代以来，国际竞争越来越激烈，许多国家都在不断调整产业结构，以保持竞争优势。世界范围内，产业结构调整作为经济全球化进程的组成部分已成为一种全球性浪潮和发展趋势。我国也在不断加大经济体制改革和产业结构调整的力度，力求走上一条技术创新和集约化经营之路。进入21世纪以来，我国开始主动调整经济结构和产业结构以适应经济全球化的历史进程，呈现四种基本发展态势：

（1）传统产业更新换代加快。传统产业指知识技术含量低的劳动密集型、资本密集型和资源型产业。这些产业要想适应市场经济的需要，就必须走产业改造、调整和升级之路，淘汰旧工艺，更新产品，增强竞争力。

（2）新兴产业方兴未艾。新兴产业不断兴起，展现出旺盛生机。新兴产业指知识科技含量高的产业。信息通信、计算机、生物工程、新材料、新能源、精细化工、机电一体化、环境保护、航空航天、海洋开发、纳米技术等产业与技术的崛起，推动了又一次产业革命，使我国的经济进入一个新的发展阶段。

（3）第三产业蓬勃发展。除餐饮、服务、旅游等行业发展势头继续看好外，法律、金融、保险、咨询、信息、市场、代理、评估、物流等与第一、第二产业息息相关的知识服务型产业正在兴起。

（4）产业结构的调整带动人力资源和人才结构调整。产业结构的变化不仅改变社会生产和生活结构，也改变人力/人才资源的需求结构，促使人力/人才资源结构进行适应性调整，为经济发展提供智力支持和人才保证。产业结构调整与升级以科技进步为前提，产业结构升级的明显优势表现为技术优势，这种技术优势是靠人才优势，尤其是人才的知识结构优势来实现的。从这一意义上讲，没有与之相适应的人才结构调整，产业结构的调整升级乃至整个经济结构的调整就是一句空话。

2.2.2 人力资源与产业结构调整的协调关系

人力资源结构是指一定时间一定区域人力资源总体在不同方面的分布或构成，分为自然结构（年龄、性别）、社会结构（社会关系）和经济结构（人力资本、供求关系）三大方面。另外，人力资源的结构特征还可以从地区、产业、职业等方面进行划分和分析。人力资源结构调整是经济发展和产业升级及劳动力价值提升的根本要求，人力资源结构调整的速度与效率制约产业结构的调整与升级。

在传统的研究人力资源与产业结构的关系方面，配第—克拉克定律揭示了三次产业中劳动力就业结构随着工业化进展的变化趋势。迈克尔·波特（Michael E. Porter）将竞争优势理论延伸到产业和国家层次，探讨一个国家及其产业如何能建立起它的竞争优势，认为竞争优势主要依赖于生产要素、需求状况、产业关联性和企业特征。虽然波特的这一分析结构没有特别强调人力资源要素，而是强调整个系统的竞争优势来源，但四个方面协调发挥作用的主动性因素还是人力资源。

如果我们认为产业结构的调整过程就是各种生产要素的重新配置过程，那么，从经济学的角度看，人力资源所起的突出作用集中体现在要素聚集效应与要素置换效应两个方面。

要素聚集效应指由于区域人力资源的聚集（ 或人力资本存量的增加）而造成的其他生产要素的聚集，其中主要是物质资本的聚集。聚集效应的产生是因为人力资本存量的增加造成相关部门物质资本的相对缺乏，为了充分发挥要素的产出能力，就有必要追加投资；而高素质人力资源的存在，在一定程度上降低了追加投资的风险，使物质资本出现在该部门聚集的趋势。聚集效应表现为人力资本存量较高的部门，物质资本有机构成较高，产品技术含量与附加值均较高，相应的利润率也就高。

要素置换效应指由于区域人力资源的聚集（ 或人力资本存量的增加）而造成的其他生产要素投入量的减少，其中主要是对劳动的置换。置换效应的产生是因为高素质的人力资源使普通劳动者在市场竞争中处于不利地位，其直接表现就是大量的简单劳动者在结构转换的过程中陷入失业状态。通常的认识是随着经济的增长，物质资本对劳动的置换作用越来越明显，实际上其深层次的原因在于人力资本存量的提高，与其说是机器取代劳动力，还不如说是高素质人力资源排挤普通劳动者。

人力资源的要素聚集效应与置换效应同时起作用，而且聚集效应还对置换效应起到放大作用，资本的聚集更加剧了对简单劳动的置换。高素质的人力资源不仅有助于提高经济系统的产出，而且有助于催生高技术及高技术产业，引导一般性资源流向高技术产业，促进高技术产业的成长。发达国家和地区一方面凭借其高质量的人才大力推进高技术产业的发展，另一方面向发展中国家和落后地区转移传统产业，推动着产业结构的转换和国民经济的发展。

从产业组织学的角度看，产业结构变化对人力资源结构的影响从总体上来看，是通过影响人力资源的需求进而影响其供给。产业生命周期、产业结构的调整与升级，通过影响人力资源的流动、开发和投资的方向，进而改变人力资源结构。主要表现为：人力资源从衰退产业、成熟产业向新兴产业的转移以及人力资源结构的内在变化——包括年龄结构、知识结构、专业结构、地区结构和聚集状态等方面的变化，并伴随产业之间的流动引起人力资源开发。反过来，人力资源也通过生活与工作需求、供给的有效性、数量与质量的变化影响产业结构的内容、弹性和活力。人力资源结构与产业结构的关系大致如图 2 -1 所示：

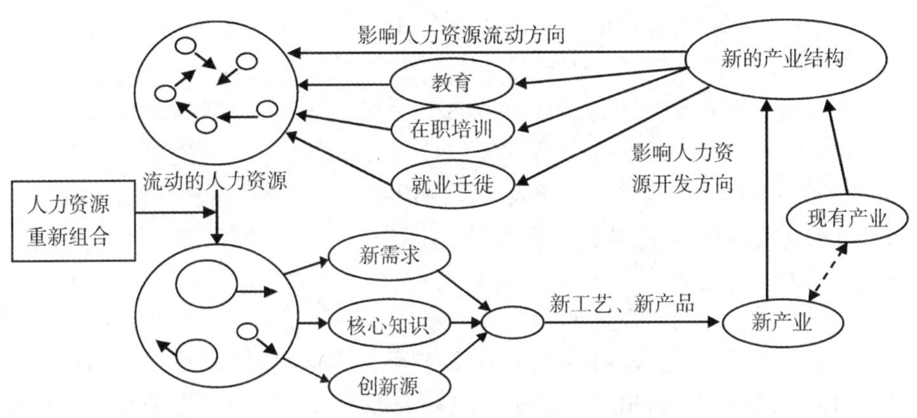

图 2 -1　产业结构与人力资源结构的关系图

2.2.3　产业创新驱动与产业升级

虽然经济学早就关注了创新对经济增长的贡献，如亚当·斯密注意到劳动分工和专业化对促进技术进步和提高劳动生产率的作用；马克思认为内涵式扩大再生产主要依赖要素的使用效率（包括劳动力）；马歇尔认为对人本身的投资是最有价值的投资；索洛和丹尼森研究表明技术进步是美国经济增长的主要源泉。但是，他们的研究总是从宏观和一般的意义上以价格为核心建立模型，探讨经济增长的依赖因素及其变化，并未深入到因素的内部，特别是创新的过程本身的机理。

1912 年，熊彼特（J. A. Schumpeter）首次提出了创新的理论观点，认为创新就是企业家实行对生产要素的新结合，包括产品创新、技术创新、市场创新、资源配置创新、组织创新。后来对于创新研究主要集中到两个方向，即技术创新理论和制度创新理论。熊彼特的创新理论主要基于微观层次，基于企业经营的实践需要，而现在对创新的观点更加广泛。

从社会学的角度来看，创新是指人们为了发展的需要，运用已知的信息，不断突破常规，发现或产生某种新颖、独特的有社会价值或个人价值的新事物、新思想的活动。创新的本质是突破，即突破旧的思维定势，旧的常规戒律。创新是以新思维、新发明和新描述为特征的一种概念化过程。创新有三个层次的内涵：首先是完全自主创新，即能够从理论到实践进行全面的创新，这是最高级的创新；其次是集成创新，即将现有的成果进行重新的融合，从而产生新的成果；最后是消化吸收再创新，它是最低级别的创新。

作为构成产业的基本单元，企业之所以有意愿进行创新，可以归结为两个方面：从经济的角度看，创新为企业带来了丰厚的价值回报，这是根本动力。从管理的角度看，创新为企业带来了竞争力的提升，具体表现为：创新可以向社会提供独一无二的产品或服务；创新使得企业以速度更快、价格更低、更定制化的方式提供产品或服务；创新能够为其他更新和变化提供平台；创新可以获得溢出效益以及先发优势（声誉价值、顾客忠诚、网络效应）；创新提供了一种新的做事方式。

当前对于创新的研究主要集中在创新过程、创新能力、创新系统、创新动力、创新战略和创新政策等几个大的方面。与本章研究密切相关的理论主要是创新的动力理论。由于创新的对象和内容主要集中在生产领域，而科技创新（对技术创新的扩展）又是生产领域的主要方式或形式，因此，产业创新驱动与科技创新的关联度更加紧密。

从历史的角度来看，产业的演化和升级在不同时期或不同区域，其驱动力的来源也有所变化。在经济发展的最初阶段，几乎所有的成功产业都是依赖基本生产要素的数量扩大和堆积，这是要素驱动阶段。当所投入的生产要素在量和质上受到限制时，产业的演进动力主要来自于投资（或资本）驱动，即通过资本的堆积来提高劳动对象的深度开发和再利用，提高劳动对象的经济价值回报。产业的创新驱动阶段则是摆脱了对生产要素的高依赖性，出现产业持续创新形成的集群、分工的模块化与体系化、生产环节差异化、服务高级化的趋势特征。产业的财富驱动阶段则以奢侈需求驱动的金融服务业、娱乐业、科学艺术、健康医疗以及较高品牌忠诚度产业和特有生产要素优势产业为演化方向，产业发展突出社会价值取向，出现竞争活动衰退、产业集群解体、投资和创新下降的特征。

从产业创新驱动模式的结构上来划分，现有的研究文献主要集中在三种模式上：①技术推动模式，是指由于技术推动的作用而引导出的技术创新，强调科学研究和由它所产生的技术发明是推进技术创新的主要动力。②需求拉动模式，由美国经济学家施莫克勒（J. Semookler）提出，强调动力来自于市场需求的引导、制约。③综合作用模式认为，创新是个复杂的过程，其动力因时间等因素不同而有很大不同，强调在技术创新和市场需求方面的共同作用。

从组织模式上划分，产业创新驱动模式又有以下四种：①开放创新模式——强调创新资源的有效整合；②集聚创新模式——强调以专业化分工和协作为基础的技术关联创新效应，有顺轨式创新集聚、衍生性创新集聚、渗透性创新集聚等具体形式；③创新网络驱动模式——强调技术、知识和人才在不同结点之间的流动以及创新咨询和服务共同建立起的网络联结关系；④协同创新驱动模式——对创新的认识不再局限于技术创新上，而且涉及技术创新、市场创新、组织创新、管理创新等，将创新作为一个系统进行研究。

国内学者还关注了科技创新在产业发展中的自组织行为、产业的集群与网络化、模块化、创新知识的扩散机制等方面。另外，还有大量文献从波特竞争优势理论来考察科技创新与产业竞争力的关系，认为：创新影响产业的投入产出状况以及生产要素的配置和转换效率；创新促使产业间相互融合形成新的竞争优势；创新系统影响竞争优势；创新通过暂时的技术知识垄断来获得竞争优势。

2.2.4 产业创新驱动下的人才需求

企业是产业实现创新的基本活动单元，而创新的最终承担者是人，个体的人或群体的人，产业的创新驱动也就是依赖于人的供给与需求的驱动。从供给方面而言，人是创新过程的主体，包括创新的思路、思想、构想产生，创新手段或原材料的选择，创新产品或服务生产过程的控制，创新结果的商业化和社会化。从需求方面而言，创新结果的意义评价也在于人。从产业和企业的角度而言，我们更加注重供给方面，更加注重在供给中发挥重要作用的人即人才的功能发挥，特别是领军型人才的作用。同时要考虑的因素是，创新又依赖于环境，特别是人的群体环境，因此，人才的集聚集群、团队的工作方式、网络的智慧凝聚等对于创新有重要影响，由此，人力资源管理也就越来越重要。

创新型人才是人才中既能继承前人的知识和成果，又能超越前人，创造性地发现问题、分析问题和解决问题，具有首创精神的个人或群体或素质。这些人具有发明创新能力、科学研究能力、组织管理能力、协调学习能力和分析判断能力等多种内在素质。与普通的人力资源相比，创新型人才的特征可以体现为多个方面，以下六个特征被认为是他们通常需要具备的：

一是勇于探索的创新精神。创新型人才必须具备良好的献身精神和进取意识、强烈的事业心和历史责任感等可贵的创新精神。它是人的创新活动的内在驱动力，是人的创新能力得以发挥的潜在动力，也是人持续创新的根本保证。

二是敏锐的洞察力。从本质上讲，创新就是一种突破性的发现。这要求创新型人才必须具有敏锐的观察能力、深刻的洞察能力、见微知著的直觉能力与一触即发的灵感和顿悟，不断地将观察到的事物与已掌握的知识联系起来，发现事物之间的必然联系，及时地发现别人没有发现的东西。

三是灵动的创造性思维。创新型人才的思维方式必须是前瞻的、灵活的、独创的，这能保证在对事物进行分析、综合和判断时做到独辟蹊径，从而产生新颖、独特并且有社会价值的思维产品。

四是坚韧的创新意志。创新是一个探索未知领域和对已知领域进行破旧立新的过程，可能遇到重重的困难、挫折甚至失败。因此，创新型人才要具备非凡的胆识和坚韧不拔的毅力以及良好的承受失败与挫折的能力，这样才能不断战胜创新活动中的种种困难，最终实现理想的创新效果。

五是丰富的创新知识。创新是对已有知识的发展，这就要求创新型人才的知识结构既有广度，又有深度，既要有深厚而扎实的基础知识，了解相邻学科及必要的横向学科知识，又要精通自己的专业并能掌握所从事学科专业的最新成就和发展趋势，这种完备的知识结构有助于增强他们的综合思维能力和创新能力。

六是科学的创新实践。创新的过程是遵循科学、依据事物的客观规律进行探索的过程，因此，创新型人才必须具有求实的工作态度、严密的思维逻辑，以保证准确地分析、判断和把握事物的客观规律，以科学的精神进行创新实践。

上述特征的描述主要是基于个体层面的，而从组织或群体层面看，创新型人才还具有结构的多样性、创新行为和结果的连续性、从技术创新到战略创新的多层次性、群体的流动性等特征，这样才能够适应产业创新驱动的需求。

对于创新型人才的研究，研究者除了在特征方面进行综合描述，还对创新型人才的行为模式、创新影响因素、人才成长模式、创新能力素质模型、基于人力资本的投资收益、创新型人才的组织特征、重新导向的人力资源管理机制等方面进行了研究，特别是从经济学角度探讨如何加大对人才的投入机制、投入收益等内容，成果比较丰富。

2.3 研究方法体系

江苏工业企业人力资源状况研究组坚持以客观数据为依据，秉承客观、公正、全面的研究原则，以使最终取得的数据与研究结果能够真实反映江苏工业企业人力资源的发展状况，为政府有关部门研究制定相关政策及加强管理提供参考和依据。

2.3.1 研究过程

总体研究分成四个阶段：

第一阶段：完成基本理论探讨、研究方法的选取及问卷设计。

第二阶段：样本的选择、问卷的发放与回收。

第三阶段：资料统计整理与分析。

第四阶段：调查结果呈现与研究报告撰写。

由于问卷填写有一定难度，第三阶段在筛选有效问卷的过程中，本章只删除了结构数据和总量数据不完整的部分问卷，对于一些企业基本情况欠缺的问卷又通过网上资料查询及电话补查等方式补漏，最后共有 268 家企业填写的问卷进入后期分析阶段。另外，从回收上来的问卷可以明显看出，相对于总量数据和管理人员数据，企业对于技术人员及技师技工部分的统计工作更为欠缺。因此，技术人员和技师技工的分部分的研究根据样本中的有效数据进行。

2.3.2 问卷设计

本章主要借由结构化问卷调查的方式，了解江苏工业企业人力资源及其管理的现况、不同背景企业在高级人才结构、人才需求方面的差异性以及不同背景企业人力资源管理中存在的主要问题。本章采用研究者自编的“江苏工业企业人力资源管理现状调查问卷”为研究工具，问卷编制历经三个阶段：

第一阶段，研究者根据研究的目的，收集国内相关问卷，拟订出调查问卷草稿，然后将草稿题项发给数名相关专家、学者做内容效度审查，剔除不重要的题项，修改语意含混题项，形成预试问卷。

第二阶段，将上述过程形成的预试问卷由研究者亲自在南京理工大学EMBA学员班发放填答，收集填答者在填答过程中所提问题，了解题目的适切性，为问卷的再次修改作参考。

第三阶段，根据预试中出现的问题检查问卷的内容表述、题项设置，加以修订编排，最终形成正式问卷。

为了方便问卷填答与资料的量化与统计分析，问卷采用封闭式的结构化方式编制。在编制时，以尽可能采集企业原始数据为设题原则，避免某些指标出现计算上的不一致而影响分析的有效性。问卷内容包括四个部分：江苏工业企业基本信息、企业现有人力资源状况、企业人才需求状况和企业人力资源管理问题。

2.3.3 实施程序与资料处理

在发展出正式问卷后，研究组以规模以上（销售额2000万以上）的江苏工业企业（包括生产性服务业）为施测对象，并委请江苏省经济和信息化委员会相关部门发放及回收问卷。调查自2011年11月开始实施，共发放问卷425份，截至2012年1月20日，累计回收问卷309份。剔除关键题项填答不完整的无效问卷41份，有效问卷268份，有效问卷回收率为86.73%。

在正式问卷回收后，为了方便整理及资料核对，将有效问卷予以编码。将整理及编码后的正确资料输入电脑进行资料登录，并使用SPSS 16.0统计软件进行资料分析。本章的主要目的在于了解江苏工业企业人力资源现状及不同背景企业的多层次人才状况的异同，因此，在统计分析上采用描述性统计分析的方法探讨江苏工业企业人力资源的频数分布情形以及对不同背景企业高级人才结构和人才需求状况进行的差异性分析。主要计算的参数有频数分布、百分比、平均数及频数分布的差异性。

2.3.4 样本特征分析

参与本次调研的企业涵盖了国有及国有控股、外资和中外合资企业、民营等各类企业，国有及国有控股、外资及中外合资企业所占比例分别为18.2%、18.6%，民营企业占比较多，为60.9%，其余为其他性质企业。在企业经营年限方面，45.5%的企业经营年限未满10年，30.9%的企业经营年限在10~20年，23.6%企业经营年限超过20年。在企业规模方面，注册资本低于4000万元的小型企业居多，占比为51.6%，注册资本超过4亿元的大型企业占8.3%，4000万~4亿元的中型企业占40.1%。268家有效样本企业中，在苏北地区发展的占23.5%，在苏中地区发展的占30%，在苏南地区发展的占46.5%。行业方面，37.4%属于汽车、机械、电子、石化四大江苏主导产业，纺织、食品等传统产业占17.9%，新医药新能源等新兴产业占22.6%，另有22.1%的企业属于生产性服务业，总结如表2-1所示。样本企业的特征基本反映了江苏地区工业企业的结构状况，数据显示本章的调查对象具有良好的代表性，符合研究对象的基本分布特点。

表2-1　样本特征结构分析表

企业性质（%）				所属产业（%）				所在地区（%）			注册资本（%）		
国有	外资	民营	其他	传统	主导	新兴	其他	苏南	苏中	苏北	小型	中型	大型
18.2	18.6	60.9	2.3	17.9	37.4	22.6	22.1	46.5	30.0	23.5	51.6	40.1	8.3
企业年限			上市与否										
10年以下	10~20年	20年以上	境内	境外	双上市	准备	没有						
45.5	30.9	23.6	5.4	5.0	1.9	18.2	69.5						

2.4　江苏工业企业人力资源基本状况的分析

2.4.1　江苏工业企业人力资源的基本情况

本次调查在人力资源基本状况方面，涉及到企业人员规模、性别结构、年龄结构、学历层次、企业管理人员所占比例、高管、技术人员、技师技工的年龄学历结构等方面的状况。

参加调查的企业中，员工规模平均为970人，其中女性员工比例平均为32.98%。在年龄方面，25岁以下的员工占29.69%，25~34岁之间的占31.40%，35~44岁的占23.73%，45岁以上的占15.17%。在学历方面，初中及以下比例为27.73%，高中（含职高、中专、技校）为41.91%，大专为18.67%，大学本科为10.88%，研究生及以上为0.82%。总体情况见图2-2。

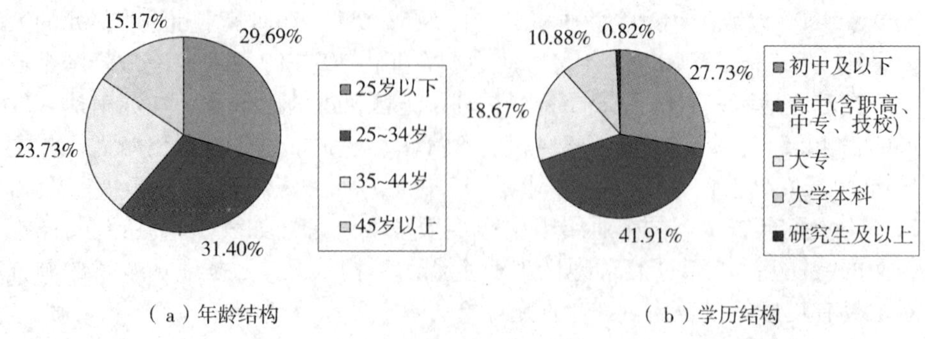

（a）年龄结构　　（b）学历结构

图 2-2　员工的年龄结构与学历结构

以上调查结果显示，江苏工业企业中，男性员工的比例远高于女性员工。员工年龄分布比较均衡。员工学历仍以高中、大专、初中及以下为主，大专及本科比例之和达 29.55%，但硕士及以上学历所占比例较少。

2.4.2　江苏工业企业管理者结构分析

参加调查的企业中，中高层管理者数量占员工总数的比例平均为 11.28%。高层管理人员中，45 岁以上的人数最多，占高层管理人员的 46%，35～44 岁的占 36%，35 岁以下人数较少，各企业数量几乎以个位数计，比例为 18%。学历方面，以大专及本科学历居多，本科所占比例为 42%，大专比例为 33%，硕士以上比例为 16%，高中以下比例最少，占 9%。

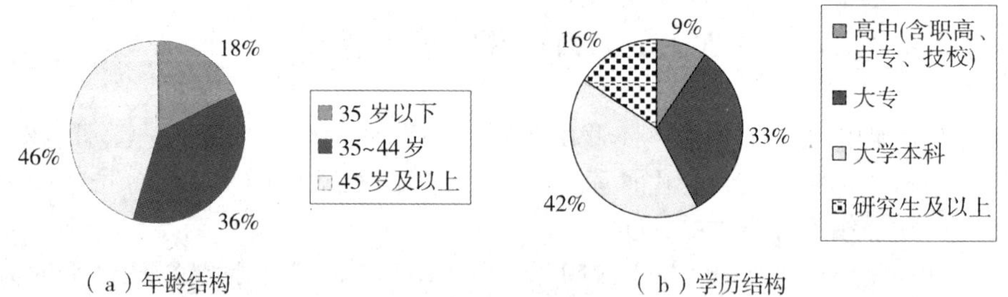

（a）年龄结构　　（b）学历结构

图 2-3　高层管理者年龄结构与学历结构

中层管理人员的年龄分布相对比较均衡，35 岁以下、35～44 岁之间、45 岁以上的比例分别为 31%、41%、28%，学历分布情况依然是以大专及本科为多，大专所占比例为37%，本科所占比例为37%，高中以下比例明显高于高层管理者高中以下比例，比例为20%，硕士以上的中层管理者数量也明显少于高层管理者高中以下比例，比例为6%。

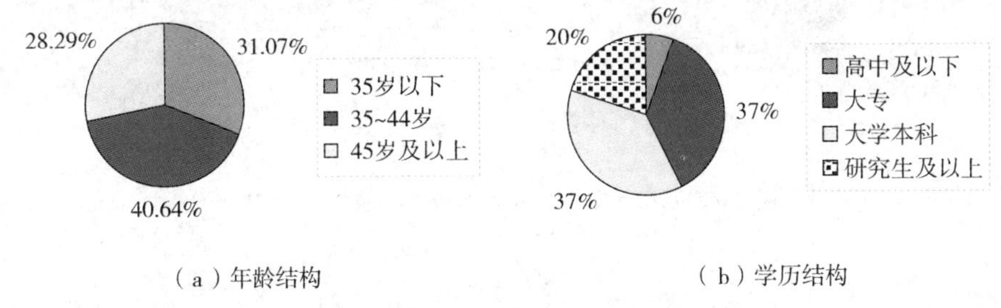

（a）年龄结构　　（b）学历结构

图2-4　中层管理者的年龄结构及学历结构

上述数据表明，江苏工业企业高层管理者年龄45岁以上者居多，35岁以下的高层管理者数量较少。学历以大专和本科为主，两者合计占74%。高中及以下与硕士及以上学历者均较少。中层管理者年龄在45岁之上者较少，学历以大专与本科为主，硕士及以上学历者比高层管理者更少。由此推断，任职者年限与学历均是影响管理者晋升的主要因素。

2.4.3　江苏工业企业技术人员结构分析

在进入分析的样本企业中，拥有高级技术职称的人数占员工总人数的百分比平均为8.20%。年龄方面，大约有半数的高级技术人员年龄在45岁以上，占比为50%，35岁以下比例较少，只有11%，35~44岁的比例为39%。学历方面，本科学历比例最高，为46%；其次为大专学历，比例为24%；拥有硕士及以上学历的比例相对较低，为24%；高中及以下学历者也较少，比例为6%。总结如图2-5所示。

在中级职称技术人员中，年龄在35岁以下、35~44岁及45岁以上的比例各为36%、41%、23%。学历方面，中级职称人员同样以本科及大专学历最多，所占比例分别为49%、35%，高中以下比例为11%，硕士及以上学历者较少，比例仅有5%，而博士学位拥有者更是仅有0.60%，如图2-6所示。

结果表明，在学历方面，高级技术人员与高层管理者与中级技术人员有显著差别。高级技术人员的硕士学历比例明显高于高层管理者与中级技术人

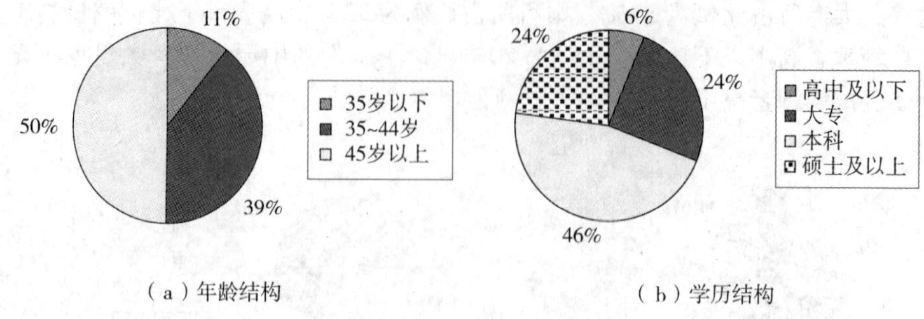

（a）年龄结构　　（b）学历结构

图2－5　高级技术人员的年龄结构及学历结构

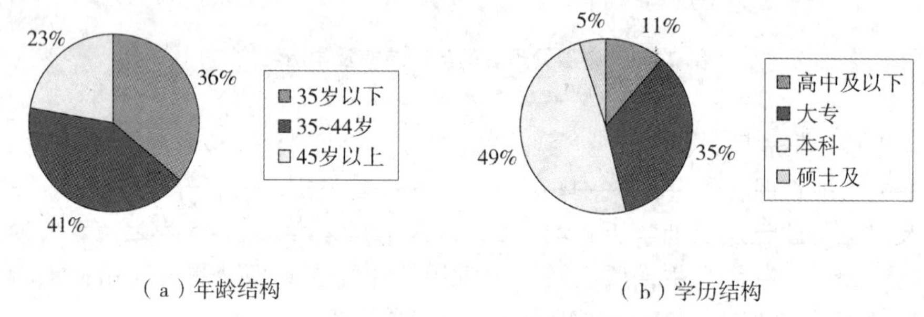

（a）年龄结构　　（b）学历结构

图2－6　中级技术人员的年龄结构与学历结构

员。由此推断，相对于管理者晋升，技术职称晋级时学历因素更为重要。

2.4.4　江苏工业企业技师、技工状况分析

在进入分析的样本企业里，高级技师数量极少，平均拥有的高级技师率仅仅为0.42%，其中有29.37%的企业高级技师为空白。在拥有高级技师的企业里，高级技师年龄在45岁以上的比例为48.20%，几乎占了一半，35～44岁年龄组的比例为38.40%，35岁以下比例最低，仅为13.40%。在所分析的样本企业中，8.73%的企业只有高级技师资料，缺乏技师资料。在有技师资料的企业里，技师年龄在35岁以下的比例为30.93%，35～44岁的比例为41.14%，45岁以上的比例为27.93%。技师中，高级技师所占的比例较低，为25.99%。

在最后进入技工分析的样本企业中，高级技工比例平均为12.2%，其中12.03%的企业高级技工数量为0。高级技工中，年龄在35岁以下者占40.46%，35～44岁的占37.72%，45岁以上者占21.82%。中级技工中，年

龄在35岁以下的占53.23%，35～44岁的占31.99%，年龄在45岁以上的比例较小，占14.78%。高级技工在技工中的比例为19.54%。

调查数据表明，高级技师与技工的数量比较短缺，相当多的企业中高级技师技工要么空白，要么年龄偏大。

2.5 不同背景企业高级技术人员结构的差异分析

2.5.1 企业技术人员总体结构的差异分析

在企业技术人员总体结构差异比较中，我们将企业按照中高级技术人员比重的高低，划分成三类企业。它们分别为中高级技术人员占比低于3%、3%～10%、高于10%三组。中高级技术人才占比低于3%企业可能是劳动密集型企业，而占比超过10%企业是技术密集型企业，或称为技术驱动型企业。

研究发现，在国有及国有控股企业中，21.9%的企业中高级技术人员比例在3%以下，53.1%的企业中高级技术人员的比例在3%～10%，25%的企业中高级技术人员比例在10%以上。

经营年限在10年以下的企业中，33.3%的企业中高级技术人员所占比例在3%之下，28.6%的企业中高级技术人员比例在10%以上。

苏南地区企业中，36.1%的企业中高级技术人员的比例在3%以下，28.1%的企业中高级技术人员的比例在10%以上。图2－7表示了不同比例组间苏南、苏中和苏北间的差异。图2－7显示在10%以上组中苏南地区呈现明显优势，而低于3%组中占据首位的苏中地区超过了40%，苏北地区则在3%～10%组中具有主导性地接近50%。这可能意味着苏南地区在技术密集型企业人才储备方面具有优势，而苏北地区企业也非常注重技术人才储备。特别是，苏中地区在劳动密集型企业的人才储备方面更加突出，在技术密集型企业人才储备方面明显不足。

注册资本在4000万元以下小型企业中，29.6%的企业中高层技术人员所占比例在3%以下，28.2%的企业中高层技术人员的比例在10%以上，注册资本在4000万～4亿元之间的中型企业和注册资本在4亿元以上的大型企业的相应情况则令人担忧。56%的大型企业在技术人才占比在3%以下，人才

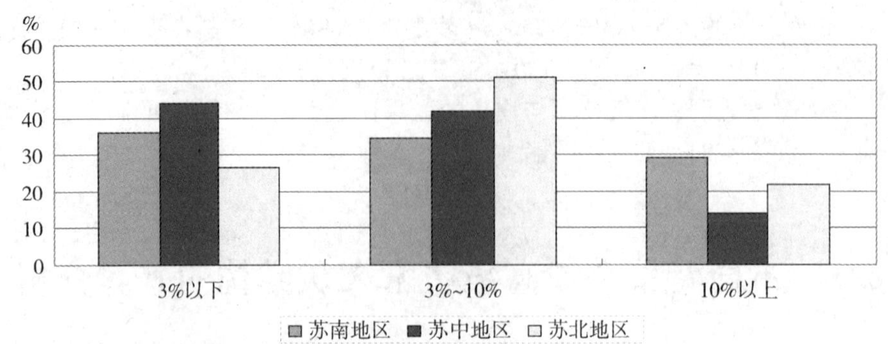

图 2－7　不同地区企业中高级技术人员的比例

储备上明显不足。而中等规模企业在高技术人才占比组中最为突出，达到22%，成为全省技术密集型企业的核心力量，如图 2－8 所示。

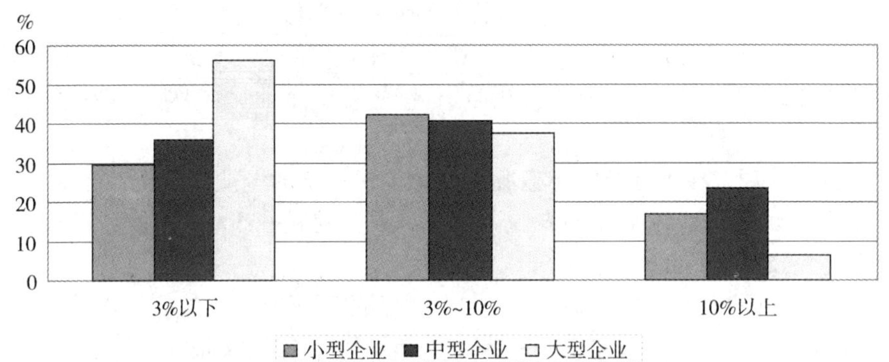

图 2－8　不同规模企业中高级技术人员的比例

传统产业企业中，46.4%的企业中高层技术人员所占比例在3%以下，3.6%的企业中高层技术人员的比例在10%以上。如图 2－9 所示，全省传统产业仍然是以劳动力驱动，中高级技术人才占比低于3%组中，传统企业比重达到45%，而在中高级技术人才占比超过10%的技术密集型组中，传统产业比重不足4%，说明全省传统产业转型升级仍旧存在巨大空间。与传统产业相对比，全省的新兴产业呈现技术驱动的特征。在新兴产业中，中高级技术人才占比超过10%的企业接近30%，中高级技术人才占比超过3%的企业超过68%。凸显了全省新兴产业的技术人才优势。在支柱产业中，中高级技术人才占比低于3%企业组有42%，占比高于10%组只有20%，38%的企业处于中间组。以上数据可以看出，全省支柱型企业出现了技术升级的逐步推

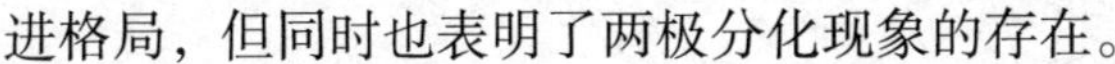
进格局，但同时也表明了两极分化现象的存在。

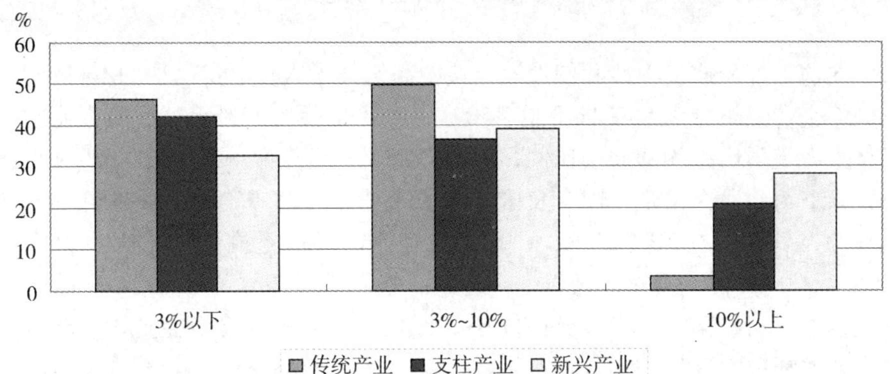

图 2-9 不同产业企业中高级技术人员的比例

研究还发现，各类企业中高级技术人员的数量均不高。与传统产业与主导产业相比，新兴产业企业高级技术人员比例较高。但是出乎意料的是，外资合资企业与大型企业的中高级技术人员数量较其他类别的企业少。苏北地区企业的中高级技术人员的比例较苏中地区高。

2.5.2 高级技术人员年龄结构的差异分析

研究发现，在国有及国有控股企业里，84.4%的企业35岁以下高级技术人员数量为0，这个比例在外资合资企业及民营企业中分别为69.6%和75%。

在经营年限10年以下的企业中，73%的企业35岁以下高级技术人员数量为0，这个比例在经营年限在10~20年和20年以上的企业中分别为72.7%和82.2%。

苏南地区企业中，68.1%的企业35岁以下高级技术人员数量为0，这个比例在苏中地区企业和苏北地区企业中分别为88.4%和78%。

小型企业中，67.6%的企业35岁以下高级技术人员数量为0，这个比例在中型与大型企业中分别为82.8%和81.2%。

传统产业企业中，82.1%的企业35岁以下高级技术人员数量为0，这个比例在主导产业与新兴产业企业中分别为76.9%和65.2%。

数据显示，民营企业、新兴产业的高级技术人员的年龄结构较为年轻，国有及国有控股企业、经营年限20年以上的企业、大型企业、传统产业的高级技术人员的年龄最大。地区间高级技术人员年龄结构差异不显著。

2.5.3 高级技术人员学历结构的差异分析

在这个部分研究中，我们按照企业中高级技术人员学历结构的本科比例，分别将企业三组分为50%以下组、50% ~100%组和100%组；按照企业中高级技术人员学历结构的硕士比例，分别将企业三组分为0组、0% ~20%组和20%以上组。研究发现，国有及国有控股企业中，21.9%的企业本科以上高级技术人员比例在50%以下，53.1%的企业本科以上高级技术人员比例为100%。43.8%的企业硕士及以上学历高级技术人员数量为0，12.5%的企业硕士以上学历的高级技术人员比例在20%以上。外资与合资企业中，39.1%的企业本科以上高级技术人员比例在50%以下，47.8%的企业本科以上高级技术人员比例为100%。52.2%的企业硕士及以上学历高级技术人员数量为0.13%的企业硕士以上学历高级技术人员比例在20%以上。民营企业中，29%的企业本科以上高级技术人员比例在50%以下，45%的企业本科以上高级技术人员比例为100%。52%的企业硕士及以上学历高级技术人员数量为0，14%的企业硕士以上学历高级技术人员比例在20%以上。不同性质企业高级技术人员学历结构如图2-10所示。

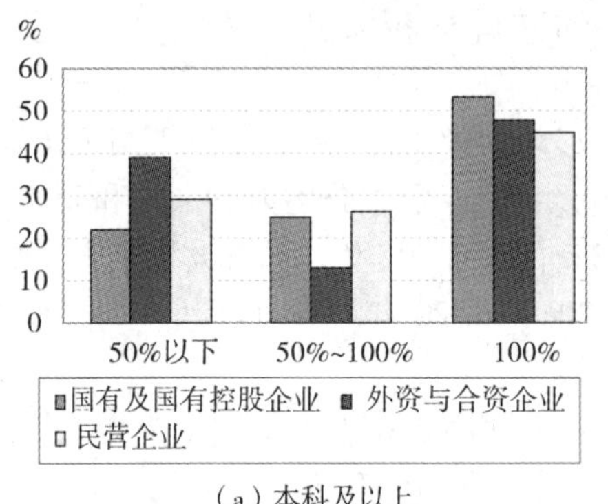

(a)本科及以上

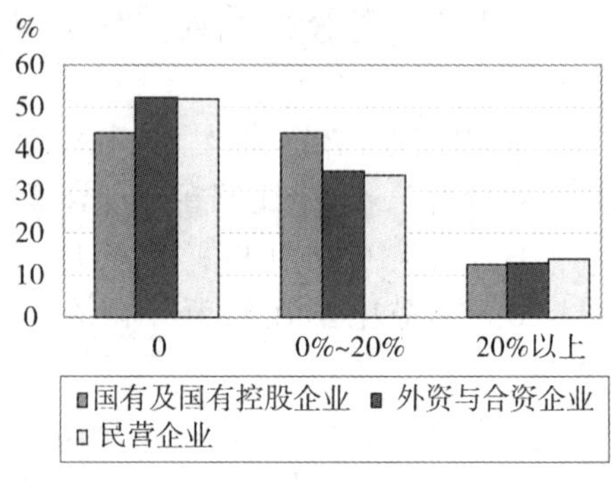

(b)硕士及以上

图2-10 不同性质企业高级技术人员学历结构

经营年限10年以下的企业，28.6%的企业本科以上高级技术人员比例在50%以下，55.6%的企业本科以上高级技术人员比例为100%。50.8%的企业硕士及以上学历高级技术人员数量为0，19%的企业硕士以上学历的高级技术人员比例在20%以上。经营年限在10~20年及20年以上企业的情况如

图2－11所示。

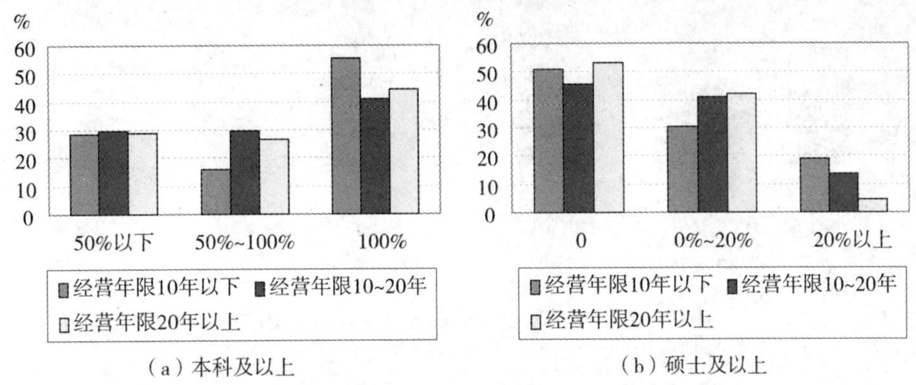

图2－11　不同经营年限企业高级技术人员学历结构

苏南地区企业中，25%的企业本科以上高级技术人员比例在50%以下，47.2%的企业本科以上高级技术人员比例为100%。51.4%的企业硕士及以上学历高级技术人员数量为0，18.1%的企业硕士以上学历的高级技术人员比例在20%以上。苏中地区企业及苏北地区企业的情况如图2－12所示。

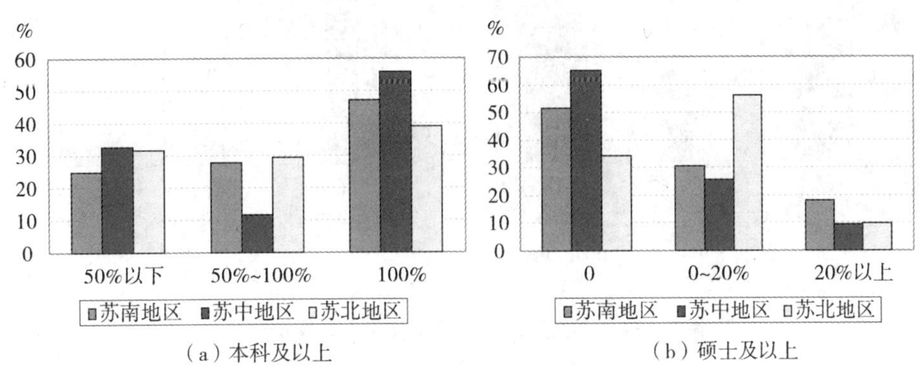

图2－12　不同地区企业高级技术人员学历结构

小型企业中，35.2%的企业本科以上高级技术人员比例在50%以下，40.8%的企业本科以上高级技术人员比例为100%。52.1%的企业硕士及以上学历高级技术人员数量为0，16.9%的企业硕士以上学历的高级技术人员比例在20%以上。中型企业及大型企业的情况如图2－13所示。

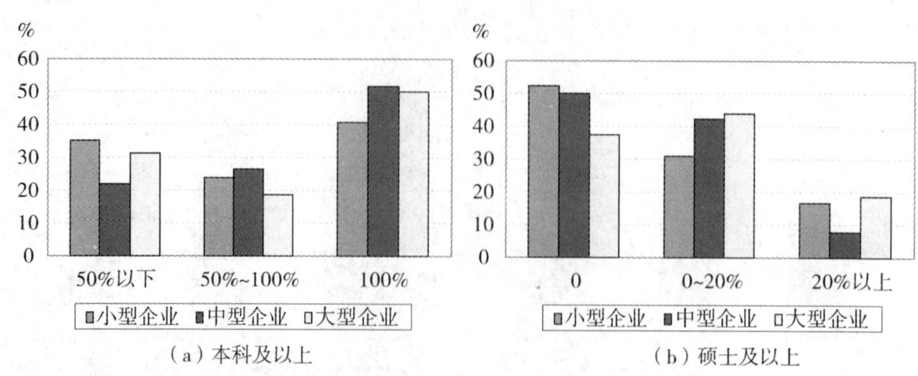

图 2－13　不同规模企业高级技术人员学历结构

传统产业企业中，35.7% 的企业本科以上高级技术人员比例在 50% 以下，46.4% 的企业本科以上高级技术人员比例为 100%。46.4% 的企业硕士及以上学历高级技术人员数量为 0，3.6% 的企业硕士以上学历的高级技术人员比例在 20% 以上。主导产业及新兴产业如图 2－14 所示。

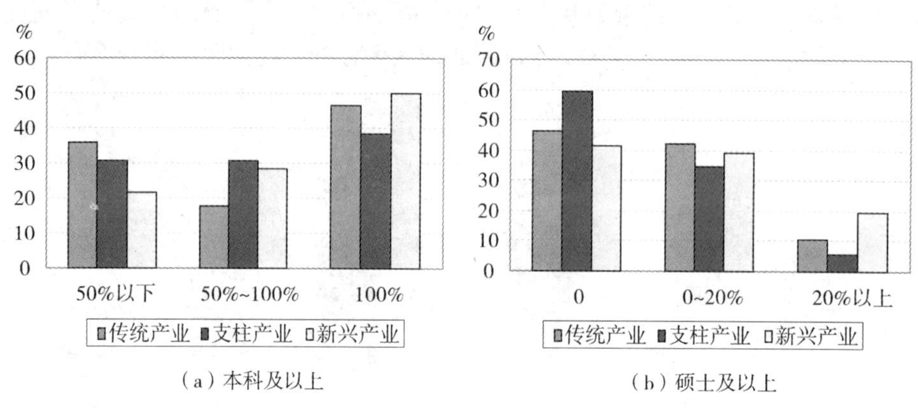

图 2－14　不同产业企业高级技术人员学历结构

以上数据表明，高级技术人员本科及以上学历较为普遍，但研究生学历比例相对较低。国有及国有控股企业高级技术人员本科学历比例较高，但硕士及以上学历比例却比其他企业低。与一般经验不相符的是，经营时间较短的企业其高级技术人员本科及硕士以上比例均较老企业高。大型企业的硕士以上学历者较多，但本科比例反而不高。

2.6 江苏工业企业人才需求的差异分析

根据理论推断，不同背景企业人才需求的差异性较大。为此，我们对参加调查的268家样本企业的人力资源需求状况进行了差异分析。

2.6.1 招工难现象及不同背景企业的差异分析

在所调查的有效样本企业中，多于半数的企业偶尔出现招工难现象（比例为57.1%），26.1%的企业经常出现招工难现象，15.3%的企业从未出现招工难现象，说明招工难现象确实存在，但问题并不相当严重。

进一步的分析显示，对于招工难问题的回答，不同性质企业回答有一定差异，在47家国有及国有控股企业中，仅有4家企业选择“经常出现招工难”，18家企业选择“从未出现过招工难”，选择“偶尔出现招工难”的企业数量最多，为25家，三种情况的百分比分别为8.5%、38.3%与53.2%。而外资及合资企业对此问题的回答情况是，25%的企业选择“经常出现招工难”，8.3%的企业选择“从未出现招工难”，66.7%的企业选择“偶尔出现招工难”。而在153家民营企业里，高达32%企业经常出现招工难现象，从未出现及偶尔出现招工难现象的企业比例分别为11.1%和56.9%。

企业上市与否对于招工难问题的回答，差异不明显。71.4%的境内上市企业选择“偶尔出现招工难”现象，选择“从未出现招工难”及“经常出现招工难”现象的企业比例分别为21.4%与7.1%。境外上市企业中，53.8%的企业也选择“偶尔出现招工难”现象，选择“从未出现招工难”或“经常出现招工难”的企业比例均为23.1%。准备上市的企业中，57.8%的企业选择“偶尔出现招工难”现象，11.1%的企业选择“从未出现招工难”，31.1%的企业选择“经常出现招工难”现象。

除此之外，不同地区、不同规模、不同经营年限、不同行业的企业关于招工难问题的资料如表2-2、表2-3所示。

表 2-2 不同地区不同规模企业的招工难状况

单位：%

不同地区	从未出现	偶尔出现	经常出现	不同规模	从未出现	偶尔出现	经常出现
苏南企业	12.4	53.7	33.9	小型企业	11.6	58.9	29.5
苏中企业	19.2	61.5	19.3	中型企业	18	57	25
苏北企业	15.9	60.0	24.1	大型企业	14.3	66.7	19

表 2-3 不同经营年限不同行业企业的招工难状况

单位：%

不同经营年限	从未出现	偶尔出现	经常出现	不同行业	从未出现	偶尔出现	经常出现
10 年以下企业	19.8	49.0	31.2	传统产业	25	75	0
10~20 年企业	9.7	60.3	30.0	主导产业	8.8	62.5	28.7
20 年以上企业	19.7	65.5	14.8	新兴产业	10.4	60.3	29.3

数据显示，在不同性质的企业中，外资合资企业的招工难现象比较严重，国有及民营企业的招工难现象相对不严重；在不同上市背景的企业中，境外上市企业和准备上市企业的招工难现象比较严重，而没有上市企业情况却并不严重；苏南企业反映招工难现象的严重性超过苏中与苏北地区企业；主导产业和新兴产业所反映的招工难现象比小型企业和传统产业严重。

2.6.2 缺口最大人才、急需人才与流失率最高的人才

39.2%的企业选择研发人员为缺口最大的人才，35.3%的企业反映生产人员为其缺口最大人才，比例远远高于排在第三位的市场及销售人员的需求缺口，10.6%的企业选择市场及销售人员为其缺口最大人才。51.5%的企业选择研发人员为其最急需人才，30%的企业最急需人才为生产人员。选择急需管理人员的企业比例排在第三位，为10.7%，选择市场及销售人员的企业比例排在第四位，为10.3%。56.6%的企业生产人员流失率最高，14.4%的企业研发人员流失率最高，13.2%的企业市场与销售人员流失率最高，总结如图2-15所示。

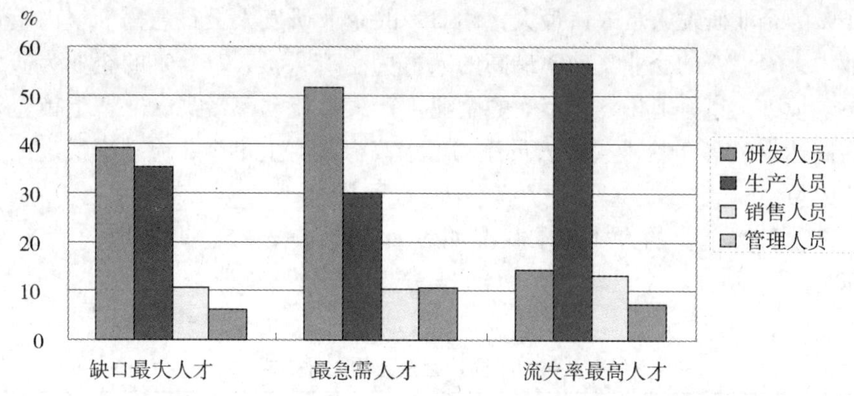

图 2-15 缺口最大人才、最急需人才与流失率最高人才

进一步分析不同背景的企业人才缺口差异状况，具体数据如下：

国有及国有控股企业对于缺口最大的人才及最急需人才的回答，排在第一位的均为研发人员（比例分别为 39.1% 及 46.7%），排在第二位的为生产人员（17.4%），而最急需人才排在第二位则为管理人员（11.1%）。而合资企业对这两个题项的回答排在第一位的分别为生产人员（56.5%）与研发人员（比例 51.1%），排在第二位的分别为研发人员（26.1%）及生产人员（26.7%）。民营企业缺口最大人才及最急需的人才均为研发人员，比例分别为 43.2% 和 52.3%，排在第二位的均为生产人员（34.2%、23.2%）。虽然对于这两个问题的回答，不同性质的企业具有一定的差异性，但共同之点是，对于缺口最大人才及最急需的人才的选择均集中于研发人员与生产人员两类。对于流动率最高人群的选择，23.9% 的国有及国有控股企业选择研发人员，排在第一位，19.6% 的企业选择销售及市场人员，排在第二位。而外资企业流动率最高人群排在第一位的为生产人员，比例高达 73.9%，远远超过其他选项。民营企业也有高达 62.9% 的企业选择生产人员流动率最高。

上市与否对于人才缺口与急需人才问题的回答差别明显。境内上市企业中 57.1% 的企业缺口最大的人才是生产人员，28.6% 的企业缺口最大的人才是研发人员，57.1% 的企业最急需人才是研发人员，28.6% 的企业最急需人才是生产人员。境外上市企业，33.3% 的企业缺口最大的是生产人员，25% 的企业缺口最大的是研发人员与销售市场人员。准备上市企业中，42.6% 的企业生产人员缺口最大，59.6% 的企业研发人才最急需。没有上市企业中，

42.6%的企业研发人员缺口最大，50.3%的企业研发人员最急需。境内上市企业中，64.3%的企业流动率最高的人群为生产人员，21.4%的企业为研发人员。境外上市企业中，61.5%的企业生产人员流动率最高。准备上市企业中，高达80.4%的企业生产人员流动率最高。没有上市企业流动率最高的为生产人员。

其他各类企业的人才需求状况如表2－4、表2－5、表2－6、表2－7所示。

表2－4　不同地区企业的人才需求

不同地区	缺口最大人才	比例（%）	最急需人才	比例（%）	流失率最高人才	比例（%）
苏南企业	研发人员	38.8	研发人员	54.5	生产人员	61.2
	生产人员	35.5	生产人员	16.5	研发人员	13.2
苏中企业	生产人员	35.9	研发人员	44.9	生产人员	48.7
	研发人员	33.3	生产人员	19.2	市场/销售人员	21.8
苏北企业	研发人员	43.3	研发人员	46.7	生产人员	48.3
	生产人员	33.3	生产人员	30.0	研发人员	13.3

表2－5　不同规模企业的人才需求

不同规模	缺口最大人才	比例（%）	最急需人才	比例（%）	流失率最高人才	比例（%）
小型企业	研发人员	38.2	研发人员	50.4	生产人员	50.4
	生产人员	19.8	生产人员	18.3	研发人员	16.8
中型企业	生产人员	40.6	研发人员	53.5	生产人员	64.4
	研发人员	39.6	生产人员	24.8	研发/市场人员	11.9
大型企业	生产人员	45.5	研发人员	40.9	生产人员	59.1
	研发人员	18.2	生产/市场销售	13.6	研发人员	9.1

表 2-6 不同经营年限企业的人才需求

不同经营年限	缺口最大人才	比例（%）	最急需人才	比例（%）	流失率最高人才	比例（%）
10年以下企业	研发人员	36.2	研发人员	48.3	生产人员	51.7
	生产人员	34.5	生产人员	14.7	市场及销售	16.4
10~20年企业	研发人员	38.5	研发人员	51.3	生产人员	62.8
	生产人员	34.6	生产人员	23.1	研发人员	14.1
20年以上企业	研发人员	44.3	研发人员	54.2	生产人员	47.5
	生产人员	32.8	生产人员	25.4	研发人员	19.7

表 2-7 不同产业企业的人才需求

不同产业	缺口最大人才	比例（%）	最急需人才	比例（%）	流失率最高人才	比例（%）
传统产业	生产人员	39.1	生产人员	39.1	生产人员	58.7
	研发人员	23.9	研发人员	26.1	管理人员	10.9
主导产业	研发人员	45.8	研发人员	64.6	生产人员	69.8
	生产人员	39.6	生产人员	16.7	研发人员	14.6
新兴产业	研发人员	46.6	研发人员	58.6	生产人员	56.9
	生产人员	39.7	生产人员	22.4	市场销售人员	19.0

数据表明，各类企业人才需求大体上比较一致，基本集中在研发人员和生产人员上。但具体数据有所不同。除了个别类型企业，流失率最高的人员是生产人员，而对于最急需人才的回答，除传统产业企业生产人员为最急需人员的第一位外。其他各类企业排在第一位的都为研发人员。缺口最大的企业意见一致性相对较弱，外资与合资企业、境内上市企业、传统产业缺口最大的是生产人员；国有及国有控股企业、民营企业、主导产业、新兴产业缺口最大的则是研发人员。

2.6.3 企业对员工素质的需求分析

员工素质需求选项，排在前三项的分别是责任心（28.7%）、团队合作（21.1%）及知识技能（19.5%）。进一步的差异分析表明各类企业对于员工素质需求的选择表现出相当的一致性。具体数据分析如下：

不同背景的企业对于员工素质的需求有所不同。国有及国有控股企业与民营企业对员工素质的需求排在前三位的都是责任心、团队协作和知识技能，具体比例为 28.3%、19.6%、18.1%；民营企业为 29.1%、21.8%、18.9%。外资与合资企业对员工素质的需求稍有不同，前三位是分别是责任心（27.7%）、知识技能（22.6%）与团队协作（19.7%）。

境内上市企业对员工素质要求排在前三位的是责任心（33.3%）、知识技能（28.6%）和团队协作（14.3%）。境外上市企业排在前三位的是责任心（29.7%）、团队协作（24.3%）和知识技能（13.5%）。准备上市企业排在前三位的则是责任心（29.7%）、团队协作（22.5%）和知识技能（20.3%）。没有上市企业员工素质需求排在前三位的也是责任心（28.1%）、团队协作（21.3%）和知识技能（18.9%）。

除此之外，不同地区、不同经营年限、不同规模、不同行业企业的员工素质需求状况见表 2－8、表 2－9。

表 2－8　不同地区不同经营年限企业的员工素质需求

单位：%

不同地区	第一	第二	第三	不同经营年限	第一	第二	第三
苏南企业	责任心	知识技能	团队协作	10 年以下企业	责任心	团队协作	知识技能
	29.4	21.0	16.8		26.8	21.0	19.2
苏中企业	责任心	团队协作	知识技能	10～20 年企业	责任心	团队协作	知识技能
	26.9	23.6	20.4		28.9	21.1	21.1
苏北企业	责任心	团队协作	知识技能	20 年以上企业	责任心	团队协作	知识技能
	30.6	26.6	15.6		32.0	22.5	17.4

表 2－9　不同规模不同行业企业的员工素质需求

单位：%

不同规模	第一	第二	第三	不同行业	第一	第二	第三
小型企业	责任心	团队协作	知识技能	传统产业	责任心	团队协作	知识技能
	28.7	20.9	19.6		28.1	21.1	20.3
中型企业	责任心	团队协作	知识技能	主导产业	责任心	知识技能	团队协作
	28.6	20.7	19.4		29.4	20.2	19.9
大型企业	责任心	团队协作	知识技能	新兴产业	责任心	团队协作	知识技能
	29.2	23.1	20.0		28.5	25.0	17.0

数据显示，企业对于员工素质的需求，责任心稳居第一位，无论企业所在地区、经营年限、规模、所处行业，企业选择一致，具体比例也相似，大都在30%。此外，排在第二、第三位的分别是团队精神和知识技能。这两个素质的排序在某些类别的企业中稍有差别，但两者比例相差不大。值得一提的是，相对于其他类别企业，这两者的比例在新兴产业中却有较大的差距，在新兴产业中，25%企业对团队协作有需求，而仅有17%企业对知识技能有需求。

2.7 江苏工业企业人力资源管理状况分析

2.7.1 员工开发与培训状况及差异分析

在国有及国有控股企业中，存在的主要培训方式是员工入职培训和外派学习，比例分别为45.1%和40.2%。一般员工的培训方式中，入职培训比例更是高达76.8%，远远高于排在第二位的自学考试（12.5%）。高层人才培养开发方式排在前两位的是研究生进修班（28.8%）和入职培训（21.2%）。外资合资企业状况与国有及国有控股企业相差不大，存在的主要培训方式也为入职培训和外派学习，比例分别为47%和37.3%。对于一般员工的培训，外资合资企业的主要方式也是入职培训（78.2%）和自学考试（12.7%），对于高层人才的培训，外资合资企业的状况有所不同，主要方式为入职培训（38.6%）和攻读MBA/EMBA/MPA学位（20.5%）。因此可以推论，研究生进修班更被国有及国有控股企业所承认，而在外资或合资企业中，正规的MBA学位才可能被认可。民营企业存在的主要培训方式也为入职培训和外派学习（比例为46.9%和32.2%），对于一般员工的培训，主要方式为入职培训（79.3%）和自学考试（12.1%），高层人才的培训方式则为入职培训（31.2%）和研究生进修班（23.4%）。总结如表2-10所示。

在境内上市企业中存在的主要培训方式为入职培训（56%）和外派学习（40%），一般员工的主要培训方式也主要是入职培训（72.2%）和自学考试（16.7%），高层人才的主要培养方式是攻读博士/硕士学位（35.7%）和攻读MBA/EMBA/MPA学位（28.6%）。境外上市企业中的主要培训方式有

表 2-10　不同性质企业的主要培训方式

单位:%

国有及国有控股企业			外资与中外合资企业			民营企业		
企业培训	入职培训	45.1	企业培训	入职培训	47.0	企业培训	入职培训	46.9
	外派学习	40.2		外派学习	37.3		外派学习	32.2
一般员工培训	入职培训	76.8	一般员工培训	入职培训	78.2	一般员工培训	入职培训	79.3
	自学考试	12.5		自学考试	12.7		自学考试	12.1
高层人才培训	入职培训	28.8	高层人才培训	入职培训	38.6	高层人才培训	入职培训	31.2
	研究生进修	21.2		攻读 MBA/EMBA/MPA 学位	20.5		研究生进修	23.4

所不同，排在第一位的是外派学习（50%），超过了员工入职培训（41.7%），对于一般员工的培训，境外上市企业的主要培训方式也为入职培训（66.7%）和自学考试（33.3%），对于高层人才的培养方式是入职培训（44.4%）和攻读 MBA/EMBA/MPA 学位（22.2%）。准备上市企业存在的主要培训方式为入职培训和外派学习（51.2% 和 32.5%），一般员工的主要培训方式为入职培训（85.4%）和自学考试（6.2%）。入职培训的比例远远高于其他培训方式。高层次人才的培训方式主要为入职培训（31.7%）和攻读 MBA/EMBA/MPA 学位（29.3%）。没有上市企业存在的主要培训方式为入职培训（44.8%）和外派学习（33.8%），对于一般员工，培训方式主要是入职培训（76.8%）和自学考试（11.8%），高层人才主要培训方式为入职培训（53.7%）和攻读 MBA/EMBA/MPA 学位（21.1%）。

表 2-11　不同上市情况企业的主要培训方式

单位:%

境内上市			境外上市			准备上市			没有上市		
企业培训	入职培训	56	企业培训	外派学习	50	企业培训	入职培训	51.2	企业培训	入职培训	44.8
	外派学习	40		入职培训	41.7		外派学习	32.5		外派学习	33.8
一般员工培训	入职培训	72.2	一般员工培训	入职培训	66.7	一般员工培训	入职培训	85.4	一般员工培训	入职培训	76.8
	自学考试	16.7		自学考试	33.3		自学考试	6.2		自学考试	11.8

续表

境内上市			境外上市			准备上市			没有上市		
高层人才培训	攻读博士/硕士学位	35.7	高层人才培训	入职培训	44.4	高层人才培训	入职培训	31.7	高层人才培训	入职培训	53.7
	研究生进修	28.6		自学考试	22.2		研究生进修	29.3		研究生进修	21.1

另外，不同经营年限、不同规模企业与不同主营业务所属行业等不同背景下企业的培训方式与上述分析情况大体相当，具体比例如表2－12、表2－13、表2－14所示。

表2－12　不同经营年限企业的主要培训方式

单位:%

10年以下			10～20年			20年以上		
企业培训	入职培训	45.7	企业培训	入职培训	49.6	企业培训	入职培训	45.3
	外派学习	31.4		外派学习	35.3		外派学习	38.7
一般员工培训	入职培训	80.8	一般员工培训	入职培训	77.3	一般员工培训	入职培训	75.3
	自学考试	12.0		自学考试	9.1		自学考试	13.7
高层人才培训	入职培训	33.6	高层人才培训	入职培训	37.7	高层人才培训	研究生进修	26.7
	研究生进修	23.6		自学考试	18.8		入职培训	21.7

表2－13　不同规模企业的主要培训方式

单位:%

小型企业			中型企业			大型企业		
企业培训	入职培训	47.0	企业培训	入职培训	45.4	企业培训	入职培训	48.6
	外派学习	30.7		外派学习	38.5		外派学习	40.5
一般员工培训	入职培训	82.6	一般员工培训	入职培训	74.6	一般员工培训	入职培训	67.9
	自学考试	8.3		自学考试	16.7		自学考试	14.3

续表

小型企业			中型企业			大型企业		
高层人才培训	入职培训	33.6	高层人才培训	入职培训	26.3	高层人才培训	入职培训	32.0
	研究生进修	22.1		研究生进修	25.3		攻读 MBA/EMBA/MPA 学位	24.0

表 2－14　不同主营业务企业的主要培训方式

单位：%

传统产业			主导产业			新兴产业		
企业培训	入职培训	46.2	企业培训	入职培训	48.4	企业培训	入职培训	49.5
	外派学习	42.3		外派学习	30.6		外派学习	37.9
一般员工培训	入职培训	83.3	一般员工培训	入职培训	75.2	一般员工培训	入职培训	77.8
	自学考试	8.3		自学考试	15.0		自学考试	12.7
高层人才培训	入职培训	33.3	高层人才培训	入职培训	27.6	高层人才培训	入职培训	35.2
	研究生进修	27.8		研究生进修	20.4		研究生进修	25.9

上述数据表明，第一，企业目前普遍使用的培训方式为入职培训与外派学习。入职培训的普遍性几乎稳居各类企业、各类人才培训方式的首位，只有在境外上市企业中外派学习企业的比例超过了入职培训，经营时间 20 年以上企业在高层次人才方面，研究生进修比例超过入职培训的比例。

第二，一般员工的培训方式与高层次人才的培训方式存在较大的差异。其中，对于一般员工的培训，各类企业均选择入职培训、自学考试两种方式。尤其是入职培训，不仅排在第一位，比例往往还是排在第二位的自学考试的几倍。深入探讨这一比例发现，越是规模小、历史短、没有上市的企业这一比例越高。这说明各类企业对于一般员工的培训方式比较单一，投入也较少，小型的新创建的实力弱的企业尤其如此。

第三，对于高层次人才的培养，上市企业、历史较长、规模较大的企业攻读 MBA/EMBA/MPA 和硕士、博士学位是主要培养方式，而其他企业则以研究生进修为高层次人才主要培养方式。

2.7.2　人才引进与人力资源方面的主要问题分析

国有及国有控股企业人才引进的主要问题排在前两位是信息不完备和本

省缺乏培养高层次人才的国际化、高水平院校，比例分别为 41.7% 和 18.3%。其人力资源方面存在的主要问题是绩效管理有待加强和缺乏复合型管理者，比例分别为 26.3% 和 24.6%。外资与中外合资企业对于这两个问题的回答有所不同，人才引进的主要问题是社会保障体系不完善和人才政策落实不到位，比例分别为 30.4% 和 17.4%；其人力资源方面存在的主要问题是人力资源总体质量不高，难以有效开展挑战性业务及缺乏复合型人才，比例分别为 24.2% 和 16.7%。民营企业人才引进排在第一位的是社会保障体系不完善（34.4%），本省缺乏培养高层次人才的国际化高水平院校和人才政策落实不到位并列排在第二位，比例为 20.4%。缺少复合型人才（19.6%）和人力资源总体质量不足（18.7%）是民营企业人力资源方面存在的主要问题。

境内上市企业人才引进的主要问题第一是信息不完备（37.5%），本省缺乏培养高层次人才的国际化高水平院校和人才政策落实不到位并列排在第二位，比例为 18.8%；绩效管理有待加强被排在人力资源主要问题的第一位（25%），人力资源总体质量不足和缺乏复合型管理者并列排于第二位，比例为 21.9%。境外上市企业人才引进的主要问题是信息不完备和人才政策不到位，比例分别为 57.9% 和 15.8%，人力资源的主要问题是人力资源总体质量不足及缺乏市场开拓及经纪营销人才，对市场反应不够敏锐，比例为 31.4% 和 17.1%。准备上市企业人才引进的主要问题是社会保障体系不完善（36%）和本省缺乏培养高层次人才的国际化高水平院校（21.3%）；人力资源存在的主要问题是人力资源总体质量不高（21.7%）和缺乏复合型人才（19.4%）。没有上市企业人才引进的主要问题是信息不完备（33.3%）和本省缺乏培养高层次人才的国际化高水平院校（20.2%）；人力资源存在的主要问题是人力资源总体质量不足和缺乏复合型管理者，比例均为 19.4%。

其他各类企业人才引进和人力资源存在的主要问题如表 2－15、表 2－16、表 2－17 所示。

表 2－15　不同经营年限企业的人力资源主要问题

单位：%

10 年以下			10～20 年			20 年以上		
人才引进	信息不完备	34.6	人才引进	信息不完备	31.2	人才引进	信息不完备	41
	人才政策难以落实	20.4		缺乏培养高层次人才国际化院校	22		缺乏培养高层次人才院校	19.3

续表

10 年以下			10～20 年			20 年以上		
人力资源	人力资源总体质量不足	20.7	人力资源	缺乏复合型管理人才	22.4	人力资源	绩效管理有待加强	22.6
	缺乏复合型人才	18.3		绩效管理有待加强或人力资源总体质量不足	17.4		人力资源总体质量不足	21.3

表 2-16　不同规模企业的人力资源主要问题

单位:%

小型企业			中型企业			大型企业		
人才引进	信息不完备	32.4	人才引进	信息不完备	36.7	人才引进	信息不完备	39.4
	缺乏培养高层次人才的国际化院校	21.1		缺乏培养高层次人才的院校	19.4		人才政策落实不到位或子女配偶问题	18.2
人力资源	缺乏复合型人才	18.5	人力资源	人力资源总体质量不足	22.7	人力资源	人力资源总体质量不足	26
	人力资源总体质量不足	17.4		缺乏复合型管理人才	21.6		绩效管理有待加强	22

表 2-17　不同行业企业的人力资源主要问题

单位:%

传统产业			主导产业			新兴产业		
人才引进	信息不完备	28.6	人才引进	信息不完备	35.5	人才引进	信息不完备	34.5
	人才政策落实不到位	19		缺乏培养高层次人才国际化院校	18.1		人力政策落实不到位	25
人力资源	人力资源总体质量不足	22.1	人力资源	人力资源总体质量不足	20.2	人力资源	人力资源总体质量不足	20.7
	绩效管理有待加强或缺乏复合管理人才	18.6		缺乏复合型管理人才	19.8		绩效管理有待加强	19.3

总的来说，人才引进存在问题及人力资源其他问题的，各类企业差异很大，选择比较分散，因此数据比例相对都较低，但依然可以找出共性的特点。信息不完备是各类企业都列为第一位的人才引进主要问题，其次是缺乏培养

高层次人才的高水平国际化院校和人才政策落实不到位。除此之外，企业普遍的选项是绩效管理有待加强、人力资源总体质量不足和缺乏复合型管理人才，也有少量企业提到缺乏市场开拓及营销人才。

2.7.3 其他人力资源管理问题

在所调查的有效样本企业中，54%的企业设立人力资源部，24.5%的企业人事与行政合二为一，10.7%企业的人事部门称为人事部，称作人力资本部的企业仅有0.4%，还有6%的企业没有设立人事部门。70.5%的企业愿意与大专院校、科研机构合作开发培养人才，2.3%的企业不愿意，还有23%的企业暂未考虑合作事宜。54.4%的企业主要从社会招考员工，26.1%的企业主要从应届毕业生中招考员工，12.3%的企业通过内部培养方式获取人力资源。

不同背景企业的差异情况如表2－18所示。

表2－18 不同背景企业其他人力资源问题

单位:%

不同性质企业	国有及国有控股企业		外资合资企业		民营企业	
人事部门设置	人力资源部	63.8	人力资源部	50	人力资源部	52.2
	没有	19.1	人事行政部	27.1	人事行政部	28.8
与高校合作意愿	愿意合作	68.1	愿意合作	64.6	愿意合作	72.6
	暂未考虑	27.7	暂未考虑	27.1	暂未考虑	20.4
员工招考途径	从应届生中招考	44.7	从社会招考	56.2	从社会招考	57.3
	从社会招考	36.2	从应届生中招考	29.2	从应届生中招考	20.4
不同上市情况企业	上市企业		准备上市企业		没有上市企业	
人事部门设置	人力资源部	62.5	人力资源部	59.6	人力资源部	50.8
	人事部	15.6	人事行政部	31.9	人事行政部	25.7
与高校合作意愿	愿意合作	78.1	愿意合作	91.5	暂未考虑	63.7
	暂未考虑	18.8	暂未考虑	4.3	愿意合作	29.1
员工招考途径	从社会招考	53.1	从社会招考	61.7	从社会招考	52.5
	从应届生中招考	43.8	从应届生中招考或内部培养	17	从应届生中招考	25.1

续表

不同经营年限企业	10年以下企业		10~20年企业		20年以上企业	
人事部门设置	人力资源部	52	人力资源部	57.7	人力资源部	63.9
	人事行政部	37	人事行政部	24.4	人事部	14.8
与高校合作意愿	愿意合作	69	愿意合作	69.2	愿意合作	73.8
	暂未考虑	21.6	暂未考虑	25.6	暂未考虑	23
员工招考途径	从社会招考	66.4	从社会招考	56.4	从应届生中招考	39.3
	从应届生中招考	16.4	从应届生中招考	26.9	从社会招考	31.1
不同规模企业	小型企业		中型企业		大型企业	
人事部门设置	人力资源部	47.3	人力资源部	58.4	人力资源部	63.6
	人事行政部	28.2	人事行政部	23.8	人事部	18.2
与高校合作意愿	愿意合作	69.5	愿意合作	69.3	愿意合作	86.4
	暂未考虑	24.4	暂未考虑	22.8	暂未考虑	9.1
员工招考途径	从社会招考	59.5	从社会招考	49.5	从社会招考	54.5
	从应届生中招考	19.1	从应届生中招考	30.7	从应届生中招考	31.8
不同主营业务企业	传统产业		主导产业		新兴产业	
人事部门设置	人力资源部	50	人力资源部	58.3	人力资源部	50
	人事行政部	26.1	人事行政部	19.8	人事行政部	34
与高校合作意愿	愿意合作	63	愿意合作	74	愿意合作	81
	暂未考虑	26.1	暂未考虑	18.8	暂未考虑	13.8
员工招考途径	从社会招考	60.9	从社会招考	46.9	从社会招考	58.6
	内部培养	19.6	从应届生中招考	28.1	从应届生中招考	27.6
不同地区企业	苏南企业		苏中企业		苏北企业	
人事部门设置	人力资源部	49.6	人力资源部	60.3	人力资源部	55
	人事行政部	24.8	人事行政部	21.8	人事行政部	26.7
与高校合作意愿	愿意合作	75.2	愿意合作	74.4	愿意合作	56
	暂未考虑	15.7	暂未考虑	21.8	暂未考虑	38.3
员工招考途径	从社会招考	58.7	从社会招考	44.9	从社会招考	56.7
	从应届生中招考	24.8	从应届生中招考	37.2	内部培养	23.3

统计数据表明，企业人事部门名称多数已改为人力资源部，其次比较常

用的名称是人事行政部和人事部。但各类企业间有一定差异，相对于上市公司，没有上市公司设置人力资源管理部的企业比例更高；相似地，大型企业和小型企业之间、经营年限较长的企业和年限较短的企业之间、主导产业和传统产业之间、国有及国有控股企业和民营企业之间也有同样的差异。由此说明，人力资源管理现状对于人事部门的名称有着一定的影响。绝大多数企业都表示愿意与大专院校和科研机构合作培养人才，准备上市企业的合作意愿最强，比例高达 91.5%。招考员工的主要途径是从社会招考和从应届生中招考，国有及国有控股企业和经营年限较长的企业更倾向于从应届生中招考，其余企业第一招考途径均选择从社会招考，传统产业和新兴产业企业还比较重视内部培养。

2.8 结论与建议

2.8.1 一般性结论

综合以上数据统计结果，我们可以大致归纳出如下几个一般性结论：

第一，教育程度的高低是衡量一个国家和地区人力资本强弱的重要指标。以教育程度来看，江苏工业企业中员工本科及大专学历比例已达到一定水平，两者之和接近 30%，这一数据接近中国台湾 30.02% 等发达地区的比例水平，远远高于我国和江苏省就业人口的学历水平（《中国劳动统计年鉴》，2011）。不过，更进一步地分析，其中大专比例稍高，本科比例低一些，尤其硕士及以上的高学历者更少，比例仅有 0.82%。因此，江苏工业企业中高学历员工的引进与培养依然有大量的进步空间。

第二，比硕士及以上高学历比例还低的一项指标是高级技师人员比例，这个数字仅为 0.4%，表明江苏工业企业内高级技师人员数量非常稀少。结合上述对于人力资源需求的统计分析结果，相当比例的企业缺口最大、最急需、流动率最高的人员均为生产人员，供求两方面均表明江苏工业企业对于高技能人才的迫切需要。

第三，无论是企业高层管理者，还是专业研发人员或高技能人才，年龄在 35 岁以下比例均较低，45 岁以上比例较高。这一方面说明高层次人才的培养需要一定的时间，因此江苏省工业企业高层次人才的年龄结构符合一般的规律；另一方面表明年龄仍然是高级人才晋升晋级的重要因素，因此江苏省工业企业在人才晋升标准方面有待研究改善，高级人才的年龄结构还可以进一步优化。

第四，高级研发人员的学历状况在不同背景企业中的差异最为显著。分析后我们认为，造成这种状况的原因是不同企业中学历因素对晋升与晋级的影响力不一。另外，高学历者更偏爱某些类别的企业也是造成这种差异的可能原因。

2.8.2 江苏工业企业高层管理者状况及分析

与技术人员、技师、技工的信息资料相比，管理人员尤其是中高层管理人员的信息资料最为完备，这一方面说明江苏省工业企业在员工全面的信息统计工作中存在一定差距，另一方面说明企业对于管理人员更为重视。在被调查的企业中，中高层管理者数量占员工总数的比例平均为 11.28%。45.37%的高层管理者在45岁以上，35岁以下的高层管理者数量较少，比例为17.98%。学历方面，中高层管理者学历以大专和本科为主，两者合计占74.13%，远远高于员工的平均学历水平，但硕士及以上学历比例仍然较低。

更进一步的差异分析结果如下：

不同背景企业高层次管理人员年龄结构差异明显。合资企业、民营企业和准备上市企业、苏南地区企业、新兴产业企业中高层管理者年龄较轻。国有及国有控股企业、境内上市企业、没有上市企业和经营年限在20年以上企业，高管年龄结构偏大。表明不同类别的企业，在管理者任用和晋升机制方面存在一定的差异。我们推断，高管年龄偏轻的企业在管理人才方面更加灵活，管理上更有活力，但地区间高层管理者的年龄差距不显著。

不同背景企业高层管理者学历结构的差异也较大，民营企业、准备上市和没有上市企业的高层管理者中本科、硕士及以上学历者较少，国有企业、合资与外资企业中本科、硕士及以上学历所占比例较高。规模越大，高管人员学历水平也越高。这说明学历是影响管理者晋升的主要因素。

综上所述，任职者学历与年龄均是影响管理者晋升的重要因素。分析后认为，随着当前情况趋复杂，学历成为筛选高层管理者的重要衡量指标。同时对于高级人才培训方式的调查结果也表明，越是规模实力企业，越是倚重正规的学历教育，原因在于学历背景代表着严谨的选拔和系统的训练。年龄对管理者的技能与经验积累有着重要影响。

进一步的分析数据表明，不同背景企业高层管理者学历结构与年龄结构存在较大差异。研究认为，高层管理者学历结构的差异一是因为企业的实力差距，二是源于求职者的职业需求，而不是因为企业对学历的不同需求。正规的学历培训是高层次管理人员关键培养方式。对于年龄结构差异的深入分析表明，年龄结构跟企业实力与规模呈现一定的负相关，虽然年龄代表一定的经验积累，但年轻却意味着活力，所以应该淡化管理者晋级的年龄因素。

2.8.3　分行业的人才状况及分析

2.8.3.1　传统产业企业

调查数据表明，传统行业企业中，高级人才包括高层管理人员和高级研发技术人员年龄大，学历层次也较新兴产业低，高级技术人员的相对数量也最低。

另外，对于人才需求，大多数的传统产业企业反映：最急需、缺口最大、流动率最高的均为生产人员，对研发人员的需求则排在第二位。综合两个方面，在供给并不乐观的情况下，需求也相对不急切，因此我们得出结论：与新兴产业和主导产业相比，传统产业创新研发需求相对不旺盛，安排好现有产品的生产是传统产业企业急需解决的问题。

2.8.3.2　主导产业企业

在主导产业的统计数据中，有一些结论与我们的经验相悖：其高级技术人员的学历层次水平较低，甚至略低于传统产业。其余各项指标，主导产业排位居中，但与传统产业的差距并不显著。在人才需求方面，主导产业对研发人员的需求迫切，其程度甚至超过新兴产业。结合供求两方面状况，主导产业企业对于技术的需求较为强烈，有着一定的创新冲动。

主导产业企业大多为资金密集型企业，生产规模较大，技术复杂程度较传统产业高，但高级技术人员的学历层次水平不高。对于此项结论，我们通过研究后推断：主导产业中，企业的经营时间一般较长，企业中老职工较多。与年轻一代相比，他们的学历水平不高，相应地高级人才的学历水平也相对较低。我们的另一统计分析显示：经营时间较长的企业高级人才学历结构水平也较低，这一结论对于我们的上述推断有支持作用。

2.8.3.3　新兴产业

相对于传统产业与主导产业，新兴产业的各项指标都较优：一方面，无论是高层管理人员还是高级技术人员，都拥有最年轻的年龄结构和最高的学历层次结构，硕士以上的高学历人才数量也最高。另一方面，虽然目前供给状况良好，但新兴产业企业依然反映研发人员缺口最大，对研发人员的需要也排在第一位。上述结论表明新兴产业有着强烈的技术需求和创新紧迫感。该研究结论并不令人意外，与我们现有的认知较为符合。

2.8.4 人才培养与人才引进状况及分析

职业培训是培养和累积人力资本的一个重要方式，但我们的统计表明，入职培训几乎稳居各类企业、各类人才培训方式的首位，尤其是对于一般员工的培训，居于第一、第二位的分别是入职培训与自学。因此我们得出结论，目前江苏省企业对于一般员工的培训方式非常单一，投入相对较少。

对于人才引进工作中面临的主要问题，各类企业反应不一，其中比较普遍的是信息不完备和政策落实不到位。因此，人才培训方面，企业需要花费更多投资；而在人才引进方面，则需要相关政府部门的积极支持和政策配合。

2.8.5 进一步探讨的几个问题

除了上述一般性的结论，统计分析还显示有一些非常有趣、与一般社会认知截然不同的几个发现。

2.8.5.1 招工难“怪圈”及其分析

招工难是近两年引起社会广泛关注的用工现象。对于此项选题，57.1%的工业企业选择“偶尔出现”招工难现象，从未出现招工难现象的企业仅占15.3%。进一步的差异分析结果显示，苏南地区企业、新兴产业企业、主导产业企业、规模较大企业及上市公司等企业对招工难反应更强烈。就社会上的一般看法，各类人才更希望留在苏南地区，更希望到新兴企业、上市公司工作，因此主观推断这类企业招工难现象应该不突出，但实际的调查结果却与此相反。

分析后认为，所谓“怪圈”，只是浮于现象表面的认知。招工难现象是人才供求双方因素共同作用的结果。员工的求职意愿仅仅是影响人才供给的一个因素。从需求面讲，一方面，新兴产业、合资外资企业、规模较大的企业、苏南地区企业由于生产经营状况较好，因而对劳动力的需求更大；另一方面，实力较强、经营状况较好的企业，对人力资源的素质要求更高，而许多研究表明我国目前素质较高的人力资源的供给相对不足。因此，综合上述供求两方面因素，招工难现象在经营状况较好企业里反应反而更强烈。另外，实力较强的企业主观上对人才更加重视，因此对人才的需求反而更加急迫，这个主观因素也有可能影响到对招工难现象的认知。

2.8.5.2 对于研发人员的一致性需求

根据产业结构与人力资源需求关系理论，随着经济的转型与产业结构的升级，人力资源的需求结构应有相应的变化，因此理论推断，由于经济发展状况不一，所以不同地区企业和不同产业企业的人力资源需求应该具有较大的差异性，但我们的统计分析数据不支持上述结论。调查表明，不同背景的企业对于人才类型的需求有着较大的一致性。除传统产业外，研发人员几乎是各类企业第一需求，传统产业第一需求为生产人员，研发人员需求排第二位。针对此一现象，本章认为，改革开放三十多年以来，我们吸收了大量国外先进技术，生产的许多产品都采用国外的技术。这种吸收在发展初期给我们带来了跨越式的发展。但是这种方式已经持续了很久，已经成为我们进一步发展的障碍。因此目前从各省到全国都在大力倡导创建创新型社会，不仅新兴产业需要研发创新，传统产业一样需要研发创新，创新成为各类企业的一致性需求。我们因此得出结论：对研发与创新的一致性需求是由共同的社会背景决定的。

2.8.5.3 高级技术人才的逆向分布

统计数据中显示出的另一个与社会认知截然不同的结论是高级技术人才的分布情况。统计数据显示，企业员工中高级技术人员的相对比例，苏南地区与苏北地区相当，苏中地区最低。另外，外资企业、大型企业中的高级技术人员比例也较其他类型的企业低。根据一般的原理，经济发达地区，因为人才的积聚效应，企业应该拥有更多高级技术研发人员。大型企业、外资及中外合资企业，因为更具实力，也应该拥有比其他企业更多的高级技术人员，但实际数据却与此相反。为了进一步探析造成这种分布的可能原因，我们回到原始资料中反复检视，发现拥有创新绩效的企业数量极少（国家及省部级创新奖及专利拥有数量）。因此我们推断，高级技术人员在江苏省目前还远远没有发挥其应有的创新研发作用。目前我们大多数企业的利润及地区的经济发展并不来源于创新与研发，而是源于产品生产与体力劳动。因此距离创新型社会我们还有相当长的一段路要走。

2.8.5.4 人才状况及需求的地区性差异不显著

对不同地区企业人才状况的分析表明，大多数的人才结构指标地区性差异并不显著。在所分析的各项结构指标中，高级技术人员硕士以上学历的比例，苏南地区明显高于苏中与苏北地区，与我们一般的经验相符。而另一指标，高级技术人员的比例，苏北地区高于苏中地区，与苏南地区相当，这一结论有些出乎意料。在江苏省，苏南、苏北经济发展差距明显，根据经济发展情况与人才供求状况关系理论，江苏不同地区人才结构及人才需求应该有显著的差距，但数据显示差距却并不显著。项目组分析后认为，鉴于苏南与苏北的地区差异，江苏省相关部门已经出台了一系列措施和对策，这些努力使得人才分布的地区性失衡状况有所缓解。

2.8.5.5　员工素质需求的高度同一性

调查显示，企业关注的最核心的职业素质分别为责任心、团队合作与知识技能，其中，责任心被毫无悬念地排在第一位。而进一步的差异分析表明，不同背景的企业对于员工素质需求表现出令人惊异的一致性，知识技能虽然也被很多企业关注，但不仅没有列第一位，还在团队合作之后，排在第三位。分析认为，就核心职业能力的内涵而言，江苏省企业目前更关注员工的个人态度层面，责任心是员工面对职场需要的必备条件，专业技能知识不再是唯一优势。这一结论丰富和发展了员工素质需求理论。

2.8.6　建议与对策

根据本章的分析结果，我们给出如下建议：

2.8.6.1　人才培养建议

针对目前江苏工业企业中高学历比例偏低、高技能人员比例较小、研发人员供需缺口过大问题，江苏省应加大对人才教育培训的投入，建立政府、单位和个人共担的人才培养投入机制。具体措施如下：

第一，建立江苏人才培训策略联盟，建立各类教育培训机构的交流合作机制。江苏人才培训策略联盟为一个正式的社团组织，以会员的方式吸纳江苏各类培训机构的参与，实现江苏教育、培训资源的共享。

第二，实施产业大学计划，衔接产学人才供需落差，密切产学合作。江苏拥有众多的各级院校，不仅绝对数量大，而且密集度也高，教育资源十分丰富。产业大学计划可以充分利用江苏教育培训资源的优势，最大限度地实现教育资源与产业发展需求的结合。对于江苏经济发展所需的重大高端人才，充分利用国外优质培训资源，通过招标、决标等程序选择委托海外教育培训机构，建立海外培训基地。

2.8.6.2　人才评价的改善方案

第一，针对年龄、学历因素依然是企业高层次人才筛选晋升主要指标的现象，我们需要开发符合科学发展观要求和人才成长规律、市场经济规律的人才评价机制。具体方案如下：

吸纳高等院校、咨询机构的专家学者以及企事业单位的高层管理人员，组建江苏人才测评项目小组。开展现代人才测评的研究工作，提高人才评价的科学化水平；建立“江苏省人才测评指导”网站，在网站发布各种最新人才测评资讯，并为各类组织提供人才测评量表及测评方法指导；每年定期举办人才测评专项年会。

第二，针对企业对员工素质需求不断变化的特点，需要完善各类人才的能力素质指标体系。设立关键职业及关键人才的职业能力标准，并使此标准成为学校制定教育方案、企业评鉴招揽专业人才的参照。具体方案为：

设立江苏职业能力标准协会，积极推进人才评价由传统的以学历、资历、证照为基础朝向以能力标准为基础的转变。研究关键人才的素质能力模块，建立江苏关键人才职业能力标准，编辑素质清单。将职业能力标准在各类通用型人才中逐步推广使用，建立 e 化的职业能力辞典，并将系统向社会各界公开，供用人单位选择使用。

2.8.6.3 人才流动与信息化管理

针对企业普遍反映的人才引进中的信息不完备及人才流失问题，建立特殊人才流动信息管理系统与管理措施。具体方案如下：

第一，根据一定标准，将特殊的人才进行分类，建立分类基础上的人才信息库，建立人才安全预警指标。

第二，建立关于特殊人才的相关流动去向、就业信息等跟踪档案信息。

第三，提供相关的信息研究报告和政策建议，供决策层参考。要特别关注不同人才的区域流动率，并进行宏观上的引导或管理，实现有序流动。

附录：江苏工业企业人力资源现状调查问卷

本次调查所涉及的问题没有好坏对错之分，请您如实填写。本调查问卷涉及企业人力资源的诸多方面，回答调查问卷将占用您一定的宝贵时间，对此，我们表示诚挚的感谢！

为了能够准确及时收到本次调查的结果反馈，请您如实填写如下信息：

姓名：__________（先生/女士）职位：________________

电话：__________电子邮件：________________

公司名称：____________________

公司地址：____________________

第一部分　企业基本情况

A1　贵企业的所有制形式：__________

1 国有或国有控股　2 外资或中外合资　3 民营　4 其他

A2　贵公司是否上市：__________

1 境内上市　2 境外上市　3 境内境外双上市　4 准备上市　5 没有上市

A3　企业的年龄（按目前公司主体存在的时间计算）：______年

A4　企业所在地区：__________

1 苏南地区（苏州\无锡\常州\镇江\南京）

2 苏中地区（扬州、泰州、南通）

3 苏北地区（徐州、连云港、盐城、淮安、宿迁）

A5　企业注册资本______万元

A6　企业主营业务种类：第一业务种类：______第二业务种类______

1 纺织　2 冶金　3 轻工　4 建材　5 汽车　6 机械

7 电子　8 石化　9 新能源　10 新材料　11 新医药　12 环保

13 软件及服务外包　14 传感网　15 其他

A7　年营业额、利润额和总产出及其他相关指标

项目	2009 年	2010 年	2011 年
营业额（万元）			
合同额（万元）			
利润额（万元）			
总资产（万元）			
产值利润率（%）			
负债（万元）			

第二部分　企业人力资源的基本状况

B1　您所在企业目前从业人员数量（截至2011年12月31日，包括在册员工、劳务派遣员工、临时用工)：______人，具体结构如下：

类型	性别结构		年龄结构				学历/学位结构					本单位工作时间		
	男	女	16～24岁	25～34岁	35～44岁	45岁以上	初中及以下	高中（含中专、技校）	大专	本科	硕士及以上	3年以下	4～9年	10年以上
人数														

B2 企业管理人员情况：

企业管理人员共______人，具体结构如下：

类型	年龄结构				学历/学位结构					职称/职业资格等级		
	16～24岁	25～34岁	35～44岁	45岁以上	初中及以下	高中（含中专、技校）	大专	本科	硕士及以上	高级	中级	初级
高层												
中层												
基层												
总计												

B3 企业专业技术人员情况：

企业专业技术人员共______人（说明：指从事专业技术工作的人员，以及从事专业技术管理工作的专业技术职称或被聘任为专业技术职务的人员），具体结构如下：

类型	总人数	年龄结构				学历/学位结构				
		16～24岁	25～34岁	35～44岁	45岁以上	高中及以下	大专	本科	硕士	博士
高级										
中级										
低级										
总计										

B4 操作技能人员状况：

操作技能人员共______人（说明：指在生产、运输和服务等领域一线岗位从业者中，以操作技能为主要能力特征，取得高级技工质量和高级技师资料及相应职级的人员），具体结构如下：

	总人数	16～24岁	25～34岁	35～44岁	45岁以上	专业及人数								
						（填写具体专业）								
高级技师														
技师														
高级技工														
中级技工														
初级技工														

B5　企业目前拥有的核心人才的类型及数量：

人才类型	（填写具体类型，例：质量工程师）				
数量					

B6　创新型人才数量：

创新创业人才类型	享受市级及以上政府特殊津贴人员	近三年内获得省（含副省级）以上自然科学奖、技术发明奖、科学进步奖等奖项之一的主要完成人	近三年内获得一项以上国家发明专利（不含实用新型、外观设计）的主要发明人	市级及以上科技创新奖获得者，创新奖项目的主要完成人（前三名）或发明专利奖的主要获奖者	获得省级（含副省级）以上优秀企业家称号或江苏企业管理现代化创新成果一等奖主要参与人（前三名）
人数					

第三部分　企业人力资源需求情况

C1　贵企业近2～3年持续出现过招工难的问题吗？________________

1 从未出现过　2 偶尔出现过　3 经常出现________________

C2　若有招工难的问题，其主要类型是：________________

1 普工　2 技工　3 管理人员　4 销售人员　5 研发技术人员　6 其他______　7 无招工难情况

C3　公司哪一类人才缺口最大：________________

1 研发科技人员　2 市场及销售人员　3 管理人员　4 生产人员

5 其他______（请注明）　6 各类人员均不缺

C4　最难招聘到哪类型人才？__________

1 研发科技人员　2 市场及销售人员　3 管理人员　4 生产人员

5 其他______（请注明）　6 无

C5　员工流失率最高的人才类型是：__________

1 研发科技人员　2 市场及销售人员　3 管理人员　4 生产人员

5 其他______（请注明）　6 无

C6　2011 年您所在企业人员缺口数

2011 您所在企业人员缺口总数		
其中	管理人员：中高层管理人员和一般管理人员	
	研发科技人员：高中初级研发科技人员	
	生产及生产辅助：工人技师、班组长、操作工	
	市场与销售人员	
缺口最大的岗位（可多填）		

C7　贵企业目前在人力资源方面最迫切的需求是：________________

1 设计人才　2 高级管理人员　3 销售人才　4 资本运作人才　5 知识产权经纪人　6 策划推广人才　7 中层管理职位的职业经理人　8 其他______（请填写）　9 无

C8　哪些能力对贵单位职能的履行最为重要？请您按重要程度从高到低列出前三项：__________

1 责任心　2 诚信　3 团队协作　4 知识技能　5 努力　6 经验

7 其他______（请填）　8 创新

第四部分　企业人力资源管理与开发的基本状况

D1　贵企业设立的人事部门名称是__________

1 人事部 2 人事行政部 3 人力资源部 4 人力资本部 5 没有

D2 贵单位目前拥有的主要培训方式（请填写主要途径，最多填三项）__________

1 员工入职培训 2 外派学习 3 工作技能培训 4 其他

D3 贵公司人才培养与开发的主要方式是__________，其中，中高层人才培养与开发的方式是__________。

1 内部培训 2 自学考试 3 函授 4 夜大 5 研究生进修班

6 攻读硕士/博士学位 7 攻读 MBA/EMBA/MPA 学位 8 挂职锻炼 9 其他

D4 贵公司是否愿意与大专院校、科研机构合作开发培养人才？______

1 愿意 2 不愿意 3 暂未考虑

D5 贵单位获取人力资源的主要途径是：__________

1 从应届毕业生中招考 2 从社会招考 3 内部培养 4 部队转业或复退 5 其他（请填具体途径）

D6 企业在高层次人才引进中遇到的主要问题是：__________（可多选，按重要程度排列）

1 本省缺乏培养高层次人才的国际化、高水平院校 2 人才政策落实不到位 3 落实户口难 4 子女就学/配偶工作难 5 社会保障体系不完善 6 信息不完备，紧缺包急人才难寻 7 无问题

D7 贵企业认为在人力资源方面亟须解决的问题是（限选三项，并按迫切性大小由前向后排列）（必填）：__________

1 人力资源总体质量不足，难以有效开展挑战性业务，并对企业未来重大战略调整进行支持

2 各业务模块缺乏复合型管理者，难以对多个模块进行整合，发挥综合效益

3 人力资源数量不足，企业开拓业务捉襟见肘

4 缺乏富有经验的高级经营管理人才，企业的整体发展战略不够清晰连贯

5 急需加强人事管理，提高办公自动化水平，以改善企业业务处理效率

6 缺乏市场开拓及经纪、营销人才，对于市场反应不够敏锐，并曾因此丧失商机

7 绩效管理有待加强，需要建立有效的激励和奖惩制度体系

8 其他__________（请填）

再一次感谢您完成了这份问卷！不知您是否有一些我们未在调查问卷中列出的观点和意见需要表达，如果有请把它写在下面的空白处。

参考文献

[1] 宫禄尧．陕西省科技人力资源与产业结构高级化的研究 [D]．西安建筑科技大学，2010

[2] 徐强．人力资本结构与产业结构互动的机理分析 [D]．青岛大学，2007

[3] 赵光辉．人才结构与产业结构互动的一般规律研究陕西省科技人力资源与产业结构高级化的研究 [J]．商业研究，2008 (2)

[4] 李小胜．创新、人力资本与内生经济增长研究 [D]．厦门大学，2008

[5] 张倩男．科技创新诱发产业竞争优提升的演化机制研究 [D]．武汉理工大学，2008

[6] 燕安．我国人力资本与区域经济增长差异趋向研究 [D]．南开大学，2010

[7] 张国强，温军，汤向俊．中国人力资本、人力资本结构与产业结构升级 [J]．中国人口·资源与环境，2011 (10)

[8] 董福荣，李萍．广东人力资本与产业结构的互动关系分析 [J]．中国人力资源开发，2009 (2)

[9] 张其春．福建省人力资本与产业结构调整的互动关系研究 [D]．福州大学，2006

[10] 陈剑．人力资本对产业结构的影响研究——基于产业集群视角 [J]．科学·经济·社会，2011 (1)

[11] 岳雪银．创新型人才行为模式研究 [D]．郑州大学，2011

[12] 房国忠，王晓钧．基于人格特质的创新型人才素质模型分析 [J]．东北师范大学学报（哲学社会科学版)，2007 (3)

[13] 杨小平．统计分析方法与 SPSS 应用教程 [M]．北京：清华大学出版社，2008

[14] 陈晓萍，徐淑英，樊景立．组织与管理研究的实证方法 [M]．北京：北京大学出版社，2008

[15] 解放．吉林省人才发展趋势分析及对策研究 [D]．吉林大学，2004

[16] 郭评生．江西经济发展中的人才优先发展战略研究 [D]．江西财经大学，2009

[17] 张伟．山东省人才资源能力建设研究 [D]．青岛大学，2009

［18］李永华．基于城市经济成长性的城市人才活动研究［D］．上海交通大学，2007

［19］佘莹．企业人才流失问题研究［D］．吉林大学，2004

3 江苏科技人才供求预测及比较分析

——基于灰色预测模式

3.1 引言

科技人力资源是科学技术和人力资源的结合，它是科技活动的主体，是国家和地区发展最重要的战略资源，在经济发展和综合国力的提升中具有决定性的意义。科技人力资源的培养开发不易，耗费时间长，开发成本大。如果其供求错估或是配置错位，会导致相关政策决策的失误，对社会经济的发展造成长久持续性的伤害，因而合适的科技人力资源规划是关乎国家地区发展的一项至关重要的议题。

科技人力资源的统计与预测研究是科技人力资源规划的基础。对科技人力资源供求规模的适当预测及对其规模、结构的全面剖析，把握科技人力资源的成长规律和未来发展趋势，从而可以针对性地辅助相关部门做出更恰当的科技人力资源开发与管理政策。因此，科技人力资源供给与需求的状况及其未来的变化趋势就显得相当重要并值得深入研究。

本章的主要目的为探讨江苏省科技人力资源供给与分布的现状，并进而推估预测其未来供给与需求的变化趋势，以为政府相关部门制订科技人力资源开发对策提供重要的参考依据。本章所探讨的问题如下：

江苏省科技人力资源规模与结构现况如何？未来几年江苏省科技人力资源供给及需求将有怎样的变化？分析江苏省科技人力资源未来的供给是否能够符合其实际需求？

3.2 科技人力资源统计与测量研究回顾

3.2.1 科技人力资源的概念及测算

科技人力资源的概念首先由经济合作与发展组织（OECD）和欧盟等国际组织在其联合编写的《科技人力资源手册》（也称《堪培拉手册》）中提出，它是指完成了科学技术领域的第三层次教育，或者虽然不具备上述正式资格，但从事通常需要上述资格的科学技术职业人员。因此，鉴别科技人力资源有两个主要依据：一是“资格”，即受教育程度；二是所从事的“职业”。

直到近几年，科技人力资源的概念才进入我国学术界。中国科学技术协会于2008年首次推出了《中国科技人力资源发展研究报告（2008）》（以下简称《报告》）。《报告》参考《科技人力资源手册》，结合我国的实际情况，将科技人力资源定义如下：科技人力资源是指实际从事或有潜力从事系统性科学和技术知识的产生、发展、传播和应用研究活动的人力资源，既包括实际从事科技活动（或科技职业）的人员，也包括具有从事科技活动（或科技职业）潜能的人员。

由于科技人力资源的研究整体上处于起步阶段，在统计实践中，我国目前尚没有科技人力资源的统计数据。

但是，在我国统计实践中，有许多与科技人力资源概念相近、内涵交叉重复、统计口径又不尽相同的许多指标，但这些指标与《堪培拉手册》的定义不尽相同，用它们来完全代表科技人力资源的测量不够精确。

为此，《报告》以OECD的定义为基础，遵循科技人力资源定义和统计原则，并考虑我国科技人力资源统计实践的实际情况，分别提出的按“资格”和“职业”计算的我国科技人力资源规模的测算公式。

3.2.1.1 按“资格”计算的我国科技人力资源规模测算公式

科技人力资源总量＝完成科技领域大专或大专以上学历（学位）教育的人员＋非科技相关专业研究生人员总量＋不具有大专以上学历但实际从事科技活动的就业人员 (3.1)

式中：①完成科技领域大专或大专以上学历（学位）教育的人员。大专及以上学历包括：普通高校、成人高校、自学考试和网络高校等培养的具有大专及以上学历的毕业生。结合我国高等教育学科设置现状，《报告》把工学、农学、理学、医学、管理学、经济学、法学、哲学、历史学和部分教育学（师范）等列为科技相关学科。②非科技相关专业研究生培养总量。一般来说，获得硕士、博士学位的研究生都具有一定的研究能力，因而应该全部计入科技人力资源范畴。③不具有大专学历但实际从事科技活动的就业人员。按照“职业”标准，这部分人员应计入科技人力资源范畴。但我国缺乏该方面的相关统计数据。《报告》根据我国实际情况，指出“技师”和“高级技师”应纳入科技人力资源范畴。但他们一般学历相对较低，现实中这一人群数量不大，故将其视为“不具有大专及以上学历但实际从事科技活动的就业人员”。

3.2.1.2 按“职业”计算的我国科技人力资源规模测算公式

《中国科技人力资源发展报告》认为，从职业角度测算我国科技人力资源总量，必须考虑两个基本因素：一是在我国科技岗位就业的人员一般必须具有大专及以上学历或相关专业技术职称；二是即使没有大专及以上学历或相关专业技术职称，但进入“技师”和“高级技师”序列的技能型人才。据此两点，《报告》把按职业测算科技人力资源的公式调整如下：

科技人力资源总量=具有大专及以上学历或相关专业技术职称人员－具有大专及以上学历或相关专业技术职称人员但不宜纳入科技人力资源范畴的人员+进入“技师”和“高级技师”序列的技能型人才 (3.2)

式中：①具有大专及以上学历或相关专业技术职称的就业人员，是指具有大专及以上学历，或者虽不具有大专及以上学历但是具有相关专业技术职称的就业人员。②具有大专及以上学历或相关专业技术职称但不宜纳入科技人力资源范畴的就业人员，是指具有大专及以上学历或相关专业技术职称但不从事科技相关职业或不在科技相关岗位上的工作人员。③进入“技师”和“高级技师”序列的技能型人才。技能型人才一般不具有大专及以上学历，也没有相关专业技术职称，但在技术进步过程中发挥重要作用，是科技人力资源的重要组织部分。

3.2.2 科技人力资源的相关变项

虽然《报告》给出了中国科技人力资源的测算公式，但公式中涉及的一些指标如“非科技相关专业研究生培养总量”等数据也只存在于《全国人口普查及抽查报告》中，平常年份的数据及分省数据依然很难获取。本章参照目前学术界的常用方法，使用专业技术人员、科技活动人员、科学家与工程师（本科及以上学历者）和 R&D 人员等变项代表科技人力资源的不同方面。

人才的概念在我国由来已久。但人才是个政策概念，其内涵及鉴别标准一直随着政策环境和政策目的的变化而变化。在不同时期甚至不同区域，人才的含义有所不同。2000 年全国人才工作会议提出人才的三个条件：一是有知识、有能力；二是能够进行创造性劳动；三是在物质、政治和精神三个文明建设中作出贡献。人才的衡量标准包含品质、知识、能力和业绩等各方面因素。因此“人才概念本身就包含着一定程度的主观价值判断，概念边界模糊，衡量标准更具有伸缩性（《中国科技人力资源发展报告》(2008))”。因此，我国的各类统计年鉴中一直未有关于人才的统计数据。直到 2009 年，江苏省才在全国率先推出《江苏人才发展统计公告》，对江苏的党政、专业技术、企业经营管理、技能和农村实用五类人才和高层次人才的数量进行了公告，但依然没有专门的科技人才指标，而人才指标的内涵与口径与科技人力资源有着较大的差距，并且迄今只有三个年份的数据存在，因此，在研究江苏科技人力资源时我们放弃了“科技人才”的概念。

“专业技术人员”是指从事专业技术工作和专业技术管理工作的人员，即企事业单位中已经聘任专业技术职务、从事专业技术工作和专业技术管理工作的员工，以及未聘任专业技术职务，但在专业技术岗位的人员。

“科技活动人员”是指直接从事科技活动以及专门从事科技活动管理和为科技活动提供直接服务的人员，累计从事科技活动的实际工作时间占全年工作时间 10% 及以上的人员。

“科学家和工程师”是指科技活动人员中具有高中级技术职称（职务）的人员和不具有高中级技术职称（职务）的大学本科及以上学历人员。该指标 2009 年以后在《江苏统计年鉴》中被改为“具有本科及以上学历人员”。

“研究与试验发展（R&D）人员”是指参与研究与试验发展项目研究、管理和辅助工作的人员，包括项目（课题组）人员、企业科技行政管理人员和直接为项目（课题）活动提供服务的辅助人员。

对照《科技人力资源手册》，从单纯的概念定义上看，“科技活动人员”与 OECD 的科技人力资源概念最为接近，但在统计实践中由于把大量非公有的科技活动人员排除在统计数据之外，所以其规模低于 OECD 定义的科技人力资源规模。“专业技术人员”从定义到统计范围均未与 OECD 的定义接轨，但它是我国最早存在的、具有中国特色的中国科技人力资源统计范畴，无论在一般统计年鉴中，还是科技统计年鉴中，一直列有“专业技术人员”的统计数据，因此它具有最全的统计基础。“科学家与工程师”、“R&D 人员”都属于科技人力资源的范畴，是科技人力资源的重要组成部分。OECD 在 20 世纪60年代就明确指出，科学家和工程师数量及分布是体现一个国家科技工作的重要指标，代表科技人力资源的较高层次。R&D人员是科技人力资源的核心与关键构成部分。

因此，尽管上述概念在内涵与统计口径方面都不是科技人力资源自身，但在一定程度上可以代表科技人力资源的不同层次和方面。同时由于科技人力资源测算上的困难，本章使用“专业技术人员”、“科技活动人员”、“工程师和科学家”、“ R&D人员”、“研究生在校人数”等代表科技人力资源的不同方面，对江苏科技人力资源的供求进行研究。

3.2.3 人力资源预测技术概览

预测是根据分析即将发生的事件与已经发生事件的关联性，去预测即将发展的事件。换言之，预测是利用过去的历史数据，对未来未知事件的发展趋势所进行的一种臆测。

预测的方法种类繁多。在现存的文献记录中，预测的方法有300多种。一般而言，人们常把它们区分为定性与定量两种类型（Archer，1980；Bernstein，1984）。定性方法主要以专家的意见为主轴，同时依据过去的历史经验对未来的事件做特性、本质的预测，是历史资料缺乏的情况下人们常常选用的预测方法。定量分析方法有很多，常见的有时间序列模型、因果分析法、计量经济模型、多元回归模型等。

具体到对人力资源需求的预测，随着预测目标的不同，所选用的方法也各不相同。本章首先将它们区分为传统人力供求预测方法和现代人力供求预测方法两类。

传统人力供求预测方法所含技术较多，较常使用的有雇主意见法、饱和比率法、过程分析法、时间序列分析、单变量多变量回归分析等。传统的预测方法（回归分析与时间序列分析等），由于其预测模式在构建过程中常常需要许多理论上的基本假设及限制，适合用来处理比较一致性的预测问题。

现代人力供求预测方法主要有类神经网络理论和灰色预测系统理论。类神经网络理论是指一种基于脑与神经系统研究所启发的资讯处理技术。它是一种利用既有的电脑系统来模仿生物神经网络，对资讯进行处理的系统方法。灰色预测系统理论主要针对系统模型不明确及资讯不完整的情况，通过建立灰色系统预测模型，在杂乱无章的系统表象中，通过灰色生成，建立灰微分方程的方式构成灰色模型（Gray Model，简称GM模型），找出系统内部潜在的规律，对系统未来发展趋势进行预测。

所有预测工作的基础在于正确预测方法的选择。由于人力资源的供求是一个受众多变量控制的复杂问题，影响因素不仅纷繁复杂，而且透明度低，使得人力供求问题处于只有部分资讯已知的灰色系统中。因此，本章选择灰色预测方法，通过建立灰色预测模型，找出江苏科技人力资源供求数据的动态发展规律，并对江苏科技人力资源供求进行预测和分析。

3.3 江苏科技人力资源现状和特点分析

3.3.1 江苏科技人力资源规模

根据《江苏统计年鉴》(2008～2012)，截至2011年底，江苏省拥有各类专业技术人员数140.51万人，科技活动人员数81.62万人，其中研究与发展活动(R&D)人员45.51万人；拥有本科及以上学历的人员32.72万人，在校研究生数量13.44万人。我们将上述指标2007～2011年五年间的数据总结如表3－1所示。

表3－1 2007～2011年江苏省科技人力资源数量统计表

单位：万人

年份	专业技术人员	科技活动人员	本科及以上学历者	R&D人员	在校研究生人数
2007	142.18	43.79	27.56	15.83	9.65
2008	142.26	53.59	35.06	20.25	10.47
2009	141.61	67.17	24.41	42.87	11.39
2010	140.53	73.69	25.54	40.62	12.55
2011	140.51	81.62	32.72	45.51	13.44
平均增长率(%)	－0.23	13.64	5.92	21.73	6.91

资料来源：《江苏统计年鉴》(2012)；《江苏人才发展统计公告》(2009～2012)；《江苏科技统计公告》(2007～2008)。

由表3－1计算得出，专业技术人员、科技活动人员、科学家与工程师、R&D人员及在校研究生数各指标2007～2011年平均增长率分别为－0.23%、

13.64%、5.92%、21.73%、6.91%。除了专业技术人员数量有微小下降外，其余指标均有显著的增加趋势。

3.3.2 江苏科技人力资源结构剖析

透视江苏科技人力资源结构特点可以从以下四个角度入手：

3.3.2.1 科技人力资源的部门分布

根据《江苏统计年鉴》（2012）的统计，科技活动人口与R&D人员主要分布在大中型企业，57.69%的科技活动人员和82.97%的R&D人员集中在大中型工业企业中。而分布在高等院校的比例则分别为6.47%和0.77%，仅有分别1.65%和1.33%的科技活动人员和R&D人员分布在研究与开发机构中。具体数据如表3-2所示。

表3-2 科技活动人员与R&D人员的部门分布（2011年）

单位：万人

研究与开发机构		大中型工业企业		高等院校		总计	
1.3427	0.6067	47.09	37.76	5.2776	3.4898	81.62	45.51

资料来源：《江苏统计年鉴》（2012），《江苏人才发展统计公告》（2012）。

表3-2数据表明，江苏省科技人力资源分布属于企业主导型。这一分布特点符合经济和社会发展的变化趋势。一般来说，发达国家和地区中高层次科技人力资源多聚集于企业中，比例在60%~75%，因此江苏科技人力资源的部门分布呈良性态势。

3.3.2.2 按行业分布

由于专业技术人才的统计资料最为完备，我们使用专业技术人员资料分析江苏科技人力资源的行业分布特点。具体分布情况如表3-3所示。

表3-3 专业技术人员的行业分布（2011年）

单位：万人

行业	分布	行业	分布	行业	分布
国际组织	0.0003	电力、燃气及水	0.9603	金融	2.4069
采矿	0.2091	学术研究、技术服务和地质勘查	0.9637	卫生社会保障和社会福利	2.8811

续表

行 业	分 布	行 业	分 布	行 业	分布
水利、环境和公共设施管理	0.4645	房地产	1.0564	公共管理和社会组织	5.9729
农、林、牧、渔	0.5411	租赁和商业服务业	1.4524	批发和零售	6.2604
居民服务和其他服务	0.6117	信息传输、计算机服务和软件	1.6702	教育	7.4258
文化、体育和娱乐	0.7384	交通运输、仓储和邮政	1.7212	制造	15.3228
住宿和餐饮	0.9193	建筑	2.0377		

资料来源：《江苏统计年鉴》(2012)。

为使数据更加直观，我们将表3－3数据生成条形图，如图3－1所示。

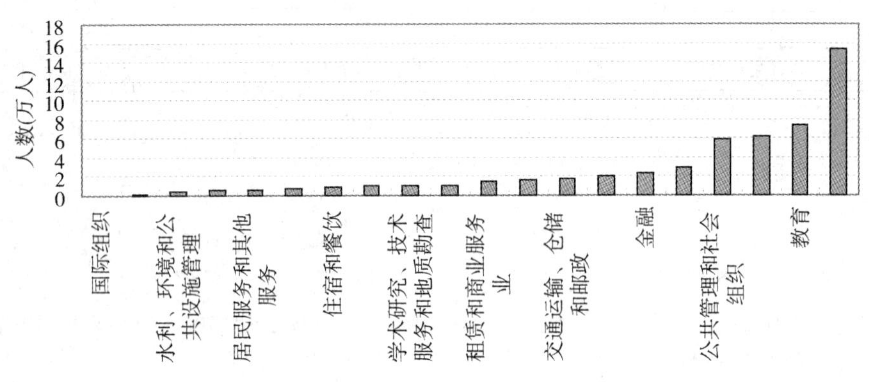

图3－1　专业技术人员的行业分布（2011年）

资料来源：《江苏统计年鉴》(2012)。

由图3－1可知，江苏专业技术人才主要分布在制造、教育、批发与零售、公共管理和社会组织、卫生社会保障和社会福利四大行业。制造业比例最高，金融、信息传输、计算机服务和软件等现代产业的专业人才所占比例偏低，表明江苏经济发展仍处于传统工业时期。

3.3.2.3　*按活动类型分布*

根据现有统计资料，我们计算了专业技术人员中从事科学研究人员的比例以及R&D人员、本科及以上学历人员在科技活动人员中的比例，详见表3－4。

表3－4 专业技术人员的活动类型分布（2011年）

单位：万人

年份	专业技术人员	科学研究人员	科研人员比例（%）	科技活动人员	R&D人员	R&D人员比例（%）	本科及以上学历者	本科及以上学历者比例（%）
2007	142.18	1.64	1.19	43.79	15.83	36.1498	27.56	62.94
2008	142.26	1.68	1.15	53.59	20.25	37.7869	35.06	65.42
2009	141.61	1.64	1.18	67.17	42.87	63.8231	24.41	36.34
2010	140.53	1.53	1.09	73.69	40.62	55.1228	25.54	34.65
2011	140.51	1.71	1.22	81.62	45.51	55.7584	32.72	40.01

资料来源：《江苏统计年鉴》（2012）。

专业技术人员中从事科学研究人员的比例五年来变化不大，基本上在1.22%左右，说明江苏基础研究投入人员比例稳定。R&D人员在科技活动人员中的比例逐年上升，趋势显著，显示江苏对研究与开发活动越来越重视。

另外，本科及以上学历人员所占比例这一指标比较特殊。2007年、2008年两年使用科学家与工程师统计口径，2009年只统计本科及以上学历者，这样把拥有中高级技术职称但没有本科以上学历者排除在统计数据之外，导致数据骤然降低，这也给我们后续的预测带来困难。科学家与工程师比例并非越高越好，通常认为其值在65%左右比较恰当。分析后认为，江苏科学家与工程师的比例应该处于较为恰当的区域。

3.3.2.4 科技人力资源开发潜力分析

江苏省在校研究生和博士生人数逐年上升，甚至增长率也显示出增加态势。在校研究生和博士生是未来江苏高层次科技人力资源的主要来源。表3－5表明，江苏高层次科技人力资源开发有很大的发展潜力。

表3－5 2007～2011年在读研究生人数

单位：万人

项目＼年份	2007	2008	2009	2010	2011
在校研究生数（万人）	9.65	10.47	11.39	12.55	13.44
在校研究生的增长率（%）		7.78	8.08	9.24	6.62

资料来源：《江苏统计年鉴》（2012）。

3.3.3 江苏科技人力资源的特点

由上可知，从总体规模上看，只有专业技术人员数量有微小下降，科技活动人员、科学家和工程师、R&D 人员数量均随着经济的发展而显著增加。但中高层次的科技人力资源数量（本科及以上学历人员数量）在科技活动人员中的比例显著提高，这种变化趋势符合江苏提高高层次科技人力资源的要求。

从结构上看，江苏科技人力资源的部门分布较为合理，符合社会经济的需求。随着产业的转型，科技研究者队伍保持稳定，人力资源开发潜力逐年提高，总体人力资源分布状态良好。

3.4 江苏科技人力资源供给与需求预测

3.4.1 江苏科技人力资源供求预测模型建立

3.4.1.1 研究变数

我们以 2007～2011 年五年间科技活动人员、本科及以上学历者、R&D 人员数量作为科技人力资源各层次供给面的灰色预测原始资料，使用《江苏统计年鉴》提供的地区生产总值历史数据作为科技人力资源需求面的灰色预测原始资料。各变量的定义如下：

科技人力资源供给：研究使用专业技术人员、科技活动人员、本科及以上学历者、R&D 人员作为科技人力资源不同层次的供给面。

科技人力资源需求：在维持科技人力资源生产力不变的情境下，若达成经济发展目标，所必需的各层次科技人力资源总数。

科技人力资源平均生产力：各层次科技人力资源平均生产力 =

$$\frac{\text{江苏社会总产值（万元）}}{\text{该层科技人力人数（万元）}} \tag{3.3}$$

3.4.1.2 灰色模型建构——GM（1，1）

灰色模型（GM）是利用系统的历史表现建立的一种预测模型。本章中，经过数据收集，我们使用单一变量的一阶灰微分方程，构建 GM（1，1）模型来预测江苏科技人力资源未来的供求数量。

3.4.2 江苏科技人力资源供给量预测

3.4.2.1 科技人力资源供给预测

以《江苏统计年鉴》、《江苏人才发展统计公告》、《江苏科技统计公告》中2007~2011年专业技术人员、科技活动人员、科学家和工程师、R&D人员数量作为江苏科技人力资源供给量的原始数列，如表3-1所示。对于表3-1，我们做如下两点说明：

第一，"科学家与工程师"序列，2009年以后在统计年鉴中已经变成"本科及以上学历者"，导致2009年数据突然发生较大幅度的下降。这给预测带来难题，为此，我们对2007年、2008年两年科学家与工程师中未达到本科学历人员进行剥离。剥离率的计算公式如下：

$$\text{未达到本科及以上学历的科学家与工程师比率} = \frac{\text{2008 年的值} - \text{2009 年的值} * (1 - \text{平均增长率})}{\text{2008 年的值}} \quad (3.4)$$

第二，R&D人数来自《江苏人才发展统计公告》和《江苏科技统计公告》，原因是《江苏人才发展统计公告》于2009年才首次在全国率先推出。因此2009年之前的R&D人员数据来自《江苏科技统计公告》。但在《江苏科技统计公告》中该数据仅仅是企业中的R&D人数，数据明显偏小。因此我们使用2009-2011年间企业R&D人员占全部R&D人员比例对2009年之前数据进行了调整，调整后的数据如表3-6所示。

表3-6 2007~2011年江苏省科技人力资源数量修正后统计表

单位：万人

年份	专业技术人员	科技活动人员	本科及以上学历者	R&D人员	在校研究生人数
2007	142.18	43.79	15.93	19.86	9.65
2008	142.26	53.59	20.26	25.41	10.47
2009	141.61	67.17	24.41	42.87	11.39
2010	140.53	73.69	25.54	40.62	12.55
2011	140.51	81.62	32.72	45.51	13.44

资料来源：笔者整理。

我们以表3-6中2007~2011年江苏科技人力资源五年数据资料，应用

GM（1，1）模式，经由 Excel 表格对资料进行分析，得出 2012 ~ 2016 年江苏科技人力资源供给预测量。预测结果总结如表 3 – 7 所示。

表 3 – 7　江苏科技人力资源需求供给量预测

单位：万人

年份	专业技术人员	科技活动人员	本科及以上学历者	R&D 人员
2012	139.65	94.14	37.03	54.21
2013	139.02	107.07	43.14	62.40
2014	138.40	121.79	50.26	71.82
2015	137.78	138.52	58.55	82.67
2016	137.16	157.56	68.20	95.16

资料来源：笔者整理。

3.4.2.2　预测模式精确度验证与比较

我们以灰色模式求得的 2008 ~ 2011 年的科技人力资源供给预测数据与这五年的实际供给量做比较验证，得出其残差值和精确度，计算结果如表 3 – 8 所示。表 3 – 8 中专业技术人员、科技活动人员、本科及以上学历者预测模型的四年精确度均超过 95%，预测有着较高的精度，而 R&D 人员的预测精确度不够理想。深入考察其中原因，R&D 人员的统计口径在 2009 年前后统计口径发生了变化，尽管我们也对数据做了一些调整，但调整显然不够理想，但又没有更好的其他调整依据，这使得数据序列的内在规律被打破。但是这种误差源自统计序列自身，无法通过预测方法的改变而改良，因此我们仍将 R&D 人员的灰色预测显示在结果中，仅供作大致的参考。

表 3 – 8　江苏科技人力资源供给预测值与实际值之比较及模型精确度检验

年度	灰色预测值	实际值	灰色预测值 – 实际值	精确度（%）	灰色预测值	实际值	灰色预测值 – 实际值	精确度（%）
	专业技术人员				科技活动人员			
2008	141.86	142.26	0.081	99.94	56.25	53.59	– 2.66	95.04
2009	141.23	141.61	0.067	99.95	63.97	67.17	3.20	95.24
2010	140.59	140.53	– 0.38	99.73	72.77	73.69	0.92	98.75
2011	139.96	140.51	0.23	99.84	82.77	81.62	– 1.15	98.60

续表

年度	灰色预测值	实际值	灰色预测值 - 实际值	精确度（%）	灰色预测值	实际值	灰色预测值 - 实际值	精确度（%）
	本科及以上学历者				R&D 人员			
2008	20.11	20.26	0.15	99.24	30.88	25.41	-5.47	78.45
2009	23.42	24.41	0.99	95.95	35.54	42.87	7.32	82.92
2010	27.29	25.54	-1.75	93.17	40.92	40.62	-0.30	99.27
2011	31.79	32.72	0.93	97.15	47.10	45.51	-1.59	96.51

资料来源：笔者整理。

3.4.3 江苏科技人力资源需求量预测

3.4.3.1 科技人力资源需求预测

根据表 3-6，计算江苏各层次科技人力资源生产力，如表 3-9 所示。首先以 2007~2011 年江苏地区生产总值作为预测江苏科技人力资源需求量的原始数列，经累加生成、建立灰微分方程等步骤，构建灰色模型 GM（1，1），预测 2012~2016 年江苏地区生产总值。预测开始时，我们将预测的江苏地区生产总值数据除以江苏科技人力资源平均生产力，求得各层次江苏人力资源的需求总量，结果见表 3-10。

表 3-9 江苏 2007~2011 年科技人力资源需求量及生产力统计

	地区生产总值（万元）	专业技术人员		科技活动人员		本科及以上学历者		R&D 人员	
		人数（万人）	生产力	人数（万人）	生产力	人数（万人）	生产力	人数（万人）	生产力
2007	26018.48	142.18	182.00	43.79	594.16	15.93	1633.30	19.86	1310.10
2008	30981.98	142.26	217.78	53.59	578.12	20.26	1529.22	25.41	1219.28
2009	34457.30	141.61	243.32	67.17	512.99	24.41	1411.61	42.87	803.76
2010	41425.48	140.53	294.78	73.69	562.16	25.54	1621.98	40.62	1019.83
2011	49110.27	140.51	349.51	81.62	601.69	32.72	1500.93	45.51	1079.11

资料来源：《江苏统计年鉴》（2012）；《江苏科技统计公告》（2007~2012）；《江苏人才发展统计公告》（2009~2012）。

表 3－10　江苏科技人力资源需求量预测

单位：万元，万人

年份	江苏地区生产总值	专业技术人员	科技活动人员	本科及以上学历者	R&D 人员
2012	57048.48	232.98	100.44	46.04	52.51
2013	66942.99	273.39	117.86	54.02	61.62
2014	78553.60	320.80	138.30	63.39	72.31
2015	92177.96	376.45	162.29	74.38	84.85
2016	108165.34	441.74	190.04	87.28	99.56

资料来源：笔者整理。

3.4.3.2　预测模式的精确度验证与比较

依据灰色模式所求得的预测结果与实际需求量做比较验证，计算预测的精确度，结果如表 3－11 所示，各年精确度均超过 97%，表明灰色预测是既精确又适用的预测方法。

表 3－11　江苏地区生产总值预测值与实际值之比较及模型精确度检验

年份	灰色预测值	实际值	灰色预测值－实际值	残差值（%）	精确度（%）
2008	30089	30981.98	892.98	2.882	97.118
2009	35307.74	34457.3	－850.44	－2.468	97.532
2010	41431.63	41425.48	－6.15	－0.015	99.995
2011	48617.67	49110.27	492.60	1.003	98.997

资料来源：笔者整理。

但是具体到各类科技人力资源，我们发现情况还是有些不同。在预测中，我们假设科技人力资源的生产力不变，并以五年的平均生产力作为预测科技人力资源需求的依据。数据显示，科技活动人口、R&D 人员生产力水平虽有一定波动，但变化不大，基于固定生产力水平的预测基本符合实际情况。但是，专业技术人员与本科及以上学历者的生产力增长趋势显著，与生产力固定假设有较大出入，为此我们作出修正：使用灰色预测方法预测未来年份生产力的变化，并根据变化的生产力状况预测专业技术人员需求量，结果如表 3－12、表 3－13 所示。

表 3 -12　专业技术人员与本科及以上学历者需求量预测修正

项目＼年份	2012	2013	2014	2015	2016
专业技术人员（万人）	139.76	139.17	138.58	138.00	137.41
本科及以上学历者（万人）	30.15	30.82	31.50	32.20	32.91

资料来源：笔者整理。

表 3 -13　专业技术人员生产力预测精确度检验

年份	灰色预测值	实际值	灰色预测值 - 实际值	残差值（%）	精确度（%）
2008	211.68	217.78	6.10	2.80	97.20
2009	249.44	243.32	-6.12	-2.52	97.48
2010	293.95	294.78	0.83	0.28	99.72
2011	346.39	349.51	3.12	0.89	99.11

资料来源：笔者整理。

专业技术人员生产力的灰色预测精确度大于 97%，远远超过 90% 的标准，因此使用灰色模型预测恰当精确。基于此预测所计算的专业技术人员需求量获得支持。

3.4.4　江苏科技人力资源供给需求的比较分析

综合表 3 -7、表 3 -10、表 3 -13，可计算 2012 ~2016 年间江苏科技人力资源供给量与需求量的比较结果，如表 3 -14 所示。

表 3 -14　江苏科技人力资源供给需求比较

项目＼年份	2012	2013	2014	2015	2016
预测专业技术人员供给量 a（万人）	139.65	139.02	138.40	137.78	137.16
预测专业技术人员需求量 b（万人）	139.76	139.17	138.58	138.00	137.41
供需失衡人数 c（=a-b）万人	-0.11	-0.15	-0.18	-0.22	-0.25
供需失衡率 d=c/b（%）	-0.08	-0.11	-0.13	-0.16	-0.18
预测科技活动人员供给量 a（万人）	94.14	107.07	121.79	138.52	157.56
预测科技活动人员需求量 b（万人）	100.44	117.86	138.30	162.29	190.04

续表

年份 项目	2012	2013	2014	2015	2016
供需失衡人数 c（=a-b）万人	-6.30	-10.79	-16.51	-23.77	-32.48
供需失衡率 d=c/b（%）	-6.27	-9.15	-11.94	-14.65	-17.09
预测本科及以上学历者供给量 a（万人）	37.03	43.14	50.26	58.55	68.20
预测本科及以上学历者需求量 b（万人）	30.15	30.82	31.50	32.20	32.91
供需失衡人数 c（=a-b）万人	-9.01	-10.88	-13.13	-15.83	-19.08
供需失衡率 d=c/b（%）	-19.57	-20.14	-20.71	-21.28	-21.86
预测 R&D 人员供给量 a（万人）	54.21	62.40	71.82	82.67	95.16
预测 R&D 人员需求量 b（万人）	52.51	61.62	72.31	84.85	99.56
供需失衡人数 c（=a-b）万人	1.01	0.22	-0.85	-2.28	-4.16
供需失衡率 d=c/b（%）	1.86	0.03	-1.17	-2.70	-4.27

资料来源：笔者整理。

由表 3-14 得知，2012~2016 年江苏科技人力各个层面的供需状况主要表现为资源不足。专业技术人员失衡比率最低，科技活动人员失衡率最高，显示江苏科技人力资源总体上处于资源短缺态势。

3.5 结论与建议

3.5.1 本章主要结论

本章是采用 2007~2011 年五笔资料，使用灰色预测 GM（1，1）模型对江苏科技人力资源各个层面未来五年的供需情况进行预测，得到如下结论：

结论一：灰色预测 GM（1，1）适用于江苏科技人力资源未来供需的预测。

研究结果显示，对于江苏科技人力资源各个层面指标供给需求量的预测，除了 R&D 人员预测精度不理想外，其他的预测精确度均高于 95%。深入考虑后认为，R&D 人员预测精确度较低的原因源于统计序列中数据口径于 2009

年发生的改变，并非预测模型的问题。因而我们得出结论：灰色预测 GM（1，1）模式适用江苏未来科技人力资源供需的研究，并且可以获得比较精确的结果。

结论二：江苏科技人力资源供求总量为轻度失衡。

从总量上看，江苏科技人力资源基本上处于供不应求的情形。各个层面的指标基本上都是供小于求，供求失衡率基本上都为负值（只有 2007 年、2008 年两年 R&D 人员供求缺口为正，但这两年 R&D 供给统计口径与其他年份不同，导致预测精确度下降，并非 R&D 人口真正的供过于求），但各指标失衡程度并不严重。专业技术人员的供求失衡率各年均在 1% 以下，失衡最严重的是本科及以上学历者，失衡率达到 19% ~21%，但该指标 2009 年的统计口径变窄，导致供给预测的保守，实际失衡情况应该较预测为轻。其余指标失衡率均没有超过 10%。同时，由于我们是基于固定生产力水平进行预测的，考虑生产力提高的状况，各指标的失衡率还会进一步下降。因此我们可以出结论：从总量上看，江苏科技人力资源处于资源紧缺状态，但程度并不严重。

结论三：江苏科技人力资源结构分布趋于合理，结构失衡问题不凸显。

江苏科技人力资源结构上大多也处于良好状态，部门分布属于企业主导型，与经济社会发展要求相适应。在职研究生数量稳定上升，具有较大的科技人力资源增长潜能。从事基础研究的科学研究人员比例固定，表明基础研究队伍稳定。R&D 人员比例逐年上升，表明江苏对于研究与开发越来越重视。但科技人力资源行业分布表明江苏仍处于传统工业阶段。如果江苏要实现从传统工业社会向现代产业社会的转变，需要采取针对性的政策措施促进科技人力资源投入的相应转变。

3.5.2 政策建议

第一，关于科技人力资源统计与应用的问题。量化的指标是科技政策形成过程中一个需要考虑的重要因素。科技人力资源供给与需求的统计预测工作，是做好科技人力量资源规划开发的基础。该项工作江苏一直走在全国的前列，2010 年江苏率先发布了《江苏人才发展统计公告》，其中增加了一般统计年鉴中缺乏的人才统计指标，如江苏企业经营管理人才、研发人才及高技能人才等，但是对于科技人力资源的统计仍然不够充分、系统，各统计指标散见在职业统计、人口统计、劳动统计、科技统计、教育统计等各部分统计中。各统计指标概念内涵混乱，统计口径不一，统计范围不完备，缺乏国际可比性。这种状况使得科技人力资源研究无法深入进行，更难以支持对科技人力资源政策实施的客观科学的判断和分析。因此，从创新体系构建的需要出发，江苏有必要尽快建设一些信息平台，发布重要的科技人力资源的供求信息，以使学术研究和政策设计能够采集到比较完备的基本数据，为科学的科技人力资源开发与管理提供依据。

第二，实施针对性措施，引导科技人力资源的合理流动。科技人力资源行业分布显示，江苏社会仍处于传统工业阶段，这不利于江苏经济转型和产业升级目标的实现。利用财务等激励方式，将科技人力资源引致江苏社会经济发展所需要的行业与部门。

第三，应该鼓励相关研究及政策设计聚焦科技人力资源素质、创造力及绩效的提高。江苏科技人力资源无论是总体规模上，还是结构分布上，基本上处于良性的合理状态，科技人力资源的数量问题并不严重。但我国科技创新能力仍然十分薄弱，如何设计政策制度体系，发挥现有科技人力资源的积极性，激发现有科技人力资源的创造力，让其真正肩负起提升国家和区域创新能力，推动科技实力的提升，是更为关键的研究课题。

4 江苏人才管理体制与创新机制研究

4.1 序言①

2002年，党中央国务院下发了《2002～2005年全国人才队伍建设规划纲要》，着眼于各项事业的长远发展和人才的总体需求，提出实施“人才强国”战略。人才成为中国社会经济发展的第一资源。由于人多地少、资源禀赋不足，江苏对于人才有更多的需求和更高的要求。在全球化、知识化及经济转型产业升级的背景下，“十二五”期间，为了落实人才强省战略，发挥人才在经济社会发展中的基础性作用，在国家与江苏的经济与社会发展总体规划和人才规划的框架下，提出了新时期江苏人才工作的更高要求。

但是，人才的竞争力不仅在于拥有多少，更重要的是如何管理和使用。使用是人才工作的中心环节，是赢得竞争的关键所在。而人才使用的效率、活力取决于人才管理制度的有效性。根据人力资源专业期刊《HR Focus》所做的“2005年度人力资源重要发头条议题”及“主导2006年人力资源的重要事项”调查，这两年的头条风云议题都是“人才管理”，人才管理已经被众多的组织列为首要的工作目标。

因此，推进人才资源的健康可持续发展，挖掘人才的使用潜力，建立起充满生机和活力的人才管理体制和机制，是人才工作的核心内容。

① 根据江苏省经济社会发展实况并在《江苏省中长期人才发展规划纲要》（2010～2020年）的指导下完成本章。

4.2　人才管理体系理论综述

4.2.1　人才管理及人才管理体系的内涵

人才是人力资源中具有较高知识和劳动技能（或劳动熟练程度的）一个特殊群体。与人力资源管理一样，人才管理也是在处理人员的选、用、去、留的问题。然而两者的不同之处在于，人才管理的诉求对象是关键人力资源，也即人力资源管理关心的对象包含所有的人员，而人才管理主要关心的对象则是处于人力资源中的对于国家地方或组织的现在及未来具有关键影响力的顶尖部分。因此在资源分配上，“人力资源管理”采用“均等主义”，务必使每一位人员都能被照顾到，人才管理则采用“菁英主义”，集中资源重点培养关键人才，并对他们实施差异化管理与服务。

关于人才管理体系所涵盖的内容与范畴，很多学者从微观组织的角度给出了很多不尽相同的表述。

Derr 等，Nowack，Lublin 等学者的研究指出，有效地发展高潜力人员计划有以下三个阶段：①选择高潜力员工：可依据员工表现、学历或能力测验的结果，遴选决定适合人选。②提供发展经验：辨识表现优异的人员，寻找能持续表现与高阶工作有关的成功特质的员工，持续发展出拥有这些特质的员工。③主动与管理方接触：被视为具备高潜力的人员，必须具备符合社会需要的特质，以使人员与组织及工作相互匹配。

美国宏智国际企管顾问公司提出的“菁英人才发展模型”包括定义能力标准、人员评价及发展计划三部分。①定义能力标准：能力标准、工作或专案经验要求、组织的相关知识；②人员评价：通过评鉴中心、人格特质测、“菁英人才”评价等；③发展计划：包括个人发展计划、团体发展计划、在职训练等。

中国台湾学者林文政认为一套完善的人才管理制度应包括人才素质模型、人才评价、人才定位与人才发展四个系统，四个系统之间环环相扣、缺一不可，且在作业执行上应依序实施，不可倒错。

秦日焜在其为 ZXA 有限公司所作《关键人才管理体系思路》中设计的人才管理体系是一个包含人才吸引、人才发掘、人才评估、职业发展、向管理层反馈的一个完整过程。

但是，上述关于人才管理体系的看法都是基于微观组织的角度。从国家及地区的角度，人才管理的理论研究和实际应用都还处于起步状态，业内缺乏对人才管理体系、系统性整体性的探讨。

我国各地的人才规划则通常依据现代人力资源管理理论，将人才管理体系划分为人才培养、人才选拔和使用、人才激励和约束等职能体系。这些职能体系紧密联系，互相支撑，形成一个不可分割的有机整体。本书通过对人才管理体系文献的探讨，并结合江苏省“十二五”规划，认为此划分比较符合我国人才工作的实际，因此本章沿用此看法。

4.2.2 人才管理体制与机制

“体制”与“机制”是一对较易混淆的词语。按照《辞海》的解释，“体制”是指国家机关、企事业单位在机制设置、领导隶属关系和管理权限划分等方面的体系、制度、方法、形式等的总称。也就是说，体制是一套基本的组织制度，是一套基本的行为规范体系。“机制”原指机器的构造和运作原理，借指事物的内在工作方式，是运行过程中体现的关系或联系，包括有关组成部分的相互关系以及各种变化的相互联系。

人才体制主要是指反映国家和政府公共利益和战略目标的人才管理与服务的基本管理制度体系，也就是一个制度结构框架。人才工作机制则是指基于人才价值实现过程而建立起来的具体制度、具体工作方式和方案。

人才体制与人才工作机制从本质上看都是制度和工作规范，都服务于共同的目标。不同之处在于其层次和内容具体程度的差异，人才体制重在宏观层面，而人才工作机制则更关注中观和微观；从变革与发展的角度看，人才体制具有较强的稳定性，而人才工作机制相对而言更丰富和易于变化。另外，人才体制的形成与目标的关系更紧，而人才工作机制则更依赖于人类社会运行的自然历史过程。

4.2.3 人才管理的相关理论

随着知识经济的日益深入及社会环境不确定性的日益加强，如下的几个相关管理理念在人才管理工作中的重要性日益凸显。首先是新公共管理思潮中的当代治理模式理念。其次是市场化机制或效法企业理念，它们不是狭隘意义上的市场机制，即在公共制度方面，它有一种朝向更多采用市场组织原则和社会干预的趋向。最后是更多地运用符合现代人力资源管理要求的技术与方法。

其中，在当代治理模式下，政府不再扮演唯一权力核心，强调充分授能等概念。当代治理模式理论试图构建公众参与的多元化政府治理模式，即通过授权、激励等方式，鼓励社会组织团体及个人积极参与公共事务管理。治理结构变迁由以政府为中心，转移到强调政府与社会的互动过程。因此，政府必须善于运用民间企业与第三部门共同承担管理公共事务与提供公共服务的责任。换言之，通过制度安排，在国家机关与公民组织间建立一个有效的治理结构便成为第一要务。

从国家及地区角度考察的人才管理的各项职能，它们都具有相对典型的公共产品的特征，属于满足社会公共需要的公共财政体系应加以重点支持的领域。根据当代治理模式，在建立人才管理体系时，应摒弃政府是唯一且最高主导权的想法，建立与企业组织、非营利组织等的伙伴关系，将社会力量纳入人才管理机制之中，重新建构完整且健全的人才管理体系。

4.2.3.1　市场导向模型

引入市场机能和效法企业，成为20多年来世界各国政府构思转型的基本理念，而去任务化、民营化、地方化和法人化，则是政府职能与组织改革的具体措施。因此人才体制的创新应尊重市场对资源配置的基础性作用，政府致力于弥补市场的缺陷。

在人才管理体系和各环节引入市场化的运行机制方式，地区人才配置以客户价值为导向，而惯常的知识高地、学历高地、职称高地，单一追求引进多少博士、硕士，引进多少教授或院士，则会导致人才资源的浪费。创新人才管理机制，说到底，就是要致力于营造一个高度开放、公平竞争、非常透明的制度环境。市场导向的人才管理体系，不仅是一个理论范畴，而且是一种实实在在的制度安排。人才管理的机制可以根据实际发展的需求、区域社会经济产业的特点，根据人才的不同特点采取不同的管理模式，根据人才的需求提供差异化的人才资源产品与服务，以突破制约生产力发展的人才管理体制和机制障碍，为江苏经济发展提供持续的动力。

4.2.3.2　战略人力资源管理与现代人力资源管理技术

从人事管理到人力资源管理，再到战略人力资源管理，随着现代科学技术的发展，尤其是信息技术的飞速进步，它们为人力资源管理带来了广阔的拓展空间，人才工作进入战略管理时代。战略人力资源管理强调各项积极前瞻的策略性管理措施，强调高度承诺、职场学习、多元职业发展路径、能力本位等理念，同时也更多地运用符合现代管理要求的技术和方法，如培训需求评估、培训效果评价、人才多元评价、能力标准制订等。

本章以现代人力资源管理观点审视人才管理，将现代人力资源管理中前瞻性系统性规划措施、先进理念及各项现代技术和方法引入区域层次人才管理工作中，把人才管理与社会发展目标及其他管理策略联结起来，在制度设计上注意承诺理念、学习理念及能力本位理念的引入，在实施办法中强调各项现代管理技术方法的运用。同时根据现代治理模式与市场经济体制的要求，在构建江苏人才管理体系框架的过程中强调政府与社会的互动，将社会力量及市场机制导入人才管理网络，为江苏社会经济发展吸引人才、留住人才、人尽其才、才尽其用提供制度保障。

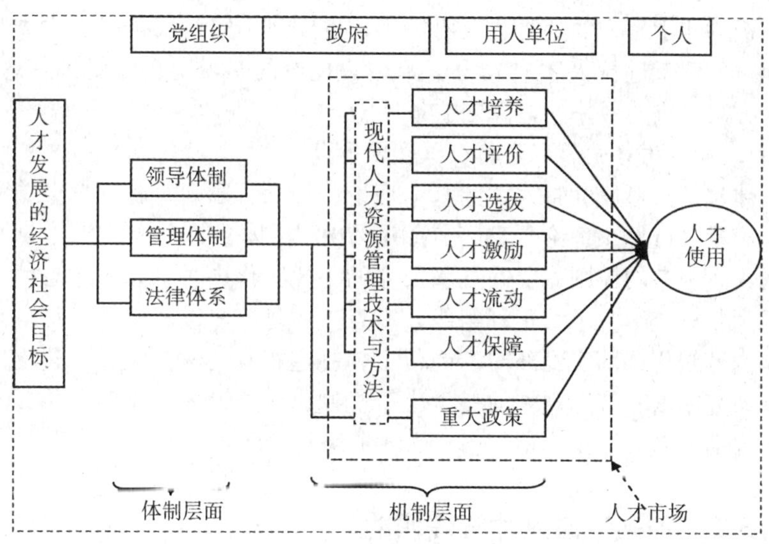

图4－1 江苏省人才体制与工作机制理论框架

4.3 江苏人才管理体制框架

4.3.1 构建党管人才的领导体制的框架

4.3.1.1 建立党委、政府“一把手”抓“第一资源”的目标责任制

具体内容包括：

修订完善基于人才第一资源的党委、政府主要职位的工作职责，将人才工作作为重要工作职责，并放在优先位置，明确考核的依据和指标以及责任承担的依据和方式。

省委组织部作为工作的执行机构，承担以下主要职能：①组织制定年度的工作计划并分解和下达年度工作任务，确定绩效衡量标准。②对各单位任务执行情况进行监控，制定定期的工作汇报制度和绩效信息的收集工作程序，并根据掌握的情况及时提出改进意见。③定期召集一次年度战略实施质询会，进行年中战略实施情况的评估与分析，提出改进意见。④依托信息平台，实施信息跟踪。⑤协调与政府职能部门之间的工作。

积极创建学习型的党委、政府组织，定期或不定期安排组织党委、政府主要职位任职者进行人才或人力资源相关理论的学习，从而促进观念进步，为工作方法改进与效率的提高创造条件。

4.3.1.2 构建党管人才的组织管理平台

具体包括：形成党管人才的基本理论、理念、原则，通过学会等科研机构组织力量进行思想理论研究，丰富并深化理论体系。依据管宏观、管政策、管协调、管服务的原则，明确党管人才的主要工作内容，如人才总体规划制定、重大政策统筹、重大工程组织、重点人才培养、重大典型宣传等。将主要工作内容细化并落实到部门和岗位上，制定相应的考核制度。建立人才工作定期研究制度和统筹规划的科学决策机制；建立人才工作信息传递与反馈机制，定期发布人才工作白皮书、人才资源开发指导目录。

4.3.2 加强政府人才管理职能

人力资源是影响综合国力与国际竞争力的重要因素，也是最重要的经济资源，尤其是高层次的人才资源。人力资源的流动以及国际范围内对高层次人才的争夺，要求政府加强人力资源特别是人才资源的管理、开发，使之更多地服务于本国、本地区的社会经济的发展，这符合科学发展观和人的全面发展的要求，也是建设创新型、友好型和谐社会的重要内容。

在本章的整个思路中，政府人才管理职能有人才体制层面的内容，但更多的是人才工作机制的建设，也就是主要发挥细化目标、管理执行的作用。概括而言，加强政府人才管理职能的主要工作体现在四个方面：政府人才管理职能界定；实现平台建设；市场基本规则的制定与维护；资源与财政支持。

4.3.2.1 明晰界定政府人才管理职能，理顺各有关职能部门人才工作职责

通过政府组织的职能设计，形成各有关职能部门的职责并细化到具体岗位：首先，根据人才体制以及战略目标，形成政府人才管理职能的概括内容。其次，将概括内容分解到各职能部门以及各层级，明确绩效考核要点。最后，将部门职能细化到岗位，并形成绩效考核要点。

4.3.2.2 政府人才管理职能的平台建设

政府人才管理职能更多是依靠社会、市场等间接手段实现调控、管理和服务保障。平台建设就是政府实现人才管理职能的中间环节。具体任务如下：

第一，建设人才管理的信息平台。依靠信息技术，在人才市场信息系统的基础上，集成人才供求信息、专家库信息、国际人才信息、岗位管理信息、素质测评信息、信用管理信息、政策决策模型等，并通过“一卡通”实现跨地区的信息管理和共享。

第二，建设人才培养平台。教育尤其是学校教育，是人才培养的主要途径，也是政府的主要职责。这一平台将理顺学校教育、企业培训、社会机构培训等形式之间的关系，实现人才能力素质培养的有机对接，并形成再教育与终身教育的格局。这一平台也包括创新创业人才的培育和过程上的支持。

第三，科研项目的平台建设。这一平台既可以出成果，又能培养人才，是实现政府人才管理职能重要依托。主要内容包括科研项目的方向引导、支持力度、人员结构的调控、项目形式的要求、考核指标的定位等。

第四，规范有序、公开透明、便捷高效的人才公共服务保障平台建设。主要是与社会保障有关的内容和吸引、留住人才的后勤服务。

4.3.2.3 制定维护市场基本规则、涵盖规范各个市场主体的政策法规

主要包括政府的宏观管理、市场有效配置、单位自主用人、人才自主择业等方面。

4.3.2.4 社会资源与财政支持

具体内容：确立与人才优先发展战略布局（主要包括人才资源优先开发、人才结构优先调整、人才投资优先保证、人才制度优先创新）相协调的多元化的人才投资体系。针对江苏的实际情况，确立对教育的投入每年的增长速度不应低于年度 GDP 的增速。对于其他市场主体在人才优先发展上的投入给予税收优惠。对投入的效果建立科学的评价体系，进行重点监督监管，避免人才投资上的扭曲和浪费。

4.3.3 推进人才工作法制化进程

完善人才法规体系，形成有利于人才全面发展的法制环境，推动人才工作从行政管理向依法管理转变。重点围绕《国家人才促进法》和终身学习、工资管理、技术移民、事业单位人事管理、职业资格管理等方面的法律法规，制定符合江苏实际的配套法规，修订《江苏省人才流动管理暂行条例》、《江苏省专业技术人员继续教育条例》等法规，完善人才培养、引进、使用、评价、激励、保障等人才资源开发管理各个环节的人才法规体系，切实保护人才和用人主体的合法权益。推行人才执法责任制、评议考核制，加大人才法规执行力度。

完善人才法规体系的主要建议：

第一，制定人才促进方面的法规。明确政府加大教育投入、提高教育经费的责任，并建立国家、个人和社会的多元投资的经费投入机制。海外人才来江苏工作的鼓励与保障措施。建立以公开、平等、合作、择优为导向的用人机制。根据不同人才种类分别制定考核和评价标准，并形成社会、用人单位与国家共同参与的评价体系。完善多种形式、可选择的分配激励方式和机制，激励人才成长和创新。消除人才流动的障碍，通过促进人才合理流动形成与江苏产业结构与产业发展相匹配的人才分布格局。

第二，制定终身学习法规。内容包括：立法目的和原则。明确政府以及相关教育、人力资源等行政部门的职责。终身学习形式的规定。鼓励开发各种性的学习形式。以各种新理论、新技术和新方法为主的终身学习的内容。终身学习的公共服务机构的建设与职能。建立学习成绩认证制度。终身教育经费来源与投入机制。

第三，制定反就业歧视法规。主要内容有：规定禁止就业歧视的事由和保护范围。规定就业歧视的主要方式、判断标准和抗辩事由。规定举证责任与法律救济。

第四，制定移民办法。组建具有一定人才专业管理水平的移民管理机构，保证人才进出的专业性与稳定性。界定移民的条件和种类，特别关注技术移民人才的进出，并通过移民配额制实现数量与结构调控。建立移民保证制、公正的移民审批程序、移民服务机构，对违法行为规定相应的法律责任。

第五，制定“专业技术人员条例”。内容包括：专业技术人员的界定。建立执业认证资格制度。专业技术人员享有的权利和应履行的义务。建立专业技术人员继续教育的方式、物质和制度保障。鼓励专业技术人员的流动，同时予以规范。建立争议解决的途径、程序。

第六，制定“人才市场管理规定”。内容包括：明确人才市场的概念范围、业务活动、政府主管部门等。界定人才中介服务机构的权利、义务。规范求职与招聘行为，明确求职者和招聘单位的权利、义务。完善政府及有关部门对人才市场的监管职责、监管方法和监管程序，促进各类人力资源中介服务机构的规范运行。界定中介服务机构违法经营的法律责任。

4.4 人才管理机制的创新选择

依据前述愿景和目标，本节在以下列出的各项创新机制选择中，都将包括目标构想、创新机制设立、行动计划等内容。

4.4.1 人才培养机制

加大政府对人才教育培训的投入，健全规范高效的政府、单位和个人共担的人才培养投入机制。形成人才培育目标同阶段性经济社会发展相统一、政策措施同市场化进程相一致、人才知识结构优化同产业结构调整相协调的人才培养机制。

目标1：不断加大学科建设和专业调整的力度，优化教育结构和布局。

创新措施：规范教育结构布局调整、专业调整的工作流程。根据教育需求分析与教育效果评估调整专业设置，优化教育结构布局。

在人才管理的基本框架中，人才培训有着一套规范系统的工作流程，包括培训前的规划与需求分析，培训中的课程专业设置及培训后效果评估等环节。近年来，我国政府及省政府针对产业结构与经济情势的变动，很重视专业调整与教育结构布局调整的工作。但是对于学校组织的管理工作不到位，教育结构优化与专业设置调整时很少进行正规的需求分析，对教育内容缺乏系统化的研究和设计，没有建立科学的教育效果评估机制。因此专业及教育布局调整随意性较强，始终缺乏规范化的流程。

行动方案：由政府教育部门及高等学校相关专家组织组成联合教育项目小组。

第一，通过产业分析、人员分析与工作分析等方法，查找人才供求差距及其存在原因，对江苏地方的教育培育需求进行详尽全面分析。

第二，遵循目标导向、客观公正、注重实效的要求，建立具有公信力的教育评量机构，设立全面有效的教育培训系统的评价标准，对江苏教育培训机构进行培训效果评估，方便各类人员选择适合自己的教育资源。

第三，根据教育培训需求分析与教育培训体系效果评估的结果，通过重点扶植、经费补助等方式，确保重点产业急需人才的培养，使教育结构布局优化与专业调整能够最大限度地支持江苏社会经济发展战略。

目标2：加强继续教育的统筹规划，整合各类教育培训资源，完善继续教育配套政策，分层分类开展人才继续教育，推进学习型社会建设。

创新措施：建立江苏人才培训策略联盟，建立各类教育培训机构的交流合作机制。

继续教育既是国家公共行政事务的一环，又符合企业组织培养适用人才的需要。目前政府相关部门、各级学校、民间培训机构、企业单位均是培训部门的设立主体，因而存在着资源不能充分运用、训练效能低下、教育与实务存在落差等问题。虽然政府企业学校也各自努力开展产学合作，但在整合方面仍缺乏统整机制，以致各类各层次培训机构间的合作上均严重不足。因此，建议建立人才培训策略联盟，以联盟的方式整合训练资源，提升人才培训的效能。该联盟作为一个正式的社团组织，联合江苏现有的各类教育与培训机构，实现江苏教育、培训资源的共享。

行动方案：

第一，“策略联盟”充分利用江苏现有教育与职业培训优势，整合学校、培训机构与企业的相关资源，为江苏各类企事业单位的人才培训提供中介服务。

第二，充分挖掘现有的信息资讯，建立人才供求信息库，为江苏省产、学、训机构提供一个相互交流与资源共享的平台。

第三，周期性地举办各项职业训练及新知技术的研讨等活动，为产、学、研、训各机构人才培训管理人员提供定期交流与学习的渠道。

目标3：建立以重大人才工程为引领、区域行业人才工程为支撑、社会力量广泛参与的高端人才培养体系。

创新措施：设立衔接产学人才供需落差，密切产学合作的职业培训基础，实施产业大学计划。

根据江苏省阶段性经济社会发展需求与人才发展规划，形成江苏高端人才培育目标、制定产业大学规划，设立相应培训基地，使人才培育同市场化进程相一致、人才知识结构优化同产业结构调整相协调。

行动方案：

第一，设立专责机构，负责预估江苏省产业发展急需各类人才，并做好政府预算以支持产业大学的发展、营运、设备的汰旧换新等工作

第二，对于产业急需人才，结合企业用人条件与技能需要，与国内高校合作办理产业专班（如软件开发专班），招收大一入学新生在大学参与正规课程学习，在职训中心施以一年期就业导向的专业职业训练，并在合作厂商实习。

第三，对于江苏经济发展所需的重大高端人才，充分利用国外优质培训资源，通过招标、决标等程序选择委托海外教育培训机构，建立海外培训基地。

4.4.2 人才评价机制

形成体系健全、评价手段先进、评价效用优良，符合科学发展观要求和人才成长规律、市场经济规律的人才评价机制。

目标1：建立以岗位职责为基础、以能力素质为核心、以业绩和贡献为导向的专业化、科学化、社会化人才评价机制。

创新措施：发展专业化、社会化的人才评价组织。

评价是一种价值判断的活动，是主体对客体满足其需要的程度所做出的判断。多年来，我国人才评价制度存在许多缺陷，主要表现在两点：其一，过于强调学历、职称、资历，评价标准缺乏灵活性；其二，过于重视官本位，评价标准在很大程度上以官位高低论英雄。评价机制的传统僵化致使很多组织在众多大学学历或以上的应征者中找不到适当的、可以信任的人才。

实施方案：

第一，增设研究预算支持人才评价的基础研究。开展现代人才测评技术的研究工作，提高人才评价的科学化水平。

第二，由政府引导，企业、高校、咨询机构互相配合，促成人才评价行业的发展，建立专业化、社会化的人才评价组织。

目标2：完善体现各类人才特点的能力素质指标体系，推行党政人才群众认可、企业经营管理人才市场和出资人认可、专业技术人才和技能人才社会和业内认可的评价方法。

创新措施：由政府主导建立江苏人才评鉴中心，设立关键职业及关键人才的职业能力标准，并使此标准成为学校制定教育方案、企业评价招揽专业人才的参照。

人才管理以“取才用人”为第一要义。相较于目前使用的职业资格证照

制度，职业能力标准着重于人员的职业能力素质考量，将知识技能取向转换为能力取向，借由杰出的工作绩效表现及卓越的核心职能表现来鉴别人才，具有更强的职业针对性与社会适应性。

实施方案：

第一，根据江苏经济发展及产业结构转型，确定实际所需的关键职业与关键人才。

第二，研究关键职业关键人才的素质能力模块，设立职业能力标准。

第三，建立职业能力辞典，并向社会各界公开，推广运用。

4.4.3 人才选拔机制

形成选择范围宽、用人机制活、作用发挥好、有利于优秀人才脱颖而出、充分施展才能的选拔使用机制。

目标1：深化党政人才选拔任用制度改革，转变传统的党政人才选拔任用制度，采用多种方式扩大党政领导干部选拔范围，建立党政人才正常退出机制。

创新措施：研究建立“干部举荐制度”，形成以职责管理为中心的干部管理模式，切实推行领导干部“问责制”。

长期以来，在党政机关、事业单位中，干部管理实施以职务为中心的管理模式，它缺乏有效的责任追究机制。而现代人力资源管理思想是以承担不同职责为基础的，它特别强调与某一特定职位或机构相关联的职责与相应的义务。以职责为中心意味着管理人员与管理机构必须履行一定的职责和义务，否则构成了积极性的失职或消极性的失职，或者说缺乏责任性。实现由职务管理为中心转变为以职责管理为中心，是深化党政人才管理体制改革的必然方向。

行动方案：

第一，选择2～3家省市级党政机关和事业单位开展基于岗位与素质能力的工作分析和编制职位说明书的试点工作，搭建独立于现有职务体系的职位体系、素质模型和人员测评体系。

第二，研究以“职位说明书”和“职位举荐书”作为干部选拔任用的重要工具，建立“干部举荐制度”。

第三，将职务管理与职责管理有机结合起来，将责任和权力有机结合起来。推行领导干部的“问责制”，不仅追究有重大工作失误的领导干部的责任，同时还要追究不能完成工作职责的领导干部的责任。

目标2：在事业单位营造公平、平等的竞聘机制，拓宽人才的来源渠道，吸引用人单位真正需要的优秀人才，提高事业单位工作效能。

创新措施：对于事业单位人员进行科学分类管理；全面实行专业人员聘任制度。

聘任是延聘人才担任某项职务的意思，即公开从社会上招聘适任人员。聘任制是对专业人员行之有效、广为采用的一种任用制度，它拓宽了专业人员来源渠道，在事业单位中引入竞争机制，为吸引优秀人才特别是专业技术人才开辟了一条合法的通道。

行动方案：

第一，研究完善专业人员的聘任制度，明确聘任主体、聘任客体、聘任资格、聘任程序、聘任限制等聘任制规范运行的要素。

第二，取消职称评审制度，开展面向社会的专业人员资格认定工作，全面推行专业人员的职业聘任制度。

目标3：打通专业人员晋升与发展通道，改变专业技术人员评聘晋升中“论资排辈”问题与“官本位”现象，提高专业技术人员的职业化程度。

创新措施：建立首席科学家、首席教授、首席工程师、首席技师等高端人才选拔使用制度。

在当今知识经济日益发展的情况下，传统“单梯制”发展通道只侧重建立管理类的发展通道，给管理人员提供了向上的职位和发展空间，但却缺乏专业人员的发展通道，造成专业人才发展的“行政化”、“官本位”倾向。这一方面会使出色的专业技术荒芜，另一方面可能因为缺乏管理才能，导致组织绩效的下降。建立“首席科学家”、“首席教授”、“首席工程师”等“双通道”式职业阶梯，建立了管理和专业技术平行的晋升，使得专业人员拥有更多的发展机会。

行动方案：

第一，在全省范围内，设立一批特聘岗位，如“省级特聘教授”、“省级特聘科学家”等，面向国内外公开招聘优秀的人才进入岗位，并设立相应配套的工作职责与专项津贴，在全省范围内推动专业人员职业发展上升通道的形成。

第二，在政府部门及事业单位组织内，建立一套完善的专业人员技术通道等级和细分等级要求，设计合理的技术结构阶梯结构，建立“首席科学家”、“首席教授”等高端人才使用制度。完成专业人才发展的双通道职业阶梯。

目标4：建立市场配置、组织选拔和依法管理相结合的国有企业领导人员任用制度，完善国有资产出资人代表派出制和选举制，健全企业经营管理人才市场化选聘机制。

创新措施：构建包括管理人才供求、薪酬、人才信用等信息在内的管理人才信息系统，探索管理人才的多元评价机制，健全举才荐才的社会化机制，完善企业管理人才市场的建设。

近年来，江苏的人才市场建设取得了长足的发展，各类人才中介机构在人才资源的市场化配置中发挥了相当的作用，但高端管理人才市场的发展还很缓慢，企业经营管理者选择任用的市场化进程受到管理体制、干部职数限制、企业自身状况不佳等因素的制约，行业壁垒和价值观的差异、符合企业需要的职业经理短缺问题尤为突出。

行动方案：

第一，利用互联网、信息技术有计划地建立江苏省管理人才信息系统，建立企业人才池；

第二，打破企业家多由行政委任的格局，实施市场化聘用与社会举荐制，扩大管理人才的选拔范围，建设自由、规范、开放的管理人才市场；

第三，定期举办管理人才峰会，为管理人才提供相互提高、相互促进的机会，邀请国外著名专家或企业家来做经验交流；

第四，加大管理人才培训投入，促进江苏高校管理专业向更高层次发展，充分利用江苏高校资源，使高校成为管理人员的培训基地和交流沟通平台。

4.4.4 人才激励机制

健全以政府奖励为导向、用人单位和社会力量奖励为主体的人才奖励体系。

目标1：完善按劳分配为主体、多种分配方式并存的分配制度，健全与社会主义市场经济体制相适应，与工作业绩紧密联系，充分体现人才价值，鼓励人才创新创造的分配激励机制，建立产权激励制度，制定知识、技术、管理、技能等生产要素按贡献参与分配的办法。

以劳动价值论为基础，扩展对复杂劳动的理论理解，将分配制度的依据从时间投入和结果产出延伸到劳动的准备、劳动的投入（包括时间、技术、管理、技能、知识或专利）、劳动的结果。

创新措施：构建智力资源资本化的按“智”分配的新模式。

智力资源资本化是一种制度创新，其基本思路是通过市场化机制使智力资源物化和量化为股本或资本及参与分配的依据，从而使智力资源通过资本化参与到生产经营全过程特别是剩余价值的分配中去，最终建立起与新经济、知识经营相适应的现代分配机制。智力资源资本化较好地引入了风险机制和市场化机制，通过“风险相称”原则强化市场本位观念，使智力资源通过风险共担的市场化运作机制来实现价值。

行动方案：

第一，确定智力资源的范围，如技术、知识、管理、技能、专利、风险等。

第二，明确智力资源的评估标准和量化关系。

第三，鼓励智力资源作为资本入股企业，并建立智力资源物化和资本化后再资源化渠道。

第四，建立智力资本参与剩余价值的分配形式和分配指标与标准。

第五，建立智力资源资本化的配套体系，如法律保障体系、价值评估体系、市场化运作体系、梯度转移优惠政策体系。

目标2：对高层次人才、高技能人才实行年薪制、协议工资制和项目工资制等多种分配方式。

创新措施：多样化、市场化、国际化、菜单式的分配激励措施。

多样化就是要根据人才对象的需求、工作性质的差异、工作目标要求的不同，实施灵活多样的分配激励措施。市场化是要根据市场的变化及时调整分配激励措施，包括菜单项、激励标准强度、组合形式。国际化是市场化的发展，就是要在充分认识中国传统文化、制度环境的前提下，有效吸纳、借鉴国外先进的激励理论与激励措施；菜单式就是为各类人才提供多样化、可选择的分配激励措施，提高人才的主动权，增加激励措施的有效性。

行动方案：

第一，在对高层人才进行分类管理的基础上，通过调研形成符合实际的一揽子分配激励措施。

第二，评估各种激励措施的相对价值以及适用对象。

第三，构建具有可比价值的组合激励菜单。

第四，建立具体的管理办法以及减免税政策。

第五，菜单式的分配激励措施还要放在完整的人才激励政策体系中予以建构，要关注政策的制定、落实、评估、反馈、创新等多项内容，此外，还要考虑政府特殊津贴、研究经费的配套、岗位风险津贴、各层次的荣誉制度等。

第六，在微观层次上，用人单位还需建立基于不同需求层次的激励菜单，如：物质性激励（工资，奖金，住房，创新用的设备，清洁、个性化的办公室，股权）；精神性激励（表扬，榜样，成就感，荣誉，工作的自由，平等合作的文化）；情感性激励（休假，领导的参与）；发展性激励（升迁，职业生涯，学术会议，出国交流，继续教育，在企业内学习的机会，轮岗，项目、任务的挑战）。

目标 3：完善事业单位岗位绩效工资制度。

事业单位是指国家为了社会公益目的，由国家机关举办或者其他组织利用国有资产举办的，从事教育、科技、文化、卫生等活动的社会服务组织。由此定义来看，事业单位主要向社会提供服务，多是具有知识、智力的服务，岗位工作职责的明细化程度总体上不如企业，即工作自由度更大，而且人才的流动性较企业更低，因此，在设计和实施岗位绩效工资时要关注这一特点。

创新措施：将事业单位中的人才特点、工作性质、岗位管理融入到绩效工资的设计中。

行动方案：

第一，基于人才的高层次、高素质，绩效工资尝试将人力价值要素作为依据参与分配。

第二，工作性质（知识化、智力化）与岗位管理特点决定把投入与过程的考核作为重点。

第三，建立基于工作性质（自由度）与岗位特点（知识化）的团队绩效工资制度。

第四，特别关注特定岗位人才在知识、能力的传递与沉淀方面的绩效。

第五，鼓励人才面向经济社会的一线进行各种形式的知识、智力与能力输出，促进人才价值的物质化和形成社会物质力量。

4.4.5 人才流动机制

人才的流动就是人才重新配置过程，其本质上是人力智力资源追求更高效率和价值的过程。一方面，在市场经济条件下，人才流动应主要靠市场供求关系来调节，这是人才资源配置最优化的体制保证。因此，必须建立统一的人才资源市场，为人才流动提供规范的服务体系。江苏省人才资源市场的建设目标是建立包括长三角地区在内的，包括人力资源信息、咨询、择业介绍、培训等在内的社会化服务体系。另一方面，市场经济配置人才资源是高效率的，也往往是盲目的，这就需要政府对人才的流动进行宏观调控。根据价值规律，人才的价值需要在流动中得以体现。构建符合市场评价要求的流动机制，需要从破除人为障碍、创建流动平台、完善市场信息三个方面入手。

目标1：完善党政人才、企业经营管理人才、专业技术人才交流融通的政策措施。

这三支队伍的性质和工作职责以及能力素质结构都有所侧重，因此大范围的交流或流动并不符合人才流动规律，尤其是专业技术人才与其他两支队伍之间的交流就更有距离。但是对于专业技术人才党政人才以及企业经营管理人才之间的流动还是十分必要的；具有比较全面的技能和素质能力的专业技术人才进入党政人才和企业经营管理人才队伍，也有利于人才的成长、管理的专业化和党政领导、管理与服务水平的提高。另外，从整个社会和江苏省未来发展的目标看，应当鼓励更多的人才面向经济社会工作的基层和一线，从事更多能够直接推动社会发展的创新性的工作。

创新措施：构建基于市场或准市场关系的人才交流渠道。

行动方案：

第一，建立人才能力与素质的评价体系和数据库，以此作为人员交流决策依据。

第二，依据人力资源外包或输出、人力资本的相关理论，推动不同用人单位之间人员交流的市场或准市场的形成。

第三，出台人员交流的跟踪管理办法，评价其效果。

第四，改革消除三支人才队伍之间交流的体制政策壁垒，同时出台鼓励交流的激励与服务保障措施。

目标2：推进统一规范的人力资源市场体系建设，建立以市场机制为主导，政府宏观调控、市场主体公平竞争、法律法规完备、中介服务配套的人才流动机制。

统一规范的人力资源市场体系建设需要跨越行政区划的障碍，办法是将人力资源市场的具体经营和运作管理主体市场化；在建立完备法律法规的基础上发挥市场主体的主导作用，政府主要起到理念导向、总量与结构调控、公平维护的作用；中介机构作为市场主体之一以及第三方，依托人力资源市场的平台发挥具体、专业的人才流动和配置的服务作用。互联网的发展为人力资源市场平台实现上述目标提供了技术手段。

创新措施：建立完备中介功能的人力资源市场平台。

行动方案：

第一，突破行政区划，划清政府职能边界，建立独立运作的全省人力资源市场平台。设计符合江苏省特点与需求的人力资源信息指标体系与数据标准；设计专业化的信息采集、汇总与研究工作流程；设计相关人力资源信息的发布与交流渠道；设计信息系统的组织与技术支撑平台。

第二，培植拓展中介服务职能与机构。第一，对人才需求方的服务：人才信息的提供、深度分析与咨询；远程招聘面试的发展；异地人事代理；异地人事职能代办；异地网上信息共享；人才委托培训与评估；人事信用管理与服务；人事咨询诊断服务；人才资源外包；市场人才报价系统；等等。第二，对人才供给方的服务：岗位信息、档案代理、素质测评、职业生涯咨询、转岗培训等。

第三，建立人力资源信息的“一卡通”制度，规范信息的发布、存档、查阅等环节，在方便个人的同时，也有利于对用人单位服务的提升。

第四，定期发布人才信息的研究报告，为人才供求双方决策提供参考，也为政府部门的管理与宏观调控提供依据。

第五，推动这一服务平台向跨区域和国际化方向发展，并鼓励其特色内容的建设。

在这一平台的建设中，还要特别注意对人才相关隐私信息的保护以及与人才的社会保障制度的协调。

目标3：推进国内和国际人才市场的融通，更好地促进人才流动国际化。

人才的重要性及其第一资源的作用已经被全世界认识到，各个国家及地区都在人才资源争夺战中煞费苦心，招数层出不穷，江苏省在推进人才的国际化过程中自然会面临众多挑战。人才流动国际化的实质对江苏的发展而言，就是人才的引进或智力的引进及其贡献率。在此我们更加关注引智形式的选择。

创新措施：构建江苏智力引进的组织平台。

行动方案：

第一，成立相关的引智组织，主要是国内和国外两个对接的组织平台。如江苏科学家工程师协会。

第二，界定组织的基本职能。基本功能包括两项：一是将符合江苏发展需要的人才或智力资源引入江苏，安家落户；二是将江苏的智力资源推荐到国外，主要是提高其智力水平和成果产出效率。

第三，工作方式：一是建立境外专家、全球华人科技人才和管理人才网络，使其成为吸引人才流入的人才库、国际联络的联络站和科学技术信息的交换所。二是建立一个专家网络（人才库）。三是跟踪人才的信息变动，并定期向国内、省内发布相关信息。四是为江苏所需人才或智力资源物色对象，并参与引进的服务导向工作。五是加强对江苏输出的人才的管理与服务。

第四，退休的海外人才也是一个重要的资源。有一些专门的退休协会和组织，如德国退休专家组织（简称SES），都是公益事业性机构，组织的宗旨是加强与第三世界的经济合作关系，积极帮助发展中国家发展经济，主要任务是在经济和技术领域培训技术和管理人员。

第五，通过在海外设立研究院或“虚拟科研所”的形式，实现对人才的培训培养和国外智力资源的共享。研究院和“虚拟科研所”的经营主体可以是政府形式，也可以是相关产业企业的联合形式。

目标4：实现人才分布结构与江苏经济发展方式和产业结构优化升级相适应，与江苏区域经济社会统筹发展的总体要求相协调。

各种人才的流动与产业的关系最密切，在上述五支队伍中，科技人才是主力，也是调控的主要对象。从生产力的角度看，人是主观和主动性的因素，要适应客观产业的发展需要。

创新措施：建立与江苏产业与社会发展相协调的人才结构调控模式。

行动方案：

第一，明确江苏在未来若干年内地区产业发展的结构、层次、阶段与进程，并以此界定未来不同时间段人才需求的类型、范围与结构，通过建构数学模型来动态预测、预警。

第二，构建信息传导平台，通过市场引导和政策运用调控人才供给数量、结构、时间、层次，包括高校毕业生、引进人才、再培训人才。

第三，建立产业结构升级与人才结构升级相联系的工作机制。如根据江苏制造业优势特点，在对未来先进制造业的升级中，应当加大对应人才的培养，如可以设立四年或五年制职业学校的人才培养模式。

第四，建立总量调控与结构调控相结合的工作机制。总量调控包括存量和流量的两个方面对产业发展的联系适应；结构调控除了阶段性的对基于专业、层次、年龄、性别、地区等方面的变化施加影响外，还应该对生产、流动、分配、使用等各大环节以及人才市场进行直接调控，以反映和适应科技人才结构调整的要求。

第五，建立与人才信息平台相联系的方式途径，提升人才信息平台的功能和层次。

4.4.6 人才保障机制

从赫茨伯格的双因素理论看，保健性因素虽然不能对工作绩效的提升产生明显直接的积极作用，但缺少这一部分却会给工作绩效带来明显的下降。人才体制和工作机制改进的根本目的，就是要提升符合地区发展目标的人才工作绩效，因此不断完善人才保障机制是人才工作的重要内容。保障机制的改进还要考虑人才特点、时代特征、工作性质、地区差异。

目标1：积极推进机关和事业单位保障制度改革，建立以养老保险、医疗保险等为重点的社会保障制度，进一步完善失业保险办法。

创新措施：建立长三角地区通用社会保障卡制度，实现包括江苏省在内的长三角区域社会保障各项内容的无障碍化，从而使人才异地工作发挥出更高的效能。

行动方案：放松户籍的跨地域管制，消除人才流动的体制性障碍。加快建立和完善通用社会保障制度下的一系列配套制度，如保险缴费标准和享受标准，异地差异的解决办法、账户资金的划转以及相关补偿制度等。

目标2：依法保护承担国家重点工程、涉及国家机密和企业核心技术或商业秘密的人才。

不断增强对掌握国家机密和关键技术的本国人才资源的保护意识，为了应对人才流动过程中可能发生的各类违约行为及其可能造成的损失，要建立预测、预警制度，对关键领域、关键部门、关键岗位的关键人才，在选、用、流动的全程建立分级负责、落实到人、奖惩分明的责任制度。

创新措施：建立特殊人才流动信息管理系统与管理措施，确保人才的区域安全。

行动方案：

第一，根据一定标准，如年龄、专业、职称、职业、性别等，将特殊的人才进行分类，可以是多标准和多角度。对人才的安全度进行指数化测度和管理，建立人才安全预警指标。

第二，建立分类基础上的人才信息库。

第三，界定特定人才的流动方向与范围；建立关于特殊人才的相关流动去向、就业信息等跟踪档案信息，防患于未然，并采取切实有效的措施，减少和避免因管理和监控不力导致的人才安全损失。建立单位和人才个体的诚信档案，实行信用等级评价，建立人才信用的约束机制和惩戒机制。

第四，定期或不定期地更新信息库。要严格避免现存人才资源的闲置，对资源配置应本着人尽其才、各尽所能的原则来调剂和配置。

第五，提供相关的信息研究报告和政策建议供决策层参考。要特别关注不同人才的区域流动率，并进行宏观上的引导或管理，实现有序流动。

目标3：制定人才补充保险办法，设立人才社会保障基金，建立重要人才政府投保制度。

在赫茨伯格的双因素理论中，提供安全与基本生活保障条件属于保健性因素，这是人才高效率产出的基础。除了提供形式多样的激励措施外，建立适应时代特点和人才需求的相关保险保障制度，创新保险保障制度的具体实施办法，也是人才工作的重要内容。

创新措施：建立江苏人才社会补充保险基金和江苏人才风险基金。江苏人才社会补充保险基金主要是对社会养老保险的补充；而江苏人才风险基金则主要用于人才的生命财产安全的保险。

行动方案：

第一，江苏人才社会补充保险基金。a. 基金来源：政府财政、个人缴费、用人单位。b. 管理办法：参照企业年金的基本规定。c. 基金的受益对象：符合一定条件的高层次人才。

第二，江苏人才风险基金。a. 基金来源：政府财政、用人单位、彩票形式。b. 管理办法：委托金融机构管理。c. 基金的受益对象：符合一定条件的高层次人才。

第三，定期评估基金运行效率。

目标4：提升政府人才管理与服务部门人员的素质和能力水平，保障人才工作的顺利推进和目标的实现。

相关工作人员的绩效直接影响着整个人才工作的绩效，而研究成果的应用是提升人才工作绩效的加速器。

创新措施：通过组织有针对性的培训、人员的配置等措施，尽快提升江苏省人才管理工作，即实施人力资源专业人员能力提升计划。

行动方案：

第一，根据部门职能与岗位要求，制定组织、人事、劳动等部门相关人员专门的能力提升培训计划，并实现100%的相关人员滚动培训，特别是主要领导岗位任职者。

第二，每年选拔一批高素质的组织、人事、劳动等部门相关的年轻干部，到海外对应公共管理部门进行不少于半年的交流学习。

第三，依托“江苏省人力资源学会”或“中国人力资源学会”，邀请海外对应公共管理部门的行政官员和相关专家学者进行专题的研讨与交流。

第四，加大人才和人力资源相关课题的研发投入，培植高水准的人力资源研究机构和基地，并努力开发相关的服务产品，应用于实践。

4.5 重大政策与建议

4.5.1 建立人才价值的落地政策

在人才的使用上，往往会出现重引进不重使用、重成果拥有不重能力培养的局面，这样一旦出现人才流失，仅仅剩下静态的成果。江苏的发展需要人才，但不在于拥有，而在于能力开发与培养。

创新措施：建立以团队为基础的人才能力培养考核机制。

行动方案：

第一，引进高层次人才时，要求进入团队或组建团队，而且要本地化。

第二，将人才培养职责放在引进人才的首要考核位置。

第三，团队管理要分层化考核。

第四，团队成员要定期流动。

4.5.2 产、学、研合作培养人才政策

江苏产业的发展要在地区和全国占据领先地位，人才是关键，而其具有丰富的教育科研资源为相应的人才培养提供了坚实的基础，关键是形成有效地适应产业需要的人才培养机制，并制定相应的政策来推进。

创新措施：建设产学研合作培养人才的流动平台。

行动方案：

产学研合作培养人才的流动平台是指设立一个计划或组织，一边是接受产业人才的需求委托，一边是进入学校和科研机构寻求组织人才培养资源，并进行有针对性的培养或订单式培养。

附录1 人才管理的相关理论综述

随着知识经济的日益深入及社会环境不确定性的日益加强，如下的几个

相关理论在人才管理工作中的重要性日益凸显。首先是新公共管理思潮中的“当代治理模式”。其次是市场导向模型或效法企业理念，它们不是狭隘意义上的市场机制，即在公共制度方面，它有一种朝向更多采用市场组织原则和社会干预的趋向。再次是战略人力资源管理理念。最后是更多地运用符合现代人力资源管理要求的技术与方法。本章通过对上述理论的文献探讨以建立人才管理的理论基础。

（一）当代治理模式与策略联盟及产业大学

在全球经济不景气，国家财政日益困窘以及公共服务需求不断扩大的压力下，政府治理模式由传统强调政府是行使国家事务管理与社会事务管理的唯一权力中心，演变成当代治理模式。在当代治理模式下，政府不再扮演唯一的权力核心，而是强调充分授能等概念，试图构建公众参与的多元化政府治理模式。即通过授权、激励等方式，鼓励社会组织团体及个人积极参与公共事务管理。因此，政府部门将许多原先由公共部门经营管理的业务交由非政府组织来承担，并使公私部门的资源有效整合与运用。

在公共治理模式理念的引导下，公私部门互动合作、共同参与、共同承担公共服务的职能，以期建立政府与民间的双赢关系。公私部门互动合作的类型与方式很多，策略联盟、产业大学均为人才管理领域公私合作建立伙伴关系的主要方式。

策略联盟目前是国际通行的不同组织之间的合作方式。根据研究，新成立的联盟数量和联盟加入百分比，每年都有显著的增加（Harbirson & Pekar，1998；Margulis & Pekar，2001）。道奇（Dodge，1985）还特别主张公共部门应该进行策略联盟。策略联盟为各组织间联结活动的一种正式长期但非合并的联盟（Porter & Fuller，1986）。艾克（Aaker，1992）则将其定义为两个或两个以上独立组织间长期合作关系，发挥彼此的优势以达到策略目标。穆瑞与马洪（Murray & Mahon，1993）则将其视为组织间为维持或提升长期竞争优势而建立的正规合作关系。莫尔与史毕克曼（Mohr & Spekman，1994）将策略联盟定义成是独立的组织间有相容目标，为相互的利益而努力以及具有高度相互依赖认识的策略性关系的意图。艾尔蓝、希特与维丹娜（Ireland、Hitt & Vaidyanath，2002）则定义为两个或两个以上的组织间通过资源共享以改善其竞争地位和绩效的合作协议。通过政府与企业、非营利组织间的策略互动，在维持各方完整的个别权利与责任的前提下，追求社会与商业利益的共同目标。联盟各方在互动过程中处于平等互惠的地位，共同追求彼此利益的最大化。

实施策略联盟的组织与行业越来越多，以政府为主实施策略联盟的领域主要有教育、社政与文化、劳工等。世界各主要国家和地区（美国、英国、日本、加拿大与澳洲、中国台湾等）均有人才培训策略联盟的建立。

产业大学也是政府与产学训合作的一种切实措施。在知识创造价值的时代，各国已经认识到创新研发的重要性，专业人才短缺已经全球性问题，但是一般初入职场的毕业学生普遍表现出研发能力不足、专业整合能力不够、专业知识不符合企业能力需求标准等问题。因此，政府、企业与大学共同参与，规划与执行专业人才教育（Carayannis & Jorge，1998）的产业大学计划，成为世界各国培育产业发展急需人才的可行途径。产业大学种类各异，2004年，中国台湾教育部与经济部共同发展“扩大硕士级产业研发人才供给计划书”，硕士专班与大学合作，拟通过产业硕士专班的运作，引导企业界专家协助产业硕士的培训工作，增进产业与学校密切合作关系，促使研究与产业需求相结合（中国台湾经济部工业局，2005a）。韩国政府为大力扶植游戏产业，专门成立游戏人才培育的“游戏学院”，推动游戏产业人才的培育。英国的产业大学则主要面向成人和职业群体，为他们提供学习资源，以实现对人才进行终身教育的理念。产业大学的启动主要是由公共部门提供经费，建立后的产业大学生将以消费者和生产者的双重身份与各有关私营部门展开积极合作（洪明，2001）。产业大学计划以政府为引导，利用产学合作模式培育专业人才，促进产业发展，创造产业与学术的双赢局面，特别是对学生的教育与训练，产学合作可以让学生接触到最真实的工作世界。

（二）人才管理的市场导向模型

随着全球化的不断渗入，世界各国正面临高素质人才短缺的冲击。引入市场机制和效法企业，成为近年来世界各国政府在人才管理上构思转型的基本理念。

英国的 Thomas 教授（1981，1985）提出了教育市场导向的 3E 架构：强调市场化经营在寻求经济性、效率性和效能性上的优势。他特别陈述，市场导向可以使教育资源在使用上须符合经济性，并达到教学过程最大的效能与学生最大的学习效率。中国台湾学者汤尧（2006）认为教育市场导向在经济活动中有两个主要的角色，一方面在课程设计、教学研究中的服务市场，此时学校教育机构与老师扮演着生产者的角色；另一方面在成就市场，则扮演需要者的角色。

整个人才管理体系是一个蕴涵市场机制的人事体系，从招募吸引、到培育录用、考核、激励，市场机制贯穿始终。创新人才管理机制，说到底，就是要致力于营造一个高度开放的、公平竞争的、非常透明的制度环境。市场导向能够使人才的培育与使用接受市场机制的选择和竞争。而惯常的知识高地、学历高地、职称高地，单一追求引进多少博士、硕士，引进多少教授或院士，则会导致人才资源的浪费与不尊重。

市场导向的人才管理体系，不仅是一个理论范畴，而且是一种实实在在的制度安排。根据实际发展的需求、区域社会经济产业的特点，根据人才的不同特点采取不同的管理模式，根据人才的需求提供差异化的人才资源产品与服务，以突破制约生产力发展的人才管理体制和机制障碍，为江苏经济发展提供持续的动力。

（三）战略人力资源管理

从人事管理到人力资源管理，再到战略人力资源管理，伴随着社会经济的不断发展，人才工作进入战略管理时代。本章以现代人力资源管理观点审视人才管理，将现代人力资源管理中先进的理念及各项现代技术和方法引入区域层次人才管理工作中。

在战略人力资源管理中，学者关注的焦点大部分集中于人力资源管理的战略性角色（Huselid、Jackon & Schuler，1997）。这些研究多半着重于衡量特殊的人力资源管理活动对于组织产出的影响，支持这类研究的主要理论为“资源基础理论”与“人力资本理论”。

1. 资源基础理论

资源基础理论观点认为，组织的独特资源是发展并维持竞争优势的重要因素（Wright、Koll & Parnell，1996），而此独特资源组合包括价值性、稀少性、不可模仿性以及不可取代性等几项特性（Barney，1991；Grant，1991），因此组织应专注于培养、维持、发展与创造独特资源组合。而资源包含实体资本资源、人力资本资源以及组织资本资源（Barney，1991）。由于企业所拥有的知识大部分是存在于人力资本中（Lepak & Snell，1999）的，因此，在资源基础理论下，不论是实体资本资源的运用还是组织资本资源的发展，其基础皆建立在人力资本资源之上，而当人力资源管理的各项措施能整合以发展出关键资源或核心职能时，就能为企业创造价值与贡献（Wright，McMahan，Snell & Gerhart，2001）。

资源基础理论观点进一步指出，拥有优秀的人才乃是维持组织竞争优势的重要来源，因此，Barney & Wright 认为具有价值性、稀有性与独特性的员工能创造企业的竞争优势。Pfeffer 即强调在今日全球化企业环境下，企业为求成功必须做出适当的人力资源投资，以取得并拥有比竞争者更具职能的员工。Schuler & Gaining 亦认为通过良好的人力资源管理实务，可以协助组织取得优秀的人才，进而维持组织的竞争优势。Atchison 认为核心员工从事主要且独特的活动，因此相对于其他员工，核心员工与企业的成功更为紧密相关（Barney & Wright，1998；Prahalad & Hamel，1990）。

由此可知，资源基础理论观点认为一个组织利用其所拥有的人力资本可以产生杠杆效果，提供组织竞争优势，这项理论支持人力资源管理制度及活动的施行可以对组织绩效有所影响。

2. 人力资本理论

人力资本理论乃源自于教育的经济价值的研究（Schultz，1960）。Snell & Dean 主张由于员工所具备的技能与知识能够增进生产力，所以是一种资本，因此人力资本即指拥有技能、经验与知识，对于组织具有经济价值的人员。Lepak & Snell 强调人力资本即组织内员工的技术能力。Dzinkowski 认为人力资本是指组织内人员的 know - how、能力、技能以及专业。而劳动经济学理论则视人力资本为个人于教育训练上的投资，其效果是个人收入与生产力的提升（Lazear，1998）。在人力资源管理论各项活动中，控制员工、留住员工及激励员工的活动皆被视为人力资本的投资（Flamholtz & Lacey，1981）。中国台湾学者黄家齐亦指出人力资源管理活动对于人力资本形成的影响是最为直接的，组织通过各项人力资源管理活动从事人力资本的投资，以提升人力资本的素质，蓄积人力资源的价值。

另外，Snell & Dean 指出人力资本投资的价值将取决于员工对组织的贡献度；当员工对组织的潜在贡献愈大时，组织愈有更强的诱因进行人力资本的投资（Becker，1976；Parnes，1984）。Youndt，Dean & Lepak 则进一步强调，人力资本理论认为具有技能、知识与能力的人力资源可提供给组织经济性价值；组织投资以增加员工技能、知识与能力，并期望员工能通过增加生产力对组织产生未来的报偿，若员工对公司的贡献具有愈高潜力，公司愈可能通过人力资源管理活动投资其人力资本，而这些投资又将导致较高的员工生产力及组织绩效，因此该理论认为人力资源活动可直接影响组织绩效。

Becker 这位被视为是领导人力资本理论的发展者，曾经引述经济学家 Alfred Marshall 的名言：“所有资本中最有价值的投资就是对人的投资”，即为人力资本理论作了最言简意赅的阐释。

(四) 现代人力资源管理理念与技术

战略人力资源管理还强调职场学习、多元职业发展路径、能力本位等理念，同时也更多地运用符合现代管理要求的技术和方法等。我们把人才管理与社会发展目标及其他管理策略联结起来，在制度设计上注意学习理念及能力本位理念的引入，在实施办法中强调各项现代管理技术方法的运用。

1. 培训系统模型

根据许多学者的意见（Byars & Rue，1991；Casio，1995；Gomez - Mejia et.，1995；Ivancevich，1992；Milkovich & Boudreau，1994），需求系统可分为培训需求分析、培训目标设定及培训计划拟定与实施；培训效果的评估。其中，培训需求分析与培训效果评估被称之为培训系统的两个基本点。

我们所拥有的资源是有限的，因此在投资于人才培训时，必须针对产业与员工的需求，拟定完善的计划，这样才能达到人才培训的目标。对于企业而言，培训需要分析、需要进行组织维护、组织效能、组织文化、组织气候等方面的分析，而将培训需求引入区域或国家的教育专业调整，则需要将分析扩大到产业层次，分析产业发展所需的人才类型、核心能力以及培育方式，再根据分析结果规划课程内容、调整专业设置。

对于培训效果，唐纳德·柯克帕特里克（Donald Kirkpatrick）在40年前即开发了一个四层次评估框架（简称K氏评估框架），分别为：反应与满意度，评估培训项目参与者对培训的反应及满意程度；学习，评估学习者技能、知识和态度的改变，这些都与培训教育的执行有关；应用与实施，评估受教育者的行为及绩效方面的变化；经营业绩，评估培训教育项目事业的经营业绩。K氏评估框架至今仍广泛地使用在人才培训项目的评估上。杰克·J. 菲利普斯等在《人力资源计分卡》中又将K氏的四层次框架加上投资回报率形成五层次评估模型。

有效的教育评量，使大众有多种选择教育的机会，政府有提供评量结果与教学品质管理的?

2. 多元职业发展路径

职涯是个人在其工作生命中所经历的一连串阶段，每个阶段包含不同的工作职位、责任或活动也包含不同的态度与行为（Super，1957；Cron，1984；Chen et al.，2003a，b）。Chen等以研发人员为研究对象，认为处于各不同阶段的人会有不同的职涯需求，而职涯需求包括职涯目标需求、职涯任务需求与职涯挑战需求等概念。职涯目标需求的焦点在于现在正存在的职涯需求，确定个人正在努力的方向；职涯任务需求指的是“与达成职涯目标有关的生涯需求”；职涯挑战的概念是从职涯发展机会的观点而来的，是与未来的职涯发展需求有关的一种需求。

不同的职涯需求需要通过不同的职业路径来满足。由于专业人才的职涯需求的多样性，职业发展途径呈现出多元化的面貌。

3. 素质能力模型与能力标准

在当今急速变动的产业环境中，职位的要求甚至都不再是永久的，对人才的要求也随之从知识技能为中心演变成以能力素质为导向。能力素质模型被广泛引入人才的招募甄选、人才培训、评估与薪资支付等人才管理的各个方面，打破了传统人力资源管理的技能知识导向。

Boyatzis 则认为，能力是个人所需具备的能够正确执行工作要求的某些基本特质，它是产出有效或卓越的工作绩效基础。Spencer & Spencer 提出能力是一个人所具有的潜在特质，这些潜在特质在人格中扮演深层且持久的角色，不仅与工作及其所担任的职务有关，并且更能预测、实际反应或影响其行为与绩效表现。综上所述，能力包含知识、技能、行为与态度，且影响个人与工作上的表现。因此能力包含个人的知识、技能、行为以及态度，以达成显著的工作绩效表现。

与能力分析有关的名词包括职业分析、行业分析、职位分析、工作分析、功能分析、任务分析、操作分析等。实施的方法与技巧差别不大，只是选择的范围不尽相同，故分析结果切入角度有所差异。无论是行业分析、职业分析、任务分析还是能力分析，都是指详细而有系统地列出从事某种职业所需的技能、知识与态度的过程。

Fisher 在美国科罗拉多州中，针对老师的基本能力作了一项调查，得出教师应具备下列能力，其整理如下（Fisher，1997）：教学能力、教学方法、科技能力、应用能力、判断能力、软件使用能力、创造能力等。Mouthaan、Olthuis & Vos 观察到欧洲各大学已经开始要求大学与硕士班学生需同时具备技能与知识两种能力，并运用能力本位进行课程设计。欧洲 ICT 将研究与技术发展工作者的能力分成行为能力与技术能力两大类。美国 ABET 为了确保各大学院校的教育品质与创新教育，对于毕业学生进行各项能力认证，包括应用数学、科学与工程知识的能力、设计建构实验并进行分析与诠释资料的能力、具专业与伦理责任的认知等 11 项能力（ABET，2005a），并作为各学校培育学生能力的参考。澳大利亚 TIEA 根据产业需求制定国家能力标准，在职业类别或功能 上，受雇者具有预期标准的表现能力（TIEA，2005a）是在澳洲普遍被接受的能力定义，也是澳大利亚各行业职业能力标准制定的最高指导原则。

4. 绩效薪酬方案

长期以来，许多学者都主张特定的人力资源措施会引发人员不同的认知，进而导致特定的工作表现，而薪酬管理是其中最受员工关注的，在人力资源管理各子系统中最具影响力（Salter，1973；Carrol，1987）。

绩效薪酬也称可变薪酬，它是相对于固定薪酬来讲具有一定不固定性和不可预知的经济性回报。绩效薪酬的支付依据是绩效。在管理实践中，针对不同属性的员工，绩效薪酬的具体方式各有不同。有的侧重于考量员工个体的绩效结果，如计件工资；也有的考量员工的工作过程与工作投入，如在奖酬发放时考核出勤旷职等勤怠状况；还有的着眼于团队与组织绩效，如利润分享等团体绩效薪酬方式。

关于绩效薪酬的实施效果，目前并没有确定的结论。Locke 等断言金钱是重要的工作诱因，它同人的所有需要都相关。Lazear 的研究发现：采取绩效薪酬不仅起到了激励员工的效果，也达到了挑选员工的目的。高技能员工在公司实施绩效薪酬后留了下来，而低技能员工则流向实施固定薪酬的企业。Eriksson 和 Villeval 的研究进一步支持了 Lazear 的观点，同时也证明绩效薪酬挑选员工的作用是影响企业产出水平的重要因素。

但同时有一些学者却警告绩效薪酬可能带来的若干问题。Alfie Kohn 坚称外在的奖酬会扼杀追求卓越的内在动机，他指出："追求报酬的员工会尽职于获得报酬的行为，而失去创造及冒险的精神。"Jenkins 等研究发现，金钱激励仅仅与绩效表现的数量有正向相关，却与绩效表现的品质没有显著相关。Kohn 则指出："短期而言，如果奖酬能够吸引人，或是惩罚够吓人，你几乎可以叫人去做任何事。但是品质，行为及价值上的尽职，却是你无法从金钱激励中得到的。"

附录 2　人才发展工作机制的国际经验

（一）澳大利亚人才发展工作机制

第一，大力发展职业教育。澳大利亚政府采取措施限制大学扩招并鼓励年轻人尽早参加工作，以免毕业后同一层次上的人才过分集中，劳动力市场难以消化。澳大利亚政府从20世纪70年代就注重对社会需求量最大的中等技术人才进行培养，与行业和学校一道努力，在全国逐步办起了250多所技能和继续教育（简称TAFE）职业学院，大力发展职业教育，为社会培养多层次的实用人才。每年有超过100万的学生在TAFE学院学习，占澳大利亚职业教育的70%，在世界职业教育排行榜中名列前茅。TAFE是澳大利亚最大的、多层次的综合性职业教育机构，课程设置参考工商等各界的意见，内容丰富、注重技能和实践，具有巨大的竞争优势。

第二，重视高级人才的培养。澳大利亚非常重视培养高级人才，博士生培养被视为国家创新体系的重要组成部分。澳大利亚在21世纪伊始就实施“强化澳大利亚能力”计划，旨在加强培养着眼于未来的博士和博士后人才。在培养顶级人才方面，澳大利亚根据国家发展目标，从整体上调整博士生培养的规范，坚持有计划招生，宁缺毋滥。

第三，实施高等教育贷款计划。澳大利亚政府从1989年开始实施学生贷款政策——“高等教育贷款计划”。澳大利亚政府将学生开始偿还贷款的年收入标准不断提高，2007～2008财政年度毕业的学生在工作后年收入达39825澳元时开始偿还其HELP贷款（Higher Education Loan Programme），此无息贷款将通过税务系统自动偿还。此学生贷款机制不会强迫贷款人在不具备还款能力的情况下偿还贷款。如果贷款人一直未能达到还款的年收入标准，澳大利亚政府将通过税收来承担其所贷款项。

第四，实施CRC计划。澳大利亚鼓励其政府职员、科研人员和商业人士之间开展多层次的合作，有很好的鼓励科研开发的政策，先后成立了许多科研机构和单位，统称CRC合作研究中心。澳大利亚目前有67个CRC，几乎每个CRC都是众多单位的结合体，参与的单位有政府机构、大学、各科研机构及企业等。每个合作研究中心每年有200万澳元的财政支持。此外，每个合作研究中心每年还从大学、研究所、企业得到大约200万澳元的科研经费。合作研究中心吸引了各国许多优秀的研究人才为澳大利亚的科技发展服务，加强科技与经济的结合。合作中心既是人才的聚集地，又是科技成果的生产基地，已成为澳大利亚技术创新的中坚力量。

另外，澳大利亚联邦政府决定为符合条件的技术移民提供州政府担保，鼓励人才流入。其人才中介机构只接受用人单位的付酬，而不向应聘或被招聘的人收取服务费。澳大利亚政府每年选择若干个人才中介公司为之提供资金支持，并委托它们为失业者就业提供服务。澳大利亚政府录用公务员也会委托人才中介服务机构进行。在人才的使用和管理方面，澳大利亚有着比较完善的法律规定，如公平就业法、行业民主法、健康安全法、反性骚扰法等。

（二）日本的人才发展工作机制

第一，日本政府为摆脱过去技术追随者的角色，于1980年通过《政府研发人员互调法》，使产业、大学与政府研究机构内的研发人员可以互相调动，积极建构一个鼓励创新与研究发明的社会环境。

第二，日本文部科学省于2002年提出21世纪高等教育卓越发展计划（COE），即希望通过集中经费补助，发展大学世界级的研究成果和研究基地，进而带动大学整体水平提高。第一梯次选定生命科学、化学与材料科学、情报与电气电子、人文科学、交叉学科与新领域五个领域进行重点发展，各大学据此提出研究申请连续五年（2002～2006年）给予经费补助，第三年接受中评。2003年又划定了医学等五个研究补助领域，同样是五年。

第三，在此基础上，日本文部科学省于2006年提出世界COE计划，建立世界级的研究基地和方向，并培养能够在世界科研学术领域担当重要角色的年轻学术人才。其研究领域与21世纪COE计划相同，但具体方向及领域上更加集中，在经费补助额度方面大幅度增加。

日本的COE计划不仅培养了一批高层次人才，而且提升了大学的整体水平，同时还产出了一批成果。

第四，实施“科学技术人才培养综合计划”。这一计划由文部省制定，共有四个目标：培养世界顶尖级富有创造性的研究人员；培养社会产业所需人才；创造吸引各种人才，可使他们充分发挥才能的环境；建设有利于科技人才培养的社会。具体做法是，2004～2008年，建设具有国际竞争力的研究基地，对被选中的基地重点资助，集中优势人才、扩充设备，多出成果以后，研究者更具有知名度，形成良性循环。同时，为使优秀的学生专心致志搞研究，还对有潜力的博士生实行生活费补助制度。到2008年获生活补助费的博士研究生达到4500人；为了给青年科学家以动力，长期派他们到海外一流研究机构研究，派出时间从2年延长到3年，派遣人数每年500人左右。所有的人才培养计划都有一个标准，就是要多培养综合型人才。日本文部科学省2002年7月就人才培养问题作出决议，为了多出成果，要大力培养知识面宽同时专业特长突出的“T”（横线代表知识面，纵线代表专长）型人才。综合型人才可从事科学管理、组织大型多学科项目攻关，深受产业界欢迎。

第五，在吸引国外优秀人才方面，日本政府实施了关于科技人员资格的国际相互认证制度、国际间的养老金相互补充制度、改善外国人子女的教育环境以及创造外国科技人员家属在日本安心工作的环境等。日本总结出一套适合本国国情的“重金”招揽人才的方法，这就是通过购买、吞并外国公司，将被购买或吞并的公司里的人才据为己有。日本还通过购买或资助的方式，占有或部分占有美国名牌大学的实验室，在那里获取美国高级人才的智力资源。在日本，有很多外国科研人员在当地就业或与日本导师合作搞研究，如在日本的科学城——筑波就有近千名中国学者。此外，日本不断扩招留学生，自20世纪80年代末期开始，每年接纳的留学生大幅度提高。充分利用外国留学生最旺盛的创造力，是日本增大接受留学生容量的一个重要原因。

（三）韩国的人才发展工作机制

第一，引人才回流与融入工业发展的KAIST。韩国为扭转人才流失的不利局面，主动吸引海外人才回流，为经济发展提供强有力的人才智力支持，使得研发机构成为韩国经济增长和科技发展的推动器。韩国科学技术研究院（KIST）正是在这种背景下由韩国政府发出倡议成立的，其初衷是希望海外人才回流，解决国内日益严重的人才短缺问题。这项耗资2400万美元的项目，最初的设想是充当连接国内工业和发达国家技术之间的桥梁，通过迅速提升科学和技术，将科学运用到当地工业中以刺激经济发展。并且，这项计划试图扭转人才外流现象，使有天赋的个人从正在奋斗的国家回流到韩国。

为了选择适合实际需要的海外人才，韩国首先列出了150位韩国科学家名单，并逐一同最有可能回国并满足需要的韩国科学家见面。要求每一个候选者列出他们能够满足工业需求的研究方案提要。通过整体甄别，为完成详细的职员、仪器和预算的估算做准备。

为了确保海外科学家回国后能够为工业发展服务，必须确定能够与工业结合的优先发展领域。于是，KIST实行“合同研发”方式，即依据与工业部门和政府所属实验室的合同来指导研究所的研究工作，以确保科学研究与工业发展目标的更密切联系，确保KIST不是传统意义上的政府或者大学研究机构。1970年，Philip M. Boffey在著名的《Scienee》上发表长达4页的评论，称韩国是发展中国家的典范。KlST的经验的启示是，发展中国家在吸引海外人才时也应当有所选择，确保科研目标和产业目标的一致。

韩国科学技术院（KAIST）是韩国最高科学英才教育机构，是1981年在“韩国科学院”（KAIS）、韩国科学技术研究院（KIST）、韩国科技大学的基础上合并而成的，是韩国唯一一所不属于教育部管辖而直属于科学技术部的大学。其非常务实地制定贴近工业的学位课程计划，这是KAIST成功的重要原因。它下设研究部门和教育部门，分别承担研究工作和教育工作。政府制定直接针对工业界未来的研发计划，KAIST 在这层意义上是服务于整体的工业界。在坚持学术服务工业的前提下，KAIST 展开对基础领域的研究，建立一个“面向世界的 KA1ST”——新世纪发展计划。这一转变也意味着，KAIST 不再可能只是关注工业领域的变化，它开始对基础研究领域给予关注。

在新的 KAIST 规划中，韩国将改变只是基础知识使用者的现状，开始进入知识创造者的新局面，期望成为世界知识库的贡献者。面向世界的 KAIST 将改变当前韩国研究机构中几乎全部都是韩国人的状况，广泛吸引世界级人才，尤其是其他国家的优秀人才进入韩国工作。韩国 KAIST 将承担起世界知识进步的责任。韩国人认为，KAIST 只有克服自身在不断全球化世界中的狭隘，才能够保证 KAIST 的视野通向世界，保持 KIAST 的活力。

第二，Brain Korea 21，简称 BK21，“智慧韩国 21 工程”或“面向 21 世纪的智力韩国计划”。它是由金大中政府在《教育发展 2 年规划》的基础上，由韩国原教育部（2001 年改组为韩国教育与人力资源开发部）于 1999 年 4 月提出来的，BK21 主要是针对 20 世纪 90 年代韩国大学研究与开发的低产出、高等教育的低竞争力、高等教育对他国的强依赖性而提出的大学发展计划。它主要以研究生教育之质与量的提升为主轴，通过奖助学金、海外研习奖助金、研究基础设备之建设，积极改善 21 世纪韩国的研究能力，是韩国建设世界一流大学的积极尝试和主要措施。

具体内容：韩国政府计划在 1999 ~ 2005 年间每年投资 1995 亿韩元（约 1.7 亿美元）来执行 BK21 工程。申请 BK21 工程的大学必须组成跨校“研究联盟”，它包含一个主导大学、一个或一个以上的参与大学。BK21 工程委员会将采用“选择和集中”原则，即依据若干标准挑选一批大学，而后政府在一定时期内投巨资加以建设。工程主旨在于通过政府与社会在人力、财力和物力等方面的投入，有重点地把一部分高校建设成为世界一流水平的研究生院和地方优秀大学，培养 21 世纪知识经济与信息化时代所需的新型高级人才和国家栋梁。

具体目标：一是发展世界级的研究生院，培养高质量的研究开发人员。二是培养高质量的研究及开发人才，提高整个国家的科研能力。三是培育专门化的地方性大学，加强产业界和大学的联系。四是改革大学教育体系以培养创新型人才。

成效：截至 2005 年，为期 7 年的 BK21 工程暂时告一段落，成果包括：①韩国大学的研究能力和研究成果大幅度提升。韩国在实施 BK21 工程的过程当中，SCI 文章数量排名从 1998 年的世界第 18 位提升到了 2004 年的第 13

位。BK21 工程的科学技术领域的研究人员在 2004 年发表的 SCI 文章数量几乎是 1998 年的两倍。②韩国高等教育体系逐渐转变为一个以研究为导向的体系。通过中央基金管理系统的引入和完善的教授评价体系的实施，参与 BK21 工程的韩国大学和科研机构成功地使韩国的整个高等教育结构转变为一个以研究为导向的体系。③韩国高等教育为年轻的研究者提供了一个稳定的、有利于开展研究的教学和科研环境。通过 BK21 工程的开展、资金的投入，保证了硕士研究生和博士研究生能够把他们所有的精力都投入到学习和科学研究工作中去。在 1999 ~ 2004 年这 6 年时间内，受资助的硕士研究生和博士研究生的数量分别达到了 38000 名和 19000 名。④韩国高等教育对新兴学科和博士后教育的重视大幅度提升。BK21 工程极端重视新兴学科和博士后教育，7 年中，共有 6100 名新兴学科的研究人员（其中包括 2400 名聘用制的教授和 3700 名博士后）的研究项目受到了 BK21 的资助，对韩国大学科学研究氛围的养成起到了很好的鼓舞作用。

（四）中国台湾人才发展工作机制

中国台湾的电子产品和代工产业在世界上赫赫有名，同时也积聚着一大批相关人才，其中最主要的就是中国台湾工业技术研究院电子所（简称工研院电子所），这是中国台湾海外人才回流的重要平台和中介，更是中国台湾 IC 产业人才的摇篮，甚至被称为“台湾 IT 产业的黄埔”。从工研院电子所建立时起，它就已成为吸引回归华裔工程师和研究人员到中国台湾产业部门的跳板。数十年来，它为中国台湾 IC 产业输送了数以千计的人才，还成功充当高水平海外人才回流的桥梁，为中国台湾 IC 产业发展提供持续不断的人才供应。如今，中国台湾半导体产业的核心企业人才大多出自工研院电子所，他们已经成为中国台湾半导体产业的巨大推动力量。

中国台湾工业技术研究院于 1973 年成立，成立本身就是海外人才与官方互动的产物。由于保持开放的人才流动，工研院电子所成为海外人才进入中国台湾产业的中介。台积电公司董事长张忠谋在回中国台湾之初就是落脚工研院电子所。从 20 世纪 80 年代开始，在各种优惠政策的鼓励下，大量吸引海外学人回台创业。工研院是一个非常开放的系统，它鼓励技术研发人员向企业的转移和创业。自成立以来，工研院大约已经有 14000 名科技人员到企业中，其中有相当大一部分在企业中担当重要角色。

由此，中国台湾工研院电子所成为中国台湾 IC 产业的“黄埔军校”。衍生公司不仅输入技术授权，而且是一整个技术团队和管理团队，这些人员如同种子一样先在电子所开花后在企业结果。并且，随着这些工程师跳槽进入其他企业，他们在中国台湾电子业发展中发挥了“蒲公英”的效果，促成了人才和技术的成倍扩散。通过他们的努力，尤其是促进半导体行业上游领域的发展，使得中国台湾科技产业拥有非常完整的上中下游产业链，形成培育高科技创新公司的肥沃土壤。

（五）印度人才发展工作机制

印度软件业在世界的软件业具有重要地位，而印度的人才政策曾经经历了从人才外流到人才回流的过程，而甘地的观点则是这一政策的重要基础。他认为，人才外流实质上是一种投入，只要我们有了适合他们的环境，我们将从中获益。“人才外流是人们的流行说法，它是一种复杂的现象。但把它看作是人力资源开发的一种形式，看作个人获得更多知识和经验的过程，将会更适当些，因为这些人才所获得的技能对于祖国来说同样是有用的。我们不必把在海外的印度科学家、技术人员、医生和其他专业人员看作是借出，而应把这看作是一种投入。”

在 20 世纪下半叶，印度理工学院的学生自由流向美国等发达国家，没有遭遇到印度政府的强制性阻拦。尽管这些人才很少回流，但是日后的事实印证了甘地深刻的洞察力。印度在美国的人才，尤其印度理工学院在硅谷的人才，为日后印度软件产业的崛起提供了无可替代的能量。

（六）各国人才培养的能力标准

人才能力的评价体系单单依靠学校课程考试与职业资格考试是很难反映一个人能力的真实情况的，同时也难以为用人单位乃至人才本身的识别能力提供准确的工具。因此，美国、澳大利亚等国家开始在职业认证的基础上强化能力标准的内容。

第一，美国的能力标准。ABET 是美国科学、计算机、工程与技术等领域的工程教育认证机构，其目的在确保美国各大学院校的教育质量与创新教育，并随时注意环境变化与教育需求的契合，目前已有超过 550 所大学院校、2700 个教育方案参照ABET的方案标准进行规划 。

ABET 2005 ~ 2006 年认证标准旨在改善工程教育品质，使工程教育质量可满足持续变迁中的竞争环境，强调各大学工程教育必须让毕业学生具备各项工作能力，当毕业学生通过认证获得各项能力的肯定时，也代表学生具有直接进入工作职场的能力，企业可以不用为找到不对的人而付出更多成本与代价，这些认证能力包括：应用数学、科学与工程知识的能力；能设计与建构实验，并能分析与诠释资料等11项能力。

第二，澳大利亚TIEA国家能力标准。澳大利亚政府依据产业需求制定国家能力标准，在职业类别或功能上，强调受雇者应当具有预期标准的表现能力，这也是澳洲国家各行职业能力标准制定的最高指导原则。其中，TIEA是澳洲国内工程领域能力标准的评价单位，评价对象有专业工程师、工程技术人员及各工程协会成员，其成立宗旨是建立与执行工程教育与实务经验的标准，并促进会员的工程专业与生涯发展。

TIEA制定的能力标准具有下列各项功能：①决定职业身份，确定受评者所属阶段；②专业注册前的评估；③课程设计准则，为成为TIEA成员所做的准备；④可作为产业参考基准；⑤提供成员从阶段一到阶段二的专业形成与持续发展；⑥提供雇主参考。

TIEA设定能力认证的第一阶段是成为专业工程人员的入门能力，此一阶段的能力主要连接知识、技能、个人特质与专业特质而成，所应达到的能力有：①具有实作设计的技能与知识；②将知识与应用技能融入实作技术范围中；③至少有一项专门领域；④具有引用技术、工具与资源的实际能力；⑤有能力解决复杂的问题与工程设计，并建构工程专案；⑥具有相关议题与责任的认知；⑦了解企业环境；⑧个人与专业特质，包括沟通技巧、信息管理、创造与创新、专业与伦理责任、领导与团队技巧、终身学习及专业态度。

第二阶段主要是针对有经验的工程人员，包括专业工程师、工程技术员、工程协会成员及进阶工程人员，此一阶段的能力不仅要维持个人的现有专业，而且要通过专业教育让其持续发展专业能力，能力教育内容主要有：①核心单元，如工程实务、工程规划与设计、自我管理；②选修单元，如工程商务管理，工程项目管理，工程操作，资源、材料、成分与系统，环境管理，技术变迁与发展，调查与报告，技术鉴价与促销，研究发展与销售。

综上所述，无论是西方发达国家还是新兴工业化国家，它们实施人才强国战略的历程均表明，人才发展工作要有多维开放的视野，需要与经济社会发展和产业发展相协调。人才工作既要总结自己的经验、教训，同时要与其他国家和地区进行比较、分析和借鉴，使之更加科学合理。建立健全政策引导与法律约束的运行机制，形成完备的育人、选人、用人的工作机制，既要坚持人才工作的常规化、制度化、法制化，又要坚持人才工作的相对稳定性与动态性相结合。学习和借鉴这些经验，对于我们少走弯路具有非常重要的意义。

参考文献

[1] Aake, D. A. Developing Business Strategies [M] . New York: John Wiley & Sons, 1992

[2] Barney, J. B. Firms Resources and Sustained Competitive Advantage [J]. Journal of Management, 1991 (17): 99 – 120

[3] Barney, J. B. & Wright, P. M.. On Becoming a Strategic Partner: The Role of Human Resources in Gaining Competitive Advantage [J]. Human Resource Management, 1998 (37): 31 – 46

[4] Boyatzis, R. E. The competence manager: A model for effective performance [M]. NY: John Wiley & Sons Inc. , 1982

[5] Carayannis & Jorge, Bridging government – university – industry technological learning disconnects: A comparative study of training and development policies and practices in the US , Japan, Germany and France [J] . Technovation, 1998 (18): 383 – 407

[6] Carrol, J. S. Business Strategies and Compensation System , in Balkin, D. B. and L. R. Gomez – Mejia (eds), New Perspectives on Compensation. Englewood Cliffs [J]. N.J: Prentice – Hall, 1987: 343 – 356

[7] Chen, T. Y. , Chang, P. L. , and Yeh, C. W. Sequare of correspondence between career needs and career development programs for R&D personnel [J]. Journal of High Technology Management Research, 2003 (14): 189 – 211

[8] Cron, W. L. Industrial salesperson development: A career stage perspective [J]. Journal of marketing, 1984 (48): 41 – 52

[9] Eriksson, T. , Villeval, M. C. Performance – pay, sorting and social motivation [J]. Journal of Economic Behavior & Organization, 2008, 68 (2): 412 – 421

[10] Flamholtz, E. G. , & Lacey, M. Personnel management, human capital theory, and human resource accounting, Los Angeles: Institute of Industrial Relations [M]. University of California, 1981

[11] Harbison, J. R. , &Pekar, p. , jr. Institutionalizing alliance skills: Secrets of repeatable success [J]. Strategy & Business, 1998 (11): 79 – 83

[12] Ireland, R D. , Hitt, M A. &Vaidyanath . Alliance management as a source of competitive advantage [J]. Journal of Management, 2002 (28): 413 – 446

[13] Jenkins, G. D. , Mitra, A. , Gupta, N. , Shaw, J. D. . Are financial

incentives related to performance A meta – analytical review of empirical research [J] . Journal of Applied Psychology, 1998, 10: 777 –787

[14] Kohn Alfie. . Punished by Rewards: the Trouble with Gold stars, Incentive plans, A ' s, Praise, and other Bribes [M]. Boston: Houghton Mifflin co. 1993

[15] Lazear, E. Personnel Economics for Managers [M]. New York: Wiley, 1998

[16] Lazear, E. . Performance, Pay and Productivity [J]. American Economic Review, 2000, 90 (5): 1346 –1361

[17] Lepak, D. , and Snell, S. The Human Resource Architecture: Toward a Theory of Human Capital Allocation and Development [J]. Academy of Management Review, 1999, 24 (1): 31 –48

[18] Margulis, M. , & Pekar, P . The next wave of alliance formations: Forging successful partnerships with emerging and middle – market companies [M]. Houlhan Lokey Howard & Zukin Investment Banking Services, 2001

[19] Mouthann, T. J. , Olthuis, W. , & Vos, H. . Competence –based EE – learning (How) Can we implement it? . Paper presented at the Proceedings of the 2003 IEEE International Conference on Microelectrinic Systems Education (MSE' 03) [R] . Anaheim, CA. , 2003

[20] Pfeffer, J. . Competitive Advantage through People [M] . Boston: Harvard Busibess School Press, 1994

[21] Porter, M. E. , & Fuller, M. B. Competition in Global Industries [M]. Boston, MA: Harvard Bussiness Press, 1986

[22] Salter, M. S. Tailor Incentive Compensation to Strategy [J]. Harvard Business Review, 1973, 51 (2): 94 –102

[23] Schuler, R. & Gaining, S. Competitive Advantage Through Human Resource Management Practices [J]. Human Resource Management , 1984 (23): 156 –241

[24] Snell, S. A. & Dean, J. W. Integrated manufacturing and human resource management: A human capital perspective [J]. Academy of Management Journal, 1992 (35): 467 –504

[25] Spencer, L. M. , & Spencer, S. M. Competence at work: Models for superior performance. NY: John Wiley & Sons Inc, 1993

[26] Thomas, H. Perspectives on evalution [M] . In Hughes, M. et al.

(eds) op. cit, 1985

[27] Wright, P. L., Koll, M. J. & Parnell, J. A. Strategic management: concepts and cases [M]. Prentice Hall Press, 1996

[28] Youndt, M. A., Dean, J. W & Lepak, D. P. . Human resource management, manufacturing strategy, and firm performance [J]. Academy of Management Journal, 1996, 39 (4): 836 –860

[29] 国家中长期人才发展规划纲要（2010 ~2020 年）

[30] 洪明. 英国产业大学与学习化社会 [J]. 开放教育研究, 2001 (1)

[31] 侯军帮. 人才流动的制度环境研究 [D]. 四川大学, 2007

[32] 霍连明. 高技能型人才能力建设研究 [D]. 中国地质大学, 2010

[33] 江苏省中长期人才发展规划纲要（2010 ~2020 年）

[34] 杰克·J. 菲利普斯. 人力资源计分卡 [M]. 北京: 机械工业出版社, 2006

[35] 经济部工业局（台）. 扩大硕士级产业研发人才供给计划. http: //www. rdmaster. org. tw/ , 2005

[36] 李柏钧. 高等教育机构延揽优秀人才之研究 [D]. 台湾大学, 2009

[37] 梁伟年. 中国人才流动问题及对策研究 [D]. 华中科技大学, 2004

[38] 刘晓苏. 事业单位人事制度改革研究 [D]. 华中师范大学, 2009

[39] 罗文标. 基于知识创新的企业技术创新人才培养研究 [D]. 暨南大学, 2006

[40] 潘晨光. 中国人才发展报告（2005）[M]. 北京: 社会科学文献出版社, 2005

[41] 潘晨光. 中国人才发展报告（2009）[M]. 北京: 社会科学文献出版社, 2009

[42] 潘玲霞, 龚新桥. 高层次科技人才机制创新研究 [J]. 科技创业, 2007 (6)

[43] 潘政义. 海峡港市合作促进高雄人才发展策略 [D]. 台湾“中山大学”, 2008

[44] 秦剑军. 知识经济时代人才强国战略研究 [D]. 华中师范大学, 2008

[45] 荣泳霖. 美国硅谷考察——先进的创新机制 [J]. 科技导报,

1999（9）

［46］谭云．澳大利亚的国际人才战略［J］．国际人才交流，2008（10）

［47］汤尧．教育市场导向探讨与省思——市场模式建立与研究［J］．工作教育研究资讯，1997（5）：74－80

［48］吴宏阳．解读美国的人才机制［J］．人才资源开发，2006（8）

［49］夏琛桂．我国长三角都市圈人才集聚、扩散与共享的模型和机制研究［D］．上海交通大学，2008

［50］肖起清．大学高层次人才引进政策的发展研究［D］．华中科技大学，2008

［51］谢应钦．以科学人才观为指导：创新人才工作体制机制［J］．中共乌鲁木齐市委党校学报，2009（1）

［52］叶国文．社会转型与资源整合：从党管干部到党管人才制度变迁研究［J］．中共浙江省委党校学报，2005（2）

［53］袁旭东．中国引进海外人才的理论分析与实证研究［D］．吉林大学，2009

［54］约翰·布里顿．人力资源管理—理论与实践（第3版）［M］．北京：经济管理出版社，2005

［55］张敏．江苏省科技人才流动态势及对策研究［D］．南京航空航天大学，2007

［56］张颖．上海市科技人才流动及对策研究［D］．上海交通大学，2008

［57］张媛媛．大连市“党管人才”工作运行机制的研究［D］．东北财经大学，2006

［58］周佳晔．党管人才运行机制的研究［D］．苏州大学，2006

5　提升科技创新人才引进与培养政策措施

5.1　创新驱动力的理论分析

一个国家或区域内的创新活动是一项系统工程，因此关于创新人才的引进和培养政策措施不仅涉及对创新人才个体的培养，也涉及对整个区域创新系统的培育、构建及维护。

5.1.1　科技创新人才个体层面的分析

从微观（个体）层面来看，个体创新互动模型（Woodman，Sawyer & Griffin，1993）和解构计划行为理论（DTPB）认为，个体创造力是前提条件，个体创新意愿和创新行为会受到个体所具有的知识、能力、认知风格、人格、动机、创新行为态度、主观规范、感知行为控制、社会、组织背景等因素的影响。

创新活动本身属于一种特殊的活动，个体更需要具备独立性和创造性才可能产生创新行为。富有创造性的个体喜欢挑战并总是充满热情地迎接挑战，这种活动能使他们的天赋和才能得到充分发挥，从而给他们带来愉悦感，这种源自个体内部的动机可以促进创新行为。从个体认知风格角度来看，采用直觉型问题解决方式的个体较有利于采取创新活动，而系统型认知风格个体的创新意愿可能受到任务情境因素的影响。此外，个体创新行为的发生，不仅要求个体对创新持有正面积极的态度，更大程度上可能源于上级的重视或组织内部良好的创新环境，如企业科技人才身边重要的人（如朋友、同事和上级）参与创新活动的程度越高，则科技人才的创新意愿越强烈。企业科技人才的时间、精力越多，创新设备越先进、便利，其创新意愿也就越强烈。

同时，对自己从事创新活动的能力评估越高，对从事创新活动越有信心，也就越愿意继续从事创新活动。

5.1.2　区域创新系统层面的分析

从宏观层面（区域创新系统）来看，创新系统包括了“所有影响创新开发、扩散和应用的重要的经济、社会、政治、组织、制度和其他因素”（Edquist，1997）。创新系统的组件包括组织和制度。创新体系的主要参与者（创新系统中的各类组织）包括各类企业、高校及科研院所，因此创新型人才的培养也主要集中于这些组织中。而推动创新活动的开展和创新绩效的产生也离不开一套系统性的方法。在一个创新系统中，“生产结构”和“制度设计”是两个最重要的方面（Lundvall，1992），相互学习、用户与生产者之间的互动和创新是创新活动的中心内容。在创新系统中，进行知识传播的机构包括企业、产业研究实验室、研究性大学、政府实验室、科研机构等，政府则是制度设计的主体，上述组织机构之间的相互作用、企业和政府的行为以及各要素之间的关系决定了一个创新系统的产出。因此，探讨创新问题必须对上述各方面加以系统考量。

5.2　重点地区科技创新人才引进与培养政策的比较分析

5.2.1　京、沪、粤、浙、苏五省（市）创新政策比较分析

通过对比我国部分省（市）及重点城市的科技创新政策以及相关的人才引进与培养政策，发现目前各地区各类政策数量及其内容存在相当的趋同性。这一方面体现出各区域政府在出台相关政策过程中普遍受到国家创新战略与宏观目标的导向与约束作用；另一方面也是各区域政府间创新实践经验相互借鉴的结果。由表 5 - 1 京、沪、粤、浙、苏五省（市）创新政策条款数对比可见：北京作为首都具有天然优势地位，政府出台的政策力度居各区域之首；上海则因其独特的环境优势政策力度紧居其后；苏、浙、粤三省则基本保持同等水平。从政策具体化的程度来看，上海的政策条款规定得最为具体；

北京次之；而三个省份中，浙江的政策条款则明显较广东、江苏两省规定得更为详细，这也保证了其政策在执行层面能够得到更加明晰的解读。

表 5-1 京、沪、粤、浙、苏五省（市）区域创新政策条款数量统计表

北京		上海		广东		浙江		江苏	
政策数	条款数	政策数	条款数	政策数	条款数	政策数	条款数	政策数	条款数
96	723	82	810	70	373	70	637	69	346

资料来源：盛亚，陈剑平．区域创新政策中利益相关者的量化分析［J］．科研管理，2013，34（6）：25－33

与此同时，各区域的政策也体现出各自的特点，政策目标各有特色①：北京在金融财务、政府采购方面尤为重视。上海则在法律法规方面的比重最大，法制体系建设较为完善，对各类奖金、各类称号的程序及条件规定都强于其他4个省（市）。广东、浙江、江苏3省的产业集群及制造业发展居于全国领先水平，工业园区基础建设良好。据《中国统计年鉴》（2005～2009年）数据显示，江苏对于产业集群的基础设施服务建设比较重视，对于公共基础环境给予了大量的政策支持，特别是对各园区建设投入了大量资金。浙江与广东两省整体情况较为相似，两地都注重产学研合作，在扶持产学研合作及技术引进上的力度较大，但浙江在外包方面的支持力度更大。

上海作为我国最发达的地区，其法制体系建设的经验应当得到各区域、各级政府的大力借鉴。但同时也应看到，科技创新及人才引进与培养等各类政策的制订应当尽可能详细，而目前各区域出台的相关政策普遍尚未形成完整的思路与措施标准，仍有待于进一步的修订与完善。

5.2.2 重点城市科技创新人才引进与培养政策比较分析

根据《中国区域创新能力报告》（2009），2009年南京市的创新能力排名居全国首位。表5－2为国内10个重点城市人才引进与培养政策的对比，从中不难发现，①各城市的人才培养政策基本类同；②人才引进与使用激励政策中，西安的政策力度最弱，青岛、杭州的政策强度略优于西安，京、沪、津三个直辖市政策强度接近，广州、南京、大连、武汉四城市的人才引进政

① 盛亚，孙津．我国区域创新政策比较——基于浙、粤、苏、京、沪5省（市）的研究［J］．科技进步与对策，2013（3）：93－96

策力度最强，但总体来看，10个重点城市的人才引进与使用激励政策也基本趋同；③存在的一个显著问题是，各城市的人才政策中普遍存在“重引进使用、轻培养”的现象（见表5－3）。从政策规定的数量来看，各重点城市的人才相关政策中，涉及人才培养方面的政策最多的也只占到政策总量的20%，并且政策内容也较为笼统、粗放，显示出人才培养政策与人才引进及使用激励政策的明显不均衡。

表5－2　若干重点城市人才政策对比

项目	北京	上海	天津	广州	南京	青岛	杭州	大连	西安	武汉
一、人才引进政策										
1. 人才引进类型（12项）										
紧缺专业引进	√	√	√	√	√	√	√	√	√	√
学科带头人引进		√	√	√		√				√
院士、拥有专利的领先水平人才				√		√		√		
优秀本科生	√	√			√					√
海外高层次人才（含留学人员）	√	√	√	√	√	√	√	√	√	√
高学历、高职称人才	√	√	√	√	√	√	√	√	√	√
高新技术企业所需人才	√	√	√	√	√	√			√	
特殊领域/才能人才		√		√	√					√
项目专项引聘人才	√	√								
社会科学领域知名学者						√		√		√
拥有发明专利、专项技术均属国内外领先水平的人才				√		√		√		√
成果转化人才				√			√			
2. 人才引进政策（共11项）										
户籍问题	√	√	√	√	√	√	√	√	√	√
工作居住证	√	√	√	√	√			√		
优先配偶就业及子女入学		√	√	√	√	√	√	√	√	√
工作期间住房或周转房					√	√		√		
可优先购安居工程住房	√	√	√	√	√	√	√	√	√	√
外籍留学人员优先购涉外商品							√			
住房补贴与安家费	√	√	√	√	√	√	√	√	√	√

续表

项 目	北京	上海	天津	广州	南京	青岛	杭州	大连	西安	武汉
人才公寓及配套服务				√	√		√			√
绿色通道	√	√	√	√	√	√	√	√	√	
岗位特聘计划								√		√
柔性人才引进政策	√	√	√	√	√	√	√	√	√	√
二、人才使用与激励政策（17 项）										
1. 奖励政策（共 6 项）										
成果及科研奖励政策	√	√	√	√	√	√	√	√	√	√
海外高层次人才外汇兑换优惠政策								√		
税收优惠政策	√	√	√	√						
破格评聘政策	√	√	√	√	√	√	√	√	√	√
提供创业风险资金或专项资金	√	√	√	√	√	√	√	√	√	√
提供高品质、低租金的经营场地		√								
2. 创业资助政策（共 4 项）										
留学人员、科技人员创业政策	√	√	√	√	√	√	√	√	√	√
资助专利申请、促进专利实施	√	√	√	√	√	√	√	√	√	√
鼓励学校、科研院所人才企业兼职	√		√					√		√
高技术人才兼职	√				√			√		√
3. 人才载体（共 3 类）										
创业园、科技园区	√	√	√	√	√	√	√	√	√	√
人才中介				√	√	√	√		√	√
博士后科研工作站建设	√	√		√	√					√
4. 其他激励政策（共 4 项）										
社会福利待遇政策				√	√					√
薪酬激励	√	√	√	√	√	√	√	√	√	√
科研资助	√	√	√	√	√	√	√	√	√	√
专项人才成就奖励政策	√	√	√		√	√				
三、人才培养政策（共 4 项）										
培养已有人才	√	√	√	√	√	√	√	√	√	√
继续教育	√	√	√	√	√	√	√	√	√	√
人才开发基金投入	√	√	√	√	√	√	√	√	√	√
人才对外交流政策	√	√	√	√	√	√	√	√	√	√

资料来源：张帆．基于结构方程模型的科技型人才聚集与城市科技创新的关系研究——以太原市为例［D］．太原：太原理工大学，2009

表 5-3　若干重点城市人才政策数统计表

项　目	北京	上海	天津	广州	南京	青岛	杭州	大连	西安	武汉
一、人才引进政策	6	7	7	8	9	7	8	9	6	7
1. 人才引进类型（12 类）	6	8	5	9	6	8	4	6	4	8
2. 人才引进政策（11 项）	6	7	7	8	9	7	8	9	6	7
二、人才使用与激励政策（17 项）	13	12	11	12	11	10	9	11	9	13
1. 奖励政策（6 项）	4	5	4	4	3	3	3	4	3	3
2. 创业资助政策（4 项）	4	2	3	2	3	2	2	4	2	4
3. 人才载体（3 类）	2	2	1	3	1	2	2	1	2	3
4. 其他激励政策（4 项）	3	3	3	3	4	3	2	2	2	3
人才引进、使用与激励政策总计	19	19	18	20	20	17	17	20	15	20
三、人才培养政策（4 项）	4	4	4	4	4	4	4	4	4	4
总 计	23	23	22	24	24	21	21	24	19	24

资料来源：本研究课题组整理。

5.2.3　现有政策体系中可能存在的问题

无论在研发的资金支持还是人力资源上，我国都已成为一个科技“大国”，然而，我国科技研发的产出却低于同等收入水平的 OECD 国家。国家及区域创新体系中各关键主体和整个系统的低效率，表明目前所采取的促进创新的政策和规制工具仍存在缺陷。科技创新是一项系统性工程，只有构建起一个高效运转的区域创新系统，尤其是建立起一套完善的、符合系统内部运行规律的制度体系，才能使得系统内的政府、企业、高校、科研机构以及各类第三方服务机构等各参与主体得以相互配合、协调运行，从而真正实现可持续的创新成果。在此过程中，政府承担的重要职能之一就是建立起一套行之有效的制度体系并维护其运行。综合分析现行的政策体系，虽然经过多年的积累已奠定了较好基础，但仍存在不少有待完善之处：

第一，人才相关政策中存在“重引进、轻培养”的现象，人才发展政策制度匹配性不足。如高等教育体制、人才培养方案、教育科研投资体制、产学研结合等的配套改革不匹配，人才队伍建设的成效难以保证。在人才引进方面更多关注物质待遇、生活待遇、经济待遇，人才激励也主要采用股权、分红等经济手段以及评优评奖等精神奖励，缺乏创新精神等文化环境支持。

第二，人才队伍建设政府主导过多，行政化倾向突出，企业对政府依赖严重、高校被政府所左右，人才工作机制的持续创新乏力。政府主导本应以人才发展规划纲要为指导，以公共优惠政策资源的投入、人才法制体系构建、公平竞争的人才市场机制的建立与维护、社会保障制度的完善等为主。而目前情况是政府“主导”变为政府“主持”，行政化倾向突出。例如，在各类人才计划、人才工程实施过程中，政府都扮演着核心角色，企业及其他人才培养主体单位等均沦为配角；高校人才培养的专业设置、课程体系设置、高校研究人员的课题申请、成果评价等也都被动地服从于政府职能部门，完全失去了大学的独立自主地位和思想及学术自由。这样失去独立性的人才培养环境恐怕难以系统性地培养出具有创新意识和创新能力的人才。

第三，对创新的财政扶持政策方面，目前过多依赖于资金扶持手段，且多体现为各类专项资金，由于政府各部门职能分散，相互之间又缺乏有效沟通，导致许多专项资金的支持范围、方向、目标相近或交叉、重复；使得各级有限的财政资金安排零星分散；此外，对企业财政扶持的直接投入大、间接扶持力度小，“锦上添花”多、“雪中送炭”少，尤其是最需要帮助的小型和微型企业未能成为政策扶持的重点。总体来看，这种局面不利于公共财政资金的有效使用。

第四，在政策执行环节，重投入、轻监管、轻政策效益分析，政策执行效果和资金使用有效性尚存在较大提升空间。自19世纪晚期开始，美国、德国、英国等发达国家普遍制定了政策评价法案，亚洲的日本、韩国也于20世纪70年代开始对政策项目评价，并随后颁布相关法律。在我国，因行政改革的滞后，政府一方面掌握并运用了大量的财政资源，另一方面对行政资源利用的有效性却缺乏监督，导致资源的浪费令人痛惜。

5.3 发达国家科技创新人才政策环境建设①

伴随着20世纪90年代以来知识经济的日益扩张，主要发达国家纷纷制定和实施人才战略，尤其针对高端人才、紧缺人才以及各国优先发展的战略性产业。全球金融危机以来，发达国家纷纷颁布新的创新战略，如美国于2007年出台了《美国竞争力法案》，2009年9月又出台了《美国创新战略：

① 宋克勤. 国外科技创新人才环境研究［J］. 经济与管理研究，2006（1）：29－33

推动可持续发展增长和高质量就业》。日本于 2007 年发布了《日本创新战略 2025》报告，2009 年又出台了《数字日本创新计划纲要》等。与国家创新战略相匹配的，则是发达国家日益完善的创新人才环境建设。

5.3.1 美国科技创新人才的环境建设

美国作为世界第一经济强国和科技强国，其科技创新人才环境建设具有特别重要的借鉴意义。美国政府将人才战略的重点放在培养和争夺创新型高科技人才上，将“造就 21 世纪最好的科学家和工程师队伍”作为人才战略的主要目标。2009 年又提出设立 180 亿美元的教育自主计划和移民改革配套政策，旨在强化新兴产业人力资源开发，同时力争吸引全球更多优秀人才。2012 财年预算案中为科学和基础研究提供了额外支持。奥巴马政府还发起成立了教育高级研究项目署，2012 财年预算案中提出，将在未来 10 年招募 10 万名科学、技术、工程和数学类教师，并改善教师培训。

5.3.1.1 政府的资金支持

一是巨大的科技投入。美国科技投入长期以来居于世界前列，其研究与开发（R&D）投入占国内生产总值（GDP）的比例在 20 世纪 80 年代就一直保持在 2.3% 以上，美国 R&D 人员人均研究经费也是发达国家中最高的，1995 年就达到了 17.32 万美元。

二是政府以大量商业合同的方式，向企业直接投入研发经费。目前，产业界的研究经费有 12% 来自联邦政府，其中大部分是通过商业合同形式提供的。互联网就是美国国防部为解决战争期间的有效通信问题而提出的一个军事合同。

三是采用税收激励政策。美国的《国内税收法》规定：一切商业性公司和机构，如果其从事研发活动的经费同以前相比有所增加的话，可获得相当于新增值 20% 的退税。如果个人从事已经商业化的研发活动，其投入同样可以享受 20% 的退税。

四是政府支持基础科学创新。美国政府一直是基础性科学研究的重要支持者，巨大的资金投入，使得美国科学家在全世界重要期刊发表的论文数、取得的科技成果数以及获诺贝尔奖的人数都处于世界领先水平。

5.3.1.2 科技创新人才的培养和引进

一是注重科技创新人才的培养。为培养科技创新人才，政府各部门设立了各种培养计划。如美国海军设立的“青年研究员计划”，专门在一些大学和私人研究机构设立基金，培养最近 5 年获得博士学位的青年研究人员。国家科学基金会设立了“总统青年研究奖”，每年颁发200个名额，目的是将最优秀的人才吸引到国家急需的科学和工程领域中来。

二是注重引进和留住国外科技创新人才。其主要措施包括：以H－1B技术工作签证法案引才；以政府或者民间基金会的高额奖学金等为基础吸引世界名校学生和学者赴美求学或做访问学者；以政府和诸多的公司、个人、慈善机构等设立的雄厚科研基金吸引人才；以总统科学奖等特殊的奖励激励人才；重金聘用甚至高价收买有较强科技创新能力的人才；高度信任和重用外来科技人才，美国的许多科研项目和尖端技术领域的研究都是由外来科技创新人才主持完成的。

美国的高工资、高职位、高生活水准以及在科学研究方面比较自由、科研经费充裕、教学科研设施一流、实验设备先进、科研信息资源丰富、学术思想交流活跃的优势，吸引了大量的国外科技创新人才。

5.3.1.3　良好的科研创新环境

一是多元化的投资环境。美国大学和研究机构经费的主要来源是联邦政府和州政府等的拨款，美国民间基金会的发展，使之成为科研经费的另一重要来源。据统计，美国有大大小小的各种类型的基金会约47000个，基金总额近4000亿美元。各基金会资金来源渠道多，运作模式、管理方式各有特色，科研人员可以根据自己的兴趣向各类基金会申请项目，从而创造了非常宽松的科学研究环境。美国联邦政府、民间基金会和学校对年轻的科技创新人才还给予特别的支持。

二是宽容的环境。美国各界人士都有一个共识：“允许失败”。他们相信大多数科技人员都具有良好的职业精神，失败都不是主观不努力造成的。这种理念极大地保护了科技创新人才的积极性，为其不断创新营造了空间。

三是信息公开、资源共享的环境。美国用于研发的投入非常巨大，各类政府与基金会资助的项目数量巨大，种类繁多，但在基金管理中，重复申请、重复资助的项目并不多。主要原因是信息公开与资源共享机制比较合理，措施相对完备。

四是大学与工业界的密切合作。美国200多所大学中建有1000多个各种类型的大学与工业界的合作研究中心，研究经费主要来自政府和工业界，这些研究中心为大学与工业界的科技创新人才提供了合作研究与创新的舞台。

5.3.1.4　完善的科技创新人才管理机制

一是在科技创新人才开发方面，形成一套科学合理的人才选拔和任用机制以及政府、大学、企业密切合作形成的人才培训和终身教育机制。

二是形成人才市场调节机制，通过规范与完善的人才中介市场，通过双向自由选择，科技创新人才可以找到用武之地，科技创新人才资源可以得到有效配置。美国住房、医疗、保险等的社会化，为人才的市场化配置奠定了基础。

三是形成人才竞争机制，其内容非常丰富，不仅有岗位竞争，还有科研项目与科研经费、职位晋升、培训机会、项目小组成员资格的竞争等。

四是形成公平与多样化的分配机制，分配的依据包括职位、责任、能力、贡献等，分配的形式包括工资、奖金、福利、公司股票等。近年来，美国许多公司纷纷采用股票期权及配股等方式，以吸引和留住优秀的科技创新人员。

五是形成公开、公正的人才考评机制，经过多年的探索，已经形成将工作表现与工作业绩相结合的有效的考评方法，并将考评结果与职位升迁和奖惩挂钩。

六是提供良好的科研条件和工作环境。美国的许多高技术公司为科技创新人才配备先进的实验设备，提供充足的科研经费及后勤保障，使他们没有后顾之忧，不少高科技公司实行弹性工作制度，科技创新人才甚至可以在家里上班。

5.3.2 英国科技创新人才的环境建设

5.3.2.1 明确科技创新的战略地位

1994 年，英国政府首次公布创新白皮书《实现我们的潜能——科学、工程和技术战略》，此后陆续出台了一系列清晰的政府文件以明确国家以创新为核心的新的国家科技发展战略。新战略的主要内涵包括：重视研究与开发，注重基础研究和国际研究与开发；强调企业为技术创新的主体，大力扶持中小企业的技术创新；加强营造创新的环境建设，制定一系列有利于创新的制度、政策体系和法律法规，大力发展风险投资，解决企业技术创新的资金问题；大力推动形式多样的官、产、学、研合作，促进科技成果的产业化；切实加强基础设施建设，完善中介服务体系、创新基础设施，大力发展科技和教育。

2000 年 7 月，英国政府发表了《卓越与机遇——面向 21 世纪的科学与创新政策》白皮书，希望通过领先的基础科研和更加富有活力的技术创新，进一步提高科技进步对本国经济和社会发展的贡献。在此白皮书中更加强调：国家科研机构、大学与企业的密切合作；人才在知识积累和技术创新中的重要作用；建立适合科技创新的环境和体制。

5.3.2.2 设立高等教育创新基金

为支持大学科研成果向商品化转移，英国政府启动了“高等教育创新基金”，该项基金与高等教育及企业和社区联系基金相结合，支持在大学周围建立各种科技网络群，同时还支持各大学内部建立专门机构从事专利申请与保护、资金启动、公司筹建和市场开发等活动，有力地促进了英国大学周围高科技网络群的形成。

5.3.2.3 实施培养和吸引人才计划

英国政府一方面出资改善在校博士生的生活条件，另一方面大力吸引外国留学生和科研人员到英国学习和工作，放宽对他们的入境限制，在学习、工作、生活方面给他们创造必要的条件，减轻后顾之忧。2002 年英国实施一项“高技能移民计划”（HSMP），专门用于吸引高层次海外人才。

5.3.2.4 支持中小企业创新

英国政府采取各种措施来支持中小企业的技术创新活动，主要包括：保护中小企业的发明专利；鼓励和促进政府实验室和大学的科研技术成果向中小企业转移；重视对中小企业的技术培训；资助中小企业技术进步、产品更新换代和技术开发。2008 ~ 2010 年，英国政府投入了 10 亿英镑用于企业技术创新。

随着国家科技创新战略的颁布，以及实施细则的陆续出台，科技创新人才纷纷走出大学和科研机构，在孵化器、科技园、创业园的扶持下，进行创新和创业活动。贸工部、地方发展局、大学技术转移中心等还为科技创新人才的创新、创业活动提供了内容丰富的科技创新项目计划、技术发展报告、技术转移和融资信息。中小企业的科技创新人才也紧密结合市场需要，在政府支持下与大学和科研机构密切合作，开展科技创新活动。英国政府还建立了一个新的部门——技术战略委员会，来实施众多重要的行动方案，将企业界、学术界和英国创新体系中的其他各界主要元素联合在一起。

5.3.3 日本科技创新人才的环境建设

日本政府最为注重实战型科技人才的开发，制定并实施了适应知识创造型经济发展模式的人才战略，明确提出了“科学技术创造立国”的战略目标，将“知识创造”作为国家科技进步和人才智力的基本方向。

5.3.3.1 形成科技创新的良性循环机制

日本政府提出，在向知识经济转型中，必须增强大学和公共研究机构的创新能力，将其在创新活动中产生的新知识应用于社会，产生经济价值和社会价值，并将创新带来的部分收益返还到科研活动中，形成创新的良性循环。围绕这一目标，应促进官、产、学之间的合作，根据科技发展战略和社会需要组织共同研究。要进一步完善官、产、学合作研究体制，促进以大学和公共研究机构为主体的官、产、学相结合的创新体制建设，加速研究成果的产业化。企业的科技创新战略要与市场需求保持一致，要提高科技创新的效率和产业化比率。

5.3.3.2 吸引外部科技创新人才

日本通过制定《外国科技人员招聘制度》等法规，大大增加了对外国专家的吸纳限额。日本政府曾表示，愿提供50亿美元与美、英、德等发达国家合作研究“人类尖端”工程。1995年日本发表的科技白皮书强调，日本要建立与经济大国相适应的超一流科研中心。日本一些跨国企业和超大型企业每年都拨出大笔经费用于科研投入，包括高薪招聘外国高级技术专家。

日本在广揽外籍人才方面有十分独到的措施，归纳起来有：提供优惠条件吸引留学生；通过并购外国企业拥有其人才；在国外建立研究所利用全球人才；对高技术人才高薪聘请并委以重任。

5.3.3.3 实行科技人才开发计划

“240万科技人才综合推进计划”于2002年实行，主要包括大量培养实战型科技人才计划、240万人终身教育计划和人才培养机构评价推进计划。该计划旨在培养出大量企业需求的实用型科技人才，改变现有教育体制。

“21世纪卓越研究基地计划”从2002年起，日本文部科学省每年选择资助50所大学的100多项重点科研项目，对每项科研项目资助5年，资助金额每年1亿~5亿日元不等。该计划旨在建立一流的科技人才培养基地，在取得国际领先的科研成果的同时，培养出一批世界顶尖的科技创新人才。

“科学技术人才培养综合计划”则瞄准四个目标：一是培养富有创造性的世界顶尖科技创新人才；二是培养产业所需人才；三是创造能吸引各种人才并使他们充分发挥才能的环境；四是建设有利于科技创新人才成长的社会环境。

5.3.4 韩国科技创新人才的环境建设

从20世纪90年代到21世纪的第一个十年，韩国努力发展国家创新体系，实现了从一个以技术引进为基础的追赶型国家向高效利用国外新兴技术和技术原创型国家的转变。

5.3.4.1 重视研发经费的投入和有效利用

韩国科技实力的不断增强得益于过去几十年韩国政府及企业对创新活动的经费投入的不断增加。根据2003年的数据，韩国国内R&D投入占GDP的比例为2.6%，企业投入的研发经费占销售收入的比例为2.1%。韩国高强度的研发活动以大企业为主导，大企业通过研发投资来消化国外技术，提高理解和将国外新兴技术商业化的能力。小企业在工商领域的研发份额从1995年的11.4%提高到了2001年的23.6%。

5.3.4.2 重视科技创新人才的开发与利用

包括通过教育体制改革，把创造性人才培养作为科学技术教育的目标；通过提高大学的科学研究质量和制定以研究为导向的研究生培养计划扩大高级科技人才培养，促进科技人才结构的提高；2001年宣布实施“国家战略领域人才培养综合计划”，该计划旨在2005年前在关乎国家竞争力的6个战略领域加大投入力度，提高22万名在校学生和研究机构科技人员的水平，并培养18万名新人才；注重海外高技术人才的引进，为此政府制定了“聘用海外科学技术人才制度”，对引进的高科技人才给予资助。

5.3.4.3 重视科研基地的建设

一是培育研究中心。为了提高科技实力，韩国创建和资助了许多重要的研究中心。研究中心的类型主要包括科学研究中心、工程研究中心和地区研究中心。到2002年，研究中心总数达到150个左右。这些研究中心在各自的研究领域做出了突出的成就，对国家科技创新能力的提高做出了重要贡献。

二是进行公共研究机构的改革。改革的目标是赋予公共研究机构在运作、管理、决策和组织等方面的自主权，并将研究所从政府主管部门中分离出来，按不同领域分别建立产业科技研究会、公益技术研究会、基础科技研究会、经济和社会研究会以及人文和社会科学研究会。

5.3.4.4 支持产业界的科技创新活动

韩国努力建设一个均衡发展的国家创新体系，鼓励产业界、大学和公共研究机构三方的积极参与，并重视企业在技术开发和创新中的作用，主要措施包括：积极扶持企业研究所的发展，企业研究开发投资近年来一直保持占国家研究开发投资的75%以上，超过美国、日本等发达国家；对技术开发实施税收优惠政策，包括技术开发准备金制度等；强化产、学、研合作研究，形式包括合同研究、技术指导、技术培训、科研资源的共同使用、关键技术信息的服务、专利使用等。

5.3.4.5 创建科技园区，吸引科技创新人才

韩国1974年创办的大德科技园区拥有科研机构55个、大学3所，已经

成为韩国科技发展的一支生力军。除此之外，韩国政府还在光州、釜山、大邱、泉州、江陵5个地方分别建设了与大德科技园区相似的科学基地。建立高科技园区不仅对科技发展和科技产业化具有重要意义，而且给大批中高级科技创新人才提供了就业和发展机会，成为海内外高层次科技创新人才的吸纳之所与工作基地。

5.3.4.6 实行以人才集聚为目的的国际合作

韩国自20世纪80年代起加强科技外交，在引进技术中引进人才，在推进科技合作中壮大科技力量。韩国除了每年向美国派遣几千名留学生外，还选送专家和教授到美国学习科学技术。在与外国签订技术转让协议或在合资经营的同时，派出大批科技人员向转让技术公司学习科学技术或请外国专家培训在本地工作的科技人员。

5.3.5 新加坡科技创新人才的环境建设

5.3.5.1 出台鼓励创新政策

新加坡政府十分重视科技创新，强调要以知识、创新及才能来参与竞争。新加坡经济发展局从1997年开始设立“亚洲创新奖”。这个一年一度的奖项极大地提升了新加坡的国家形象。

新加坡政府设立了“研究、创新及创业理事会”（Research Innovation and Enterprise Council，RIEC），成员包括政府高层官员、私人企业界和科学界代表等，专门为政府在国家研究、创新及创业的策略方面提供咨询。这一机构由新加坡总理李显龙领导，2011~2015年计划拨款161亿新元推动研究、创新与创业，同时调高研究与开发的经费，占新加坡国内生产总值的比例为3.5%，与瑞典、芬兰和以色列等注重科学研究的国家相媲美。同时还设立了“国家研究基金”，以资助长期性的战略性研究项目。

为促进研究机构与产业界的合作，科技局设置了激励本地企业开展研发工作的资助计划。如果企业与研究机构联合提出的项目申请获得批准，企业通常能得到相当于总费用70%的资助。

5.3.5.2 重视科技创新人才的培育与开发

在“人才强国”的战略指导下，新加坡政府在科技教育与培训方面进行了大量投资。1996年政府公布了40亿新元、为期5年的国家科技发展计划，目的是提高研究发展支出在国内生产总值中的比例，提高工业界在研发领域的投资比例，提高每万人中科研人员与工程师的人数比例。

5.3.5.3 重视教育和人才引进

除对本国教育资源的重视之外，新加坡还非常重视人才引进，制定了“国际人力资源计划”，出台吸引专业人才的计划，用丰厚的待遇、良好的居住环境和商业环境吸引科技创新人才。1991～2000年，智力型和技能型移民对新加坡经济增长的贡献率高达37%。2002年新加坡共有2万名研发人员，其中外来人才就占78%。目前，新加坡人力部已在海外设立9个“联系新加坡”机构，负责吸引和引进海外专业人才。

5.3.6 德国促进中小企业发展的环境建设①

德国中小企业总数达380万家，占德国企业总数的98%以上，生产的产品占德国市场份额的70%～90%，提供了近80%的就业岗位，纳税总额占全国税额的70%，创造的价值占GDP总额的75%。

经过几十年的努力，德国政府制定了一系列关于中小企业的法律法规和扶持政策，逐步形成了由政府部门、半官方服务机构、各类商会协会、社会服务中介共同组成的社会化服务体系，为中小企业发展提供了良好的外部环境。德国各级政府部门都设有专门负责中小企业的机构，其主要任务是为中小企业提供国内外市场信息和政治动态信息，组织中小企业参加国内外各种博览会和交易会，负责制订各项贷款计划，为国际技术转让提供低息贷款等。非政府性质的各类促进机构，如德国工业协会、工商会，其主要任务是为企业提供咨询服务，协助政府监督各项计划的实行，代表中小企业与政府有关部门对话等。各类银行则不仅直接向中小企业提供各种贷款，还向企业提供各种信息咨询服务。在德国，只要是法律明确了中小企业的地位作用和支持的要求后，社会各界都以服务中小企业为己任，全力支持并促进中小企业健康发展。

德国有147个孵化器和创业中心，8000多个成功创业的企业来自创业中心，共提供了9万多个就业岗位。此外，全国有150多个商会、协会，围绕中小企业的需求，在法律事务、评估、会计、审计、公证、招标、人才市场、人员培训、企业咨询等方面为中小企业提供全面服务，其中，商会和协会对中小企业的发展起着至关重要的作用，从企业成立、成长到成熟都一直持续不断地给予扶持。

① 刘淑菊．德国促进中小企业发展的举措及其对我国的启示［J］．中国工商管理研究，2013（7）：74－76

学校、科研机构与企业紧密合作，形成了德国特色的校企合作模式，极大地提高了企业的创新能力。亚琛工业大学是德国领先的应用科技大学，也是欧洲最大的技术导向型大学，它与当地企业保持着长期合作关系，学校把优秀的科研人才送到企业中进行项目研究，企业员工可以直接注册进入学校学习深造。该校有德国最大的跨学科研究中心，有19个研究群，分别涉足不同的经济领域。柏林大学设有市场开拓咨询中心，帮助企业进入市场做咨询调研、项目管理服务，大学教授同时是该中心的成员。

资金方面，德国联邦教研部计划在2013～2019年间投入5亿欧元，支持东西部研发创新合作。德国政府每年将扶持中小企业发展的资金列入年度预算，联邦会议直接讨论审查通过后，由相关部门负责组织实施。政府通常不会直接向中小企业提供财政补贴，而是通过各类金融机构向中小企业提供融资渠道和融资服务来扶持促进其发展。同时政府还出资建立信用保证协会，为中小企业向银行贷款提供信用担保。政府还针对中小企业发展的不同阶段建立了多层次的融资体系，如在创业阶段，对中小企业实施税收减免和适当的财政支持，并由政府牵头联手银行成立非营利性的中小企业风险投资公司；在发展阶段，以间接融资为主，成立政策性的中小银行，专门为中小企业发展提供资金，并为担保机构提供再担保，引导扶持担保机构和再担保机构的发展，扩大中小企业融资范围，发展企业间的互助合作担保贷款制度；在成熟阶段，鼓励中小企业以市场化融资为主，尤其是资本市场直接融资，包括发行股票、企业债券等。

人才培养方面，德国的双轨制职业教育制度培养了高素质的专业技术人才。德国大约有60%的青少年通过双轨制模式接受职业教育培训，学生在学校学习理论的同时也在企业接受相应的技能培训，保证学生在毕业时就已具备相应的技术水平和职业素养。此外，德国政府一方面为培养高技能人才提供健全的法律制度保障，强制企业与学校一起承担职业教育的责任；另一方面也制定相关政策鼓励企业积极参与其中，例如企业的职业教育经费可以计入生产成本等。政府还在各州设有跨行业的培训中心，为企业培养各类专门人才以提高中小企业科研、技术开发和技术革新的能力，促进中小企业的技术创新和技术改进。

此外，欧盟也于2011年3月公布“欧洲2020战略”，计划投入750亿欧元用于新兴产业研发，提出要把欧盟变成“最具活力和竞争力的知识经济体”，把欧洲变成“更能吸引世界顶尖人才的欧洲”。

综合以上国家或地区科技创新人才的环境建设，主要有以下几个特点：①政府对依靠科技创新和科技人才强国高度重视，并制定科技发展和科技人才培养的长远计划；②政府在科技教育、培训和基础研究方面大量投入；③确立以市场需求为出发点的产、学、研密切合作的研发体制，并对研发项目给予资金和税收优惠等方面的支持；④以科研条件、生活待遇、人文自然环境等吸引国外优秀科技人才；⑤通过科技园区、孵化器、风险投资等为基础和手段，支持科技成果商品化和创办高科技企业；⑥社会环境方面，在工作职位、项目申请、经费支持等各方面提供人人平等的竞争机会，建设能够让真正有能力、有创新意识的科技创新人才脱颖而出的环境；⑦在组织内部，形成公平、公正的科技创新人才选拔、使用、晋升和利益分配的机制；⑧在生活上，提供能够体面生活，同时对未来又有良好预期的收入水平，生活上没有后顾之忧的环境；⑨在工作中，提供个人价值得到充分的承认和尊重，个人才能得到应有的发挥和赞赏，个人的贡献不会被忽略并得到合理回报的工作环境；⑩提供一个能够让科研人员专心于自己所喜欢的研究事业、没有过分心理压力和工作压力以及太多因素干扰的、心情舒畅、气氛宽松、管理灵活的科研环境。

5.4　江苏省创新创业人才引进培养政策措施建议

科技人才的创新能力决定了一个国家或地区最核心的竞争力，而人才竞争主要是人才政策和体制机制的竞争。政府作为一个国家或地区职能的主要体现者和执行者，是国家或区域创新体系中的核心要素之一。从发达国家对创新型人才培养与开发的政策措施和经验来看，政府在整个创新活动过程中无疑起到了重要的主导和支持作用：各国政府均加大研发经费的投入，重视产学研合作与科技成果转化，推出一系列引导支持创新的政策，培育鼓励创新的社会风气，在创新体系建设中显示出了各自鲜明的特色与作用。

我国现在仍处于快速的追赶阶段，但增长已开始放缓。历史经验表明，紧跟在快速追赶阶段之后的是一个慢得多的发展阶段，此时需要更高的创新水平才能达到技术前沿，政策干预也更为复杂，能够达到的增长水平也相对低得多。因此，创建一个可行的、可持续的创新系统将是我们面临的最大挑战，除了各级政府部门要逐步转变职能，构建服务型政府，继续为各类人才的创新创业提供良好的融资环境、制度环境、法治环境，培育鼓励创新、倡导创新的社会环境以外，还要加大力度促进本土企业提高知识吸收能力、进而提升创新能力；此外还应当从人才培养的根本上，也即高等教育，甚至更为基础的义务教育阶段转变人才培养观念，改善人才培养体系，改变创新人才培养不足的整体局面。从而着力创造一个开放、公平、透明、鼓励创新、有利于创新型人才成长的社会环境。

5.4.1 提供创新行为机会和资源

政府应继续大力引导建立各类合作平台、促进各类合作活动的开展，如科学园、大学科技园、孵化器、技术合作中心等。合作网络是创新系统的重要组成部分，从政策角度看，其目的在于加强企业与企业之间及企业与研究机构之间的联系。使资源有限的小企业可以因此获取企业或科研机构的力量。科技园可以为创办新企业提供培训与咨询、企业管理、融资、知识产权保护、法律等方面的服务，还可以在中小企业生命周期中的不同成长阶段为其提供支持与建议，上述活动并没有直接给予经费支持，但对于促进合作组织间的交流、促进企业的创造性研究、帮助企业成长并实现国际化无疑具有实质意义的帮助。

资金扶持方面，除政府部门直接设立各类扶持创新、引进和培养创新人才的专项资金外，还应引进成熟的风险投资机构等创新创业融资渠道。国内的风险投资体系在过去的十几年里发展迅速，但仍存在重大缺陷，导致在创业阶段的初始投资不足且不稳定。对比中外的孵化模式，在优选项目方面，发达国家相关专业机构显然具有更强的商业洞察力和更加丰富的经验，它们更加注重对于具有创新性的商业项目初期的孵化，如果认为项目可行就会投资并帮助建立渠道，而国内通常会先观察项目的运作情况再做投资决定，因而那些具有较好市场前景的项目往往在早期无法获得适时的融资机会。专业机构的引进有助于缓解这些问题。

最终目标是建立以市场为主导、企业为主体、大学和科研机构为支撑、中介服务机构为纽带的区域创新体系，为江苏省进一步建设和完善区域创新体系奠定坚实的物质和体制机制基础。

5.4.2 促进创新型产业集群的形成

江苏省的产业集群主要包括两类：一类是外资带动型，是江苏省产业集聚中发展最快的类型，集群的创新更多地依赖于国际技术转移；另一类是自发成长型，它们一般依托历史较为悠久的传统产业或本地优势资源，逐渐形成专业化分工与协作的格局，演进为具有整合优势的产业集群。对于前者而言，我们应当鼓励那些已经与跨国公司开展合作并获得益处的供应企业与更多的客户实施互动，以实现由技术转移向知识消化、积累乃至创新的转变。后者目前则正处于结构优化、产业升级的关键时期。

成功的创新系统常常与成功的产业集群相伴而居，而具有创新性的产业集群往往是企业间自发形成而并非是在政府的行政主导下形成的。尽管如此，产业集群的发展离不开政策及制度环境的支撑，创新型产业集群的发展还需要政府的适当引导。尤其要扶持重点骨干或核心企业开展自主创新，这样才能吸引产业链上的关联企业、研发和服务机构产生集聚，通过分工合作和协同创新，使企业不断走向“高端”，形成具有国际竞争力的特色优势产业。而以核心企业为主导的产业集成创新势必需要系统内的各主体与要素之间的互动。因此，要提高内生型产业集群的创新能力，不仅需要实现技术方面的创新，同时也需要设施设备、人力资源、管理等方面资源的匹配；还要增加集群与外部机构之间的交流与合作，不断地获取新的知识来源、提高知识水平。

制度对任何形式的生产方式都极为重要，产业集群的发展尤其是处在转型升级时期的发展更加需要制度先行。近年来，江苏省产业集群（尤其是创新型产业集群）虽然得到了长足发展，但总的来看，法律、制度及相关服务业整体环境还不完善：政府职能转变滞后，公共服务不够；行业协会等非政府组织发育缓慢；知识产权保护乏力，产权信用环境较差；金融担保机构、教育机构和中介服务机构不足等均为阻碍创新产业集群发展的诸多因素。因此政府提供信息咨询服务、建立多层次的公共信息平台、打破行政区划以利于生产要素大范围流动和聚集、加强知识产权保护，引导服务咨询企业、行业协会等中介服务机构融入产业集群发展，同时根据产业区行业特点鼓励创办劳动力教育培训机构，促进和完善担保体系建设等各方面协调发展。

5.4.3 加强创新型人才培养

教育政策作为技术竞争力与产业发展的基本条件，其重要性已得到公认，而教育政策也不能脱离产业政策，它们属于一个不可分割的系统。在改进人力资本质量方面，政府的作用至关重要。例如，新加坡国家创新系统构建的特色之一便是持续地强调增强提供能吸收和消化新技术的人力资源的能力，政府在推动与工业化相关的劳动力发展过程中起到了至关重要的作用。各级教育的发展也已经成为新加坡政府全年公共开支的优先关注焦点，并且随着时间的推移，相对的重点也在不断地发生变化：在国家独立（1965 年）的早期就建立职业技术培训机构来培训产业工人的操作技能；20 世纪 70 年代中期至 80 年代中期，这一注意力转移到通过综合技术教育的快速扩张以及通过专门的技术培训项目来培养更先进的技术人员和工程师上；20 世纪 80 年代末，重点又一次转移到了增加技术性大学的学生人数上。20 世纪 80 年代，全球的跨国公司、新加坡的高技术公司、新加坡的高等教育部门扩展的研发部门的研发活动增加，公立研究机构聚焦长期战略研究活动也增加，并于 21 世纪早期得到加速，这些都进一步加快了新加坡科研人力资源开发的步伐和范围。

因此，在创新型人才的培养模式上，首先要转变教育理念，引导学生主动学习和思考而非被动地接受灌输的知识，强调教师与学生平等的地位；在培养体系方面，不仅要注重知识体系的完整，更要建立完善的实践体系。一些发达国家以实践教学为核心，构建了从国家、学校到企业的一套完整体系。很多工科高校都与企业界有着密切的联系，通过“政府—企业—高校”之间的良性互动，帮助学生夯实科研创新能力。例如，美国在高等工程教育领域所构造的实践体系，包括进行跨学科的工程教育；工程教育一体化、系统化，各级教育（从中小学教育至本科、硕士、博士、博士后以及各级的继续教育）通盘考虑，对实践的时数给以充分保证，课程计划中实践环节比例均在 30% 以上。我国应借鉴发达国家的创新人才培养模式，结合我国的实际，努力构建教学、科研与生产实践一体化体系。具体措施包括：可以在有条件的高校开设创新、创业课程，培养学生掌握有助于创新的科学方法；在大学的教育系统中注入企业家精神的维度；通过制定地方性法规鼓励企业参与和支持大学生实践环节的培养过程；鼓励企业加强员工培训和管理类人才的系统培养；大力支持高职院校的发展，为企业与高职院校联合培养技能型人才提供政策支持；等等，通过上述做法以有计划地推进区域教育体系建设，为区域创新提供源源不断的人才支持。

在创新型人才培养过程中减少行政干预。中国社会科学院人事教育局局长潘晨光指出，在我国，学术行政化以及外部各种干扰严重影响了科技创新人才潜心研究，而且科研机构和科研人员的评价标准和导向存在偏差，高校学术活动浮躁，难以形成鼓励科研人才专心从事科研工作的学术环境，以致难以产生高水平的创新成果。一项调查表明，受访的科技工作人员中，半数以上的人每天直接用于科研工作的时间不足工作时间的一半，行政事务等科研活动之外的工作占据了大半的工作时间。除此之外，政府对高校人才培养体制的干涉也有碍于创新人才的培养。因此，减少政府对上述领域的行政干预，真正使科技人员全身心投入科学研究和技术开发，使高校独立自主地发挥人才培养主体的作用，是创新型人才培养不可或缺的环境保障。

5.4.4 推进政府平台建设，促进各类创新参与主体的合作

一方面，科学—产业关系是绝大部分创新性网络和集群的核心。科学家和工程师之间的交流、公共研究机构分离出的创业企业、大学的许可和专利、合同研究、研究人员的流动、公共—私人的合作研究、培训和教育合作等均提供了科学界与产业界交流的机会。企业是一个创新系统（System of Innovation，SI）中最主要的创新主体，企业的知识吸收能力是企业将外部知识进行评价、消化和商业化运用的能力，是企业的基本学习过程，是企业具有创新能力的关键要素；同时也只有那些有吸收能力的企业才能真正介入到公共研究机构的基础研究中去，企业只有在本身拥有大量知识的前提下，才能理解、评估、融合与使用外部环境中的知识。

另一方面，企业间的交互式学习是创新系统的微观基础之一（Lundvall，1992；1988）。创新依赖于交互式学习，在可以预见的将来，国内各类企业之间（包括外资企业与国有企业、民营企业之间以及大型企业与中小型企业之间）的相互依赖将不断增加。同时有研究指出，产业集群内的企业可以利用附近的重要知识资源更快地进行创新活动，而集群中的隐性知识对企业技术创新和竞争优势的价值要高于显性知识。隐性知识溢出的主要渠道是人际接触、交流和人员的流动，企业的知识吸收能力则是由知识分享和组织内部的沟通能力决定的。综上所述，企业技术积累与消化能力的一个主要内在决定因素就是人力资本，人员培训的质量与产业利用现有研发技能或其他技术努力的能力相当重要。

目前，我国科技人力资源总量虽居世界第一位，研究开发人员总量为190万人，居世界第二位，但科技人才集中于大中城市，主要在科研院所以及教育卫生等公共服务行业，而农村、企业和基层一线人才匮乏，经济领域科技人才缺乏。发达国家的企业中拥有人才量一般达到70%左右，美国从事科研开发的科学家、工程师有80%在企业，英国有61%在企业。与之相比，我国企业没有成为培养创新人才的主体，目前我国企业中的专业技术人员的比例仅占40%左右。因此，政府应充分提供各类企业之间以及企业与高校、科研机构之间交流的平台，支持各类组织中专家、专业技术人员、市场一线人员之间的接触与交流，为企业提升知识吸收能力和创新能力提供便利条件。

此外，咨询服务被普遍认为对创新过程具有重要的作用。因此，鼓励知

识密集型服务业的发展也应是创新政策的导向之一。近几年，国家、省级政府层面已出台对于现代服务业的战略导向性政策，并给予税收等优惠；接下来，如何在实际中切实引导生产性企业与服务性企业之间以及企业与高校、科研机构之间开展包括技术项目合作、管理项目咨询、人才合作培养等全方位的深入交流与合作，也是政府相关部门工作努力的方向之一。

5.4.5 发展财政、税收政策的引导，鼓励中小企业自主创新

目前，国内大部分本土企业并没有把创新提升到公司战略的中心地位，对创新的科学投入的需求非常有限。此外，与接近市场的应用研究或单纯的技术开发相比，竞争前研究的概念与公共—私人合作的概念一样，还没有被创新体系中的许多角色很好地理解。这一方面需要对参与各方尤其是企业家进行教育和引导；另一方面需要政府通过各种直接或间接的手段鼓励中小企业开展自主创新，鼓励企业利用各种形式深化、强化员工培训，提升创新能力。

发达国家对中小企业技术创新的政策支持，通常包括政府投入、税收优惠、政府采购、贷款担保等多种方式。这些政策通过影响企业的员工培训决策、投资决策、促进产学研相结合，对企业开展研发活动产生了积极的作用。

发达国家对科技研发投入的重视有目共睹；此外，各国普遍重视税收政策对促进企业技术创新的积极效应。在美国，税收抵免补贴、加速折旧或特殊税收激励等财政政策取得了很好的效果。奥巴马总统提议将研究与试验税收减免提高约20%，以鼓励企业以不触犯公司利润的方式投资于美国的技术发展；并在2010年9月签署了《小企业就业法案》，提供了1项超过140亿美元的经由小企业管理局担保的贷款支持。此外，《平价医疗法案》使美国民众不必放弃医疗保险便可创立和加入新企业，为创业扫除了障碍。在英国，所有研发投入在1万英镑以上的企业均可享受研发税收减免政策。2009～2010年，英国企业研发投入减免税收总额超过10亿英镑。当前，为进一步提高研发税收优惠政策的实施效率，英国财政部进一步简化小企业行动方案的预审批程序；推广“线上”税收抵免，以鼓励规模较大企业的研发活动。此外，为支持对新设备的投资，英国政府自2011年4月起将工厂和机械的短期资产免税额制度从4年延长为8年。2011年，英国政府还宣布了一项7500万英镑的定向支持计划，旨在帮助规模较小企业的雇主参加“高级学徒计划”。为确保中小企业的创新能力，德国政府接连出台了“企业技术创新风险分担计划”、“企业研究开发人员促进计划”等；此外，还采取了有利于中小

企业的专利政策，简化了企业申请扶持基金的行政手续。在日本，税收优惠一直是政府刺激企业技术创新重要的政策工具，对重大技术研发设备、引进国外技术、产学研合作研发活动等均实施了税收优惠政策。在韩国，员工人数在1000名以上的企业有义务为员工提供员工培训或支付培训税（OECD，1996）。

在促进产学研结合的政策方面，英国政府在2012年之前资助了9所新的以大学为基础的创新型制造业中心，并资助了1项新的制造业奖学金计划，以在企业和研究基地之间建立起联系。德国在加强科技界与产业界的联合方面成效显著。日本政府设立了专门的行政机构，如通产省的工业技术院，其职能是“综合性地推进从研究开发新技术种子到实现产业化、普及乃至流通的全部措施”；同时，日本政府先后颁布了《科学技术大纲》、《科学技术基本法》、《大学技术转移法》、《产业技术强化法案》等法规以加强对技术创新的支持。

公共财政支持企业发展，其合理定位应为“雪中送炭”而非“锦上添花”，并主要采取间接的调控引导方式，而非直接资助和投入。目前国内鼓励创新的财政及税收政策呈现显著的不均衡。为提高公共财政资源使用的有效性，一方面，财政优先扶持的对象应是那些符合宏观政策导向、技术水平高、市场前景好、对行业带动性强但自身实力不足的企业。另一方面，应当逐步转向以间接扶持手段为主，通过税收优惠、贴息、信用担保、以奖代补、财政补贴、政府采购、规范涉企收费、加强服务等手段引导和鼓励企业开展自主创新，为企业投资培训提供激励机制，以帮助企业改进目前在培训以及职业培训上投入的不足，最终起到积极的杠杆作用，带动更多资源及民间资本流入创新领域。

5.4.6 加强法治环境和信用环境建设，为创新提供法律保障

在我国，造成产品低价恶性竞争和企业创新动力不足的原因很多，但其中与知识产权保护乏力有直接关系。考察发达国家的历史，对知识产权的保护在促进自主创新中扮演了重要的角色。当一个社会中人们可以通过侵犯别人的权益而得到收益的时候，它也就失去了自主创新的动力。所以鼓励创新，首先要做的应当是建立起对包括知识产权在内的一切财产权进行保护的制度并切实执行，当这样基础性的制度建设实现之后，对自主创新才会有更大的推动力，科学技术和经济发展才会有质的飞跃，社会也将更加和谐。因此，完善相关法律制度，建立健全市场规则，加强社会信用环境、法治环境建设，

提高对专利技术保护的力度是激励企业及科技人员创新的一个重要环节。

5.4.7 在全社会培育鼓励创新创业，容忍失败的社会氛围

营造创新文化能够增强区域创新能力。创新文化的发展能够孕育构建有利于人才发展的体制机制，有利于人才发展体制机制的构建能够促进和保障创新文化的发展。在这方面，我国传统文化不具优势。早在“甲午战争”结束后的1895年，近代启蒙思想家严复先生就曾犀利地指出“中国较之于西方落后的原因不在于器物层面而在于价值观和制度层面”，在其《论世变之亟》一文中对中西方文化和价值观体系进行了对比，传统文化强调趋同而不鼓励特立独行、过多强调传承而忽视新知、强调尊师重道崇尚权威、提倡安贫乐道不鼓励冒险、国民封闭保守的心理、顾虑他人褒贬不尊重自我感受等均不利于个体独立性和开放、创新思维的形成。因此，培育国民的创新精神将是一个长期的过程。

实践中应不断通过媒体、社会文化活动等多种途径和形式大力宣传和鼓励创业创新，在全社会培育创新意识，倡导敢为人先、敢冒风险、敢于创新、勇于竞争和宽容失败的精神；在法律和制度层面大力支持和保护自主创新活动；在教育领域从培训师资开始，从学前教育阶段开始转变教育理念、更新教学方法。唯有如此，才能营造有利于创新的社会环境，大力增强全社会的创造力，建设有利于创新人才、企业家成长和有利于人尽其才的社会环境。

此外，非常重要的一点是必须在政策制定及贯彻落实过程中注重政策的协调。一个创新系统中的互补性非常重要，因此强调政策协调性的重要性，尤其在目前体制下涉及促进创新和创新人才工作的职能部门较多，因此统合各部门出台的各类扶持创新、人才引进与培养等相关政策，同时做好职能衔接、协调和信息共享，从而形成政策合力，以不断完善相关法律法规和制度体系的工作就显得尤为重要。

参考文献

[1] 盛亚，陈剑平．区域创新政策中利益相关者的量化分析［J］．科研管理，2013，34（6）：25－33

[2] 盛亚，孙津．我国区域创新政策比较——基于浙、粤、苏、京、沪5省（市）的研究［J］．科技进步与对策，2013（3）：93－96

[3] Asheim，B. T.，L. Coenen. Knowledge based and regional innovation system：Comparing Nordic clusters［J］. Research Policy，2005，34：1173－1190

[4] 邢蕊，王国红，唐丽艳．基于SD的区域产业集成创新支持体系研究[J]．科研管理，2013，34（1）：19－27

[5] 胥丽．江苏产业集群创新网络跨区域重构研究[J]．现代管理科学，2012（6）：79－82

[6] 吴先华．内生型产业集群知识创新[M]．北京：科学出版社，2011

[7] 江苏统计局．江苏构建现代产业体系的探析，2011

[8] 刘淑菊．德国促进中小企业发展的举措及其对我国的启示[J]．中国工商管理研究，2013（7）：74－76

[9] 沈诚君，相德伟．扶持中小微企业发展的财政政策研究[J]．经济研究参考，2013（40v－1）：38－42

[10] 和云，何胜锐．北京高端服务业人才队伍建设面临的困境和对策[J]．经济研究参考，2013（44G－3）：39－49，57

[11] 薛澜，柳卸林，穆荣平等译．中国创新政策研究报告[M]．北京：科学出版社，2011

[12] [瑞典] C. 埃德奎斯特，L. 赫曼主编．全球化、创新变迁与创新政策：以欧洲和亚洲10个国家地区为例[M]．北京：科学出版社，2012（10）

[13] [英] 拉杰什·纳如拉著．全球化与技术：相互依赖、创新系统与产业政策[M]．冷民，何希志译．北京：知识产权出版社，2011

[14] 谭义华．科技政策与科技管理研究[M]．北京：人民出版社，2011

[15] [德] Jens Horbach 编．可持续创新指标体系[M]．北京：机械工业出版社，2010

[16] 宋克勤．国外科技创新人才环境研究[J]．经济与管理研究，2006（1）：29－33

[17] 钱志新．产业集群的理论与实践[M]．北京：中国经济出版社，2005

[18] 于欣．发达国家创新型科技人才培养的经验借鉴[N]．组织人事报，2011－02－24

6 江苏省科技人力资源政策绩效评价研究

6.1 绪论

6.1.1 研究背景与研究意义

江苏省位于我国东部沿江沿海地区，是长三角经济区重要组成部分，全省共 13 个地级市，可分为苏南、苏中和苏北三大区域。既是我国经济大省又是科技强省，在国家“科教兴国”与“人才强国”战略下，率先提出了“科教兴省”、“人才强省”战略。江苏省“十二五”规划中明确提出把科教兴省战略提升为科教与人才强省战略，并作为经济社会发展的基础战略，坚持教育和人才优先发展，科技强省、教育强省、人才强省建设“三位一体”统筹推进，突出人才第一资源的作用。基于此，江苏省近年来出台了一系列有关科技人才引进和培养方面的政策，随着政策的落实，江苏省在科技人力资源经费投入方面，公共财政科技拨款逐年增长；在科技人力资源人力投入方面，科技人力资源总量及 R&D 人员总量增长迅猛。

尽管如此，江苏省科技人力资源政策的绩效到底如何，与全国其他兄弟省份相比孰优孰劣；在江苏省内，各地市的科技人力资源投入产出绩效方面是否存在差距和不平衡的地方，这些问题都值得我们去深入探讨。与此同时，通过文献回顾，关于区域科技人力资源政策绩效方面的系统性理论研究成果并不多。因此，本研究希望一方面能够在理论上丰富和深化科技人力资源政策绩效评价的相关研究成果，另一方面能够从实践的层面对提升江苏今后的科技人力资源政策绩效提供相关建议。

6.1.2 文献回顾

鉴于科技人力资源对于国家社会经济发展所具有的重要价值，OECD、欧盟及大部分发达国家都极为重视对科技人力资源的研究，积累了丰富的研究文献。我国有关科技人力资源的研究虽然起步较晚，但在借鉴国外研究经验的基础上，也已经在相关研究领域取得了较大的进展，涌现出一批有价值的研究成果，下面从国外和国内两个层面对已有文献进行梳理。

6.1.2.1 国外文献回顾

（1）关于科技人力资源测度的研究。

1964 年 OECD 出版的《弗拉斯卡蒂手册》将 R&D 活动作为科技活动最基本的和核心的内容，该项指标也一直是《弗拉斯卡蒂手册》对科技活动进行测度的基础。尽管 OECD 在 20 世纪 80 年代做过断断续续的努力，但对科技人力资源定量资料的研究方法、收集与分析仍然只局限于研究与开发（R&D）人员。

OECD 在 1992 年颁布的《技术创新手册》中所推荐的指标迅速被绝大多数 OECD 成员国采纳，并作为测度产业创新活动的参考，在欧共体创新调查（CIS）中得到成功运用，也在许多欧盟成员国中得以实施。1994 年颁布的《将专利数据作为科技指标》是第一本反映科技产出的手册，主要描述了如何利用专利数据作为分析和评价科技活动的一种方法。

随着各国关注的焦点越来越多地从科技活动转向技术创新活动，人们越来越强调劳动力的科技素质在当今经济社会发展中的重要作用，各国政府以及学术界迫切需要用新的手段来测量全社会的科技人力资源，而不仅仅限于 R&D 人员。欧洲委员会于 1992 年启动的人力资本与流动计划表现出类似的政策兴趣。1995 年，经济合作与发展组织、欧盟统计局联合推出了《弗拉斯卡蒂丛书：科技人力资源手册》旨在建立一个具有“国际可比性的、一般性的科技人力资源测度框架。随后进行的大量研究基本上都可以视为是对该手册的扩展、细化、深入以及在具体国家的应用。

《科技人力资源手册》将科技人力资源总量进一步分为存量和流量。根据《科技人力资源手册》，科技人力资源存量和流量都可以根据若干特征在一个国家或地区内去分成许多较小的集合。实际上，这些分类主要是从结构上测度科技人力资源，包括学历结构、专业结构、行业分布结构、职业结构、年龄结构等，主要目的是反映一国科技人力资源存量的质量与水平，在政策研究中具有重要的参考价值。

相比之下，科技人力资源的流量说明了在一个特定的期间（通常为一年），科技人力资源流进或流出存量的运动，它主要反映了一国科技人力资源的总量规模及其变动趋势。

在实际工作中，为了全面掌握科技人力资源的总体规模及其变动趋势，准确了解一国科技人力资源的质量与水平，很多国家和国际组织都制定了各具特色的测度指标体系和操作规范，并据此发布各种形式的统计测度报告，其中既包括专门的科技人力资源测度报告，也包括在科技指标的相关测度报告中包含的科技人力资源相关数据。

瑞士洛桑国际管理开发研究院自1986年起每年发表一期《世界竞争力年鉴》（简称《洛桑年鉴》），对科技人力资源相关指标的测度结果进行比较是分析评价的一个重要方面。

美国科学技术专业人员委员会为鉴别和发布可靠的科学与工程劳动力统计资料，系统地发布《科学、技术、工程、数学（STEM）劳动力数据项目》系列报告，对STEM劳动力的数量增长、就业部门分布、薪酬状况，特别是妇女、少数民族、移民的具体情况进行了系统描述和分析。其中，（STEM劳动力数据项目第五号报告：科技薪酬：趋势和详情，1995～2005）对科技人力资源的收入状况进行了动态跟踪，以测度科技人力资源是否获得足够吸引力的薪酬激励。

新西兰发布的《新西兰科技人力资源》报告体系与美国《科学与工程指标》相似。捷克发布了《科技人力资源基本指标》，主要包括科技人力资源存量、科技人力资源流量两个方面。

OECD《印度科技人力资源及高技能人才国际流动》的研究报告，估算了20世纪90年代流入和流出印度的高技能人才数量。

综上所述，科技人力资源文献反映的测度体系大体上可以归纳为以下四个主要方面：一是规模和结构测度；二是科技教育状况测度；三是就业状况的测度；四是流动状况的测度。

（2）关于科技人力资源政策的研究。

迄今为止，国内外对科技人力资源相关政策问题进行了大量研究，并对现有科技人力资源政策进行了分析和评价，提出了一系列政策观点和建议。如美国国家科技委员会的《确保21世纪强大的科技工程人力》、英国皇家化学会发表的《增加科技人力资源》报告。通常，国际上对科技人力资源政策研究涉及三个主要方面，包括战略规划与配置政策，教育与培训政策，调动、引进及移民政策。本节主要围绕这三个方面对既有研究文献予以梳理和总结。

1）战略规划和配置政策。

对科技人力资源规模与结构的测度是为了进行相应的战略规划和配置政策提供了坚实的分析基础。

在探讨科技人力资源的规模对国家和区域发展的影响方面，理查德·B.弗里曼（2005）认为，科技人力资源对保持国家全球竞争力具有战略性地位，其供应量的变化对国家经济绩效产生重要影响，但他认为美国就业市场缺乏科学工程毕业生的说法缺乏依据，兰德公司（2004）也认为没有明显的证据表明美国面临科技人力资源的短缺。在努力扩大科技人力资源规模的具体措施方面，发达国家普遍将政府加大研发经费的投入作为扩大科技人力资源的市场需求的有效手段。美国研究理事会认为美国必须开发新的劳动力市场和制订新的 R&D 政策，在既有的优势上寻找新的途径，从其他国家的科技进步中获益，政府加大 R&D 经费投入以引导和扩大科技人力资源需求。

对科技人力资源结构的研究有助于对科技人力资源的质量和水平有更深一步的了解，也是准确理解科技人力资源规模的必要基础。国际上对科技人力资源结构的研究主要关注科技人力资源的部门、区域、行业、学科分布，以及性别和民族以及年龄分布等。美国科技人员委员会曾对科技人力资源供需状况与就业部门分布状况进行分析和预测，认为科技人力资源的就业主要集中于科学、技术、工程和数学领域。性别和民族结构也是研究的一个重点。例如，韩国教育人力部为了将优秀的女学生培养成新一代科技人才，从 2005 年 9 月开始实行女性参与科学与工程学特别计划。2006 年 11 月，联合国教科文组织发布的报告《从事科学的妇女：参与不足与测度不足》中公布了全球多个国家女性研究人员的比例，女性接受科学与工程教育的状况，通过统计数据说明了研究领域存在的性别鸿沟，并进一步指出今后应该加强影响妇女从事科技工作的相关因素的研究并告诫高等教育政策和科技政策的制定者不该忽略性别问题。新西兰根据 OECD 的问卷调查研究了女性与科技职业之间的关系。OECD 专门召开“科学、工程、技术中的女性：全球劳动力战略”讨论会，深入探讨女性在科学与工程领域的就业问题。在对科技人力资源的年龄构成研究方面，很多国家都认为面临着科技人力资源年龄结构趋于老龄化的严峻挑战，主张不仅要培养更多的年轻科技人才，同时也要高度重视老龄科技人才的充分利用。韩国工业科技研究委员会主任的《韩国新科技创新体系的成就与未来》报告指出，为了加强中小企业的研发能力，韩国利用已退休的、已离开政府研究机构的一流科学家工程师建立了技术医生（咨询）体系，以便充分发挥老科学家工程师在公共研究机构的资源优势，挖掘科技人力资源潜力，完善国家创新体系。

2）教育与培训政策。

迄今为止，现有的研究成果普遍强调扩大科技人力资源规模需要重视对科技人力资源的培养与开发，而这又需要相应的教育与培训政策作为支持。在这方面，主要的政策措施包括提高科学技术教育对公众尤其是青少年的吸引力，资助和促进对科技人力资源的培养与开发完善终身教育体系以充分开发科技人力资源等。

《OECD 发展报告》指出应该采取有效措施提高青少年对科技的兴趣。美国国家研究委员会委托麻省理工学院 Rosenblith 等开展研究，出版了《从国际视角看科技职业》一书，主要从国际视角纵向分析了科技职业的发展趋势、职业选择的因素、利用关键干预政策提高和维持人们对科技职业的兴趣以及国际组织对科技职业发展趋势的影响。

改善科技教育的质量必然需要政府的政策支持及大量的资金投入。《科学——无尽的边疆》报告的一个重要观点就是政府应资助贫困学生，保障其受教育的权利。印度也实施了“青年科学家计划”，加强青年人与科学界的交流互动，通过在一些选定的非营利机构设立奖学金，鼓励年轻人参与国家的科技发展计划。

3）调动、引进及移民政策。

国际组织一直都高度重视科技人力资源的国际流动问题。大量文献表明，科技人力资源的流动能够从整体上带来净的收益。亚太经合组织（APEC）发布了《释放创新与人力资本潜能》的报告，认为在亚太经合组织内高技能劳动力流动日益频繁，促进了经济的交流与合作。OECD 的《创新体系研究》报告深入调查了人才国际流动状况，并从正反两方面具体分析了人才国际流动对接收国与派出国带来的影响。

很多国家都对本国的科技人才流失密切关注，并提出了有关应对措施。联合国教科文组织曾专门发布研讨会报告《人才流失还是人才获得》讨论“人才流失”的问题，分析了一些国家人才流失与回流的现状和趋势。印度对其本国人才的大量外流则表现出一种积极和乐观的态度。印度拉菲克·多塞尼在《印度的高科技发展和风险资本的方式》一文中分析了印度政府鼓励人才自由流动，支持人才出国发展、回国服务的政策取向。这里关键的问题是人才输出国要力图使这种科技人力资源的国际流动对本国的长远影响利大于弊，否则弊大于利就不宜盲目乐观。

6.1.2.2 国内文献回顾

我国系统的科技指标研究工作始于 20 世纪 80 年代中期，并逐步建立了包括科技人力资源在内的科技指标体系。从 1991 年开始，我国开始正式出版

《中国科学技术指标》报告。近几年我国科技人力资源的研究也取得了一定进展，不少研究机构和高校的研究人员在借鉴和学习 OECD 研究成果的基础上开展了相关的研究工作。本节将重点关注我国对科技人力资源研究的现状肯定已取得的进展，并指出尚存在的不足，明确今后的研究方向并为其提供理论上的支撑。

(1) 关于科技人力资源测度的研究。

《中国科学技术指标》(2004) 提出科技人力资源是指“实际从事或有潜力从事系统性科学和技术知识的产生、发展、传播和应用活动的人力资源”。有些学者则分别提出了不同的概念和定义。杨宏进（2005）认为通常所说的科技人力资源是指实际从事或有潜力从事研究与发展、科技成果转化与应用、科技服务这三类科技活动的人。徐治立（2001）认为，科技人力资源是对具有一定研究能力和专门技术能力，能够参与科技活动、促进科技发展的人们的总称，通常叫科学技术人员或科技人员，属于人力资源中质量较高的一部分。这一概念主要是从工作能力的角度提出的，但对科技的范围并没有严格限定。

在研究方法方面，我国目前的研究中，定性研究和简单的定量研究较为普遍。定性研究往往是用来描述当前的科技人力资源现状，指出与发达国家存在的差距等，从研究的深度来讲显然存在不足。也有不少定量研究的文章基于客观数据上提供了对我国科技人力资源的更为精确的理解。杨宏进(2005) 用科技统计资料将我国科技人力资源，R&D 人力资源的基本情况从总体规模、活动类型、执行部门、学科与行业的分布、人员素质、工作条件以及产出等各方面进行分析，并与国外的相应指标进行对比，找出存在的差距，并提出相应的建议。

此外，在我国的人力资源或人才研究方面的文献中也介绍或应用了定量研究方法。佘仲华（2005）介绍了我国人才战略规划中采用的较为成熟的规划、预测方法。定量的方法有趋势外推法、回归分析法、生长曲线法、时间序列外推法、指数多项式法、规划任务推算法、状态转移矩阵法、生产函数法、数学规划法、抽样调查法、数据包络分析法（DEA）、灰色模型法、模糊数学法等。其中灰色预测模型源自灰色系统理论（grey system theory），是由我国华中科技大学邓聚龙教授（1983，1985）首先提出的。《中国人才报告》(2005) 第十三章《中国人才资源开发的未来趋势》采用线性回归分析法和趋势外推法对“十一五”期间人才供给与需求的趋势进行了预测。李群(2004) 采用灰色预测模型对未来发展趋势进行了预测，并通过公式［人才效能 = 人才总量（人）/百万元 GDP］比较各个区域的人才效能发挥情况。

桂昭明（2003）也曾介绍了柯布—道格拉斯总量函数等人才—经济增长模型，对人才的经济效益进行量化研究。由于这些研究没有建立明确的科技人力资源概念，因而主要侧重于人才或者专业技术人才的测度分析，其结论的可靠性与参考价值往往会受到很大影响。

（2）关于科技人力资源政策的研究。

与国际上对科技人力资源政策研究普遍关注的几个方面相似，我国对科技人力资源政策研究也主要涉及战略规划和配置政策，教育与培训政策，调动、引进及移民政策等。此外，由于劳动力市场的不成熟以及市场机制的不健全，我国的研究中还尤其关注到了对科技人力资源的就业、激励及保障政策等。

1）战略规划和配置政策。

在科技人力资源规模方面，戴园晨、姚先国（2001）认为应该通过教育、教化、培训、技能开发、医疗投资延长人力资本使用寿命等方式将人力资源向人力资本转化，并优化配置人力资本，通过人力资源开发缓解就业供给压力。

在科技人力资源的结构方面，王通讯（2006）指出中国的人才资源结构的一个突出问题是战略领域高层次人才严重不足，制约了科技创新能力，这与不正确的人才观有关。

2）科技人力资源的教育和培训政策。

我国学者研究的主要观点和国际研究的观点基本相同，主要是通过系统分析和研究科技人力资源的教育、培养政策，提出了加大公共财政对职业教育的支持力度，完善多元化人才培育体系，提高科技人才培养规模和质量等若干政策建议。潘晨光、方虹（2004）分析了我国博士后制度产生的背景、发展历程和现状，指出了这一制度的贡献和创新、改革及发展对策。娄伟（2004）对我国科技人才培养政策进行了系统分析，特别分析了培养青年学术带头人政策，指出必须扩大优秀青年科技人才队伍，培养后备科技人才，推动科技人才队伍的可持续发展。

3）科技人力资源流动问题及政策。

国内有关科技人力资源流动方面的研究也较为丰富。不少文献研究了科技人力资源在国内的地区之间、行业之间的流动问题及其相关政策。

余仲华、王素芬（2006）认为人才流动机制不灵活也是导致人才浪费的一个重要原因。黄永军（2003）指出，由于人才流动障碍，不同地区、部门间出现人才紧缺与冗余现象并存的局面，造成了人才高消费。范晓峰（1995）和郑文力（2005）就如何构建科技人才流动机制与制度保障平台、促使我国目前科技人才的流动向规范化、有序化的方向迈进提出了政策建议。

中国是发展中国家，在全球性的技能短缺的背景下还面临着人才外流的问题。一方面，国内对科技人力资源的国际流动的研究也给予了高度重视，不少研究文献从正反两方面讨论了科技人力资源国际流动对我国带来的有利和不利的影响，并提出了相关对策和建议。郑道文（2004）分析了全球化背景下人力资本国际流动的原因和动力机制、测定及其后果和影响，提出了促使人力资本回流的政策措施。陈文义、范军（2005）从人才安全论的角度强调了科技人力资源全球流动中对我国人才安全可能带来的不利影响，应该高度重视人才安全，并持续采取政策措施降低人才流失的风险。

另一方面，有关文献就如何应对科技人力资源的国际流动提出了政策建议。刘凤仙（2005）研究了经济全球化背景下中国人才竞争的战略选择，认为中国必须加大留学生回国的政策吸引力度。曹光章（2004）分析了全球化背景下的人才跨国流动背景、总体趋势、人才流动的动机以及中国面临的形势，提出了对策建议。潘晨光、娄伟（2004）对我国的留学事业进行了回顾与展望，对有关政策进行了分析和展望。王辉耀（2005）分析了海外留学生回国发展的现状和趋势，对招才引智、回国签证、创业发展等问题进行了分析，并提出了建议。刘永志、何敬中（2004）分析了改革开放前后引进国外人才工作的情况，指出了存在的问题，并提出了政策建议。中国科学技术研究所（2005）对国际上关于人才流失和获得人才问题的政策以及存在的争论和问题进行了系统分析。孙健、纪建悦、王丹（2005）通过建立海外科技人才回归模型，对回归结果进行了分析，并提出了相关建议。

4）科技人力资源就业、激励和保障政策。

由于我国劳动力市场的不成熟以及市场机制的不完善，对于科技人力资源相应的就业、激励和保障政策也存在着相当大的欠缺，因此，国内学界对如何健全就业市场体系、完善用人激励机制和其他相关政策措施进行了重点探讨。

在对科技人力资源的使用方面，胡鞍钢（2003）指出我国今后的主要任务是如何迅速建立公平公正竞争的、可自由流动的、统一的人才市场，将这些极其丰富的人才优势转化为技术优势、市场优势和经济优势。方虹、刘春平（2004）分析了我国人才市场发展形势，指出存在的问题以及发展的基本思路。潘晨光、娄伟（2004）客观描述了当前我国人才市场环境，指出了人才市场体系不完善、人才市场信息不通畅、人才市场服务功能不健全、人才供需脱节等问题。余仲华、王素芬（2006）撰文指出目前我国用人市场上存在的人才浪费的严重现状、成因及其危害，提出了避免人才浪费的若干建议。

对科技人力资源的有效利用则必然要采取相应的激励措施，促进其充分发挥积极性和创造性。国内研究的主要观点认为，一方面应在市场机制中通过专利保护、技术入股等措施对优秀的科技人员实现有效的激励；另一方面政府也要发挥积极作用，制定各种奖励制度。龚建立、张军（2002）借鉴传统的综合激励模式，建立扩展的综合激励模式，并在综合激励模式的基础上，最终将科技人员的激励因素确定为：能力因素、产权因素、报酬因素、压力因素与权力因素。罗继荣（2005）探讨了科技人力资源可持续激励问题，认为科技人力资源开发与管理的根本制度是职称制度，要有效保证我国科技人力资源可持续开发与管理及其投资收益最大化，必须同时解决其可持续激励问题，即要进一步改革完善现行的职称（职务）职级、开发与管理模式以及工资、福利与奖罚制度等，切实构建起可持续激励机制。娄伟、李萌结合当前自主创新战略对我国科技人才创新能力的政策激励因素进行了分析。戴园晨、姚先国（2001）认为，应该明确人力资本产权，促进劳动力市场发展，将人力报酬工资化、货币化、股权化，转变政府职能，建立新型人力资源宏观管理体系，以应对全球化挑战。娄伟（2004）通过分析我国的科技人才激励政策，指出目前的问题是不够公平、存在多方面的缺失。

6.1.3 研究内容与研究方法

6.1.3.1 主要研究内容

（1）江苏省科技人力资源投入产出现状分析。

主要包括江苏省与全国其他省市科技人力资源投入与产出比较分析、江苏省各地市科技人力资源投入现状的比较分析以及江苏省各地市科技人力资源产出现状的比较分析。

（2）江苏省科技人力资源政策绩效评价指标体系的构建。

首先介绍了指标体系建立的原则，在该原则指导下，通过定性方法从以往研究文献当中选取了大量投入产出指标。然后介绍了本书选取指标的思路，并通过主成分分析和相关系数分析最终确定了江苏省科技人力资源政策绩效评价的投入产出指标体系。

（3）江苏省科技人力资源政策绩效评价的实证研究。

基于数据包络分析中的 C^2R、BC^2、超效率模型以及 Malmquist 指数从江苏省科技人力资源投入产出的效率视角，分别从综合效率、纯技术效率、规模效率三方面对江苏省 13 个地级市进行了政策绩效的相对有效性评价。根据评价结果，找出投入冗余或产出不足单元，分析原因，为相关资源优化配置提供政策依据。在此之前，也对江苏省科技人力资源政策绩效与全国其他省份进行了相对有效的评价。

(4) 江苏省科技人力资源优化配置政策建议。

结合现状分析结果并依据主要实证研究结论为江苏省科技人力资源政策的制定提供建议与参考。

6.1.3.2 研究方法

本章主要是用了两大类研究方法。在评价体系构建中，为了提取最有代表性的指标，主要采用了多元统计方法中主成分分析选择投入指标，相关系数分析法选择产出指标。在进行科技人力资源投入产出绩效评价过程中，主要采用了 DEA 模型以及基于 DEA 的 Malmquist 指数模型。

(1) 统计方法。

1) 主成分分析。

主成分分析法也称主分量分析或矩阵数据分析，是统计分析常用的一种重要的方法，在系统评价、质量管理和发展对策等许多方面都有应用。它利用数理统计方法找出系统中的主要因素和各因素之间的相互关系，由于系统的相互关系性，当出现异常情况或对系统进行分析时，抓住几个主要参数的状态就能把握系统的全局，这几个参数反映了问题的综合的指标，也就是系统的主要因素。主成分分析法是一种把系统的多个变量转化为较少的几个综合指标的统计分析方法，因而可将多变量的高维空间转化为低维的综合指标问题，能反映系统信息量最大的综合指标为第一主成分，其次为第二主成分。主成分的个数一般按需反映的全部信息的百分比来决定，几个主成分之间是互不相关的。主成分分析法的主要作用是：发现隐含于系统内部的结构，找出存在于原有各变量之间的内在联系，并简化变量；对变量样本进行分类，根据指标的得分值在指标轴空间内进行分类处理。

2) 相关系数分析。

相关分析是研究变量间密切程度的一种常用统计方法。线性相关分析研究两个变量间线性关系的程度。相关系数是描述这种线性关系程度和方向的统计量，通常用 r 表示。由于生产函数的产出通常体现为产出的集中性，受其启示：产出指标的选择应基于指标间关联度尽可能大即相关性大的原则来筛选。因而，本章在选取产出指标时利用统计学中的相关系数分析原理来确定产出指标。

（2）DEA方法。

1）CCR模型。

①C^2R 模型的基本思路。若有 n 个 DMU，每个 DMU 都有 m 种投入和 s 种产出。每个 DMU 的投入和产出向量可表示为 $X_j = (x_{1j}, x_{2j}, \cdots, x_{mj})^T$，$Y_j = (y_{1j}, y_{2j}, \cdots, y_{sj})^T$，其中 $X_j > 0$，$Y_j > 0$，$j = (1, 2, \cdots, n)$。根据 DEA 模型的基本思路，可以构造线性规划模型（6.1）：

$$(D')\begin{cases} \min\theta = V_D \\ s.t. \sum_{j=1}^{n}\lambda_j X_j \leqslant \theta X_{j0} \\ \sum_{j=1}^{n}\lambda_j Y_j \geqslant Y_{j0} \\ \lambda_j \geqslant 0,\ j = 1, 2, \cdots, n \end{cases} \tag{6.1}$$

其中，λ_j 为 n 个 DMU 权重的某种组合，$\sum_{j=1}^{n}\lambda_j X_j$ 与 $\sum_{j=1}^{n}\lambda_j Y_j$ 分别是某个 DMU 按照该权重组合的投入和产出向量，X_{j0} 和 Y_{j0} 是第 j_0 个 DMU 的投入与产出向量。式（6.1）所表达的含义是：找出 n 个 DMU 某种组合，使它的产出在不低于第 j_0 个 DMU 的产出条件下尽可能地减少投入量。引入松弛变量 $S^+ \geqslant 0$，$S^- \geqslant 0$，则以上模型可转化为：

$$(D)\begin{cases} \min\theta = V_D \\ s.t. \sum_{j=1}^{n}\lambda_j X_j + S^- = \theta X_{j0} \\ \sum_{j=1}^{n}\lambda_j Y_j - S^+ = Y_{j0} \\ \lambda_j \geqslant 0,\ j = 1, 2, \cdots, n \\ S^+ \geqslant 0,\ S^- \geqslant 0 \end{cases} \tag{6.2}$$

其中：$S^- = (s_1^-, s_2^-, \cdots, s_m^-)^T$，$S^+ = (s_1^+, s_2^+, \cdots, s_s^+)$，$S_i^-$ 和 S_r^+（$i = 1, 2, \cdots, m$；$r = 1, 2, \cdots, s$）为松弛变量。

模型（6.2）便是最为经典的 C^2R 模型，但是通过该模型来判断某个 DMU 是否有效，必须能够一次性判断 S^- 和 S^+ 同时为 0，而这对于模型（D）而言并非易事，因而在实际中经常使用的是具有非阿基米德无穷小 ε 的 C^2R 模型：

$$
(D_\varepsilon)\begin{cases}\min\left[\theta-\varepsilon\left(\hat{e}^TS^-+e^TS^+\right)\right]=V_{D_\varepsilon}\\ \text{s.t.}\ \sum_{j=1}^{n}\lambda_jX_j+S^-=\theta X_{j0}\\ \sum_{j=1}^{n}\lambda_jY_j-S^+=Y_{j0}\\ \lambda_j\geqslant 0,\ j=1,\ 2,\ \cdots,\ n\\ S^+\geqslant 0,\ S^-\geqslant 0\end{cases}\tag{6.3}
$$

其中，$\hat{e}^T=(1,\ \cdots,\ 1)_{1*m}$，$e^T=(1,\ \cdots,\ 1)_{1*s}$，分别表示元素全取 1 的 m 维和 s 维列向量。

②C^2R 模型判断 DMU 有效性。根据模型（6.2）或模型（6.3）计算结果可知最优值 $V_D\leqslant 1$，用以评价 DMU_{j0} 的综合效率值。具体包含以下三类含义：

第一，当 $V_D<1$ 时，DMU_{j0} 为 DEA 无效或称非 DEA 有效。这说明存在某个虚构的 DMU（n 个 DMU 的某种组合），其产出不低于 DMU_{j0} 的产出量 Y_{j0}，而且各项投入均小于 DMU_{j0} 的投入量 X_{j0}。

第二，当 $V_D=1$ 时，设模型最优解为：$(\lambda^*,\ S^{*-},\ S^{*+},\ \theta^*)$，若 $S^{*-}\neq 0$ 或 $S^{*+}\neq 0$，则称 DMU_{j0} 为弱 DEA 有效。

如果 $S^{*-}\neq 0$，$S^{*+}=0$，这说明可以用 λ^* 各分量为权重对 n 个 DMU 进行组合，得到一个虚构的 DMU，使得其投入小于 X_{j0}，但其各项产出却等于 Y_{j0}。

如果 $S^{*-}=0$，$S^{*+}\neq 0$，则说明可以用 λ^* 各分量为权重对 n 个 DMU 进行组合，得到一个虚构的 DMU，使得其投入等于 X_{j0}，但是其产出却高于 Y_{j0}。

第三，当 $V_D=1$ 且 $S^{*-}=S^{*+}=0$ 时，则称 DMU_{j0} 为 DEA 有效。这说明不存在虚构的 DMU 比 DMU_{j0} 更好，即若要保持 DMU_{j0} 各项产出 Y_{j0} 不减，则其投入量 X_{j0} 各分量不仅不能整体按比例减少，而且连部分投入也不能减少，就是说当前 DMU_{j0} 投入达到最优组合并取得最大产出量。

③投影定理。定义 $(\lambda^*,\ S^{*-},\ S^{*+},\ \theta^*)$ 为模型 (D_ε) 关于 DMU_{j0} 的最优解，设 $\begin{cases}\hat{X}_{j0}=\theta^*X_{j0}-S^{*-}\\ \hat{Y}_{j0}=Y_{j0}+S^{*+}\end{cases}$，则称 $(\hat{X}_{j0},\ \hat{Y}_{j0})$ 为 DMU_{j0} 在生产可能集 T_{C^2R} 的生产前沿面上的“投影”。

投影定理表明 DMU_{j0} 的投影 $(\hat{X}_{j0},\ \hat{Y}_{j0})$ 为 DEA 有效。通过投影定理，

我们可以改变原有投入或产出量，使得非 DEA 有效的决策单元变为有效的决策单元。记 $\Delta X_{j0} = X_{j0} - \hat{X}_{j0} = (1-\theta^*) X_{j0} + S^{*-}$ 为投入冗余量（输入剩余），$\Delta Y_{j0} = \hat{Y}_{j0} - Y_{j0} = S^{*+}$ 为产出不足量（输出亏空）。

2）BCC 模型。

BC^2 将 C^2R 模型的不变规模报酬假设改为报酬可变（VRS），将技术效率分解为纯技术效率和规模效率的乘积，用以衡量 DMU 的技术效率与规模效率。常见 BC^2 如式（6.4）所示：

$$(D)\begin{cases} \min\theta = V_D \\ \text{s. t. } \sum_{j=1}^{n}\lambda_j X_j + S^- = \theta X_{j0} \\ \sum_{j=1}^{n}\lambda_j Y_j - S^+ = Y_{j0} \\ \sum_{j=1}^{n}\lambda_j = 1 \\ \lambda_j \geqslant 0,\ j = 1,\ 2,\ \cdots,\ n \\ S^+ \geqslant 0,\ S^- \geqslant 0 \end{cases} \tag{6.4}$$

引入非阿基米德无穷小 ε，则可得到式（6.5）：

$$(D_\varepsilon)\begin{cases} \min\left[\theta - \varepsilon(\hat{e}^T S^- + e^T S^+)\right] = V_{D_\varepsilon} \\ \text{s. t. } \sum_{j=1}^{n}\lambda_j X_j + S^- = \theta X_{j0} \\ \sum_{j=1}^{n}\lambda_j Y_j - S^+ = Y_{j0} \\ \sum_{j=1}^{n}\lambda_j = 1 \\ \lambda_j \geqslant 0,\ j = 1,\ 2,\ \cdots,\ n \\ S^+ \geqslant 0,\ S^- \geqslant 0 \end{cases} \tag{6.5}$$

可见，若技术效率等于纯技术效率，则 DMU 的规模效率值等于 1，说明它的规模有效；若技术效率不等于纯技术效率，则规模效率值小于 1，即 DMU 规模非有效，说明该 DMU 并不处于最佳生产规模上。

对于 DMU 规模报酬情况（规模报酬不变、规模报酬递增、规模报酬递减）如何判定，通常将 BC^2 模型中的 $\sum_{j=1}^{n}\lambda_j = 1$ 改为 $\sum_{j=1}^{n}\lambda_j \leqslant 1$ 得到一个新的模型，再比较新模型计算出的技术效率值是否与原模型技术效率值相等，这种方法一般称为 DEA 的规模报酬非增模型（NIRS）。新模型如式（6.6）所示：

$$
(D')\begin{cases}\min\theta = V_D \\ s.t.\ \sum_{j=1}^{n}\lambda_j X_j + S^- = \theta X_{j0} \\ \sum_{j=1}^{n}\lambda_j Y_j - S^+ = Y_{j0} \\ \sum_{j=1}^{n}\lambda_j \leqslant 1 \\ \lambda_j \geqslant 0,\ j = 1,\ 2,\ \cdots,\ n \\ S^+ \geqslant 0,\ S^- \geqslant 0\end{cases} \tag{6.6}
$$

其对应的引入非阿基米德无穷小 ε 的新模型为式（6.7）：

$$
(D'_{\varepsilon})\begin{cases}\min\ [\theta - \varepsilon\ (\hat{e}^T S^- + e^T S^+)\ = V_{D_{\varepsilon}} \\ s.t.\ \sum_{j=1}^{n}\lambda_j X_j + S^- = \theta X_{j0} \\ \sum_{j=1}^{n}\lambda_j Y_j - S^+ = Y_{j0} \\ \sum_{j=1}^{n}\lambda_j \leqslant 1 \\ \lambda_j \geqslant 0,\ j = 1,\ 2,\ \cdots,\ n \\ S^+ \geqslant 0,\ S^- \geqslant 0\end{cases} \tag{6.7}
$$

DEA 的 NIRS 具体方法为：对于某个待评价的 DMU，若由式（6.5）和式（6.7）所计算出的效率值相等且等于由式（6.2）所计算出的效率值，则规模报酬不变；若由式（6.5）和式（6.7）所计算出的效率值相等但不等于由式（6.2）所计算出的效率值，则规模报酬递减；若由式（6.5）和式（6.7）所计算出的效率值不相等，则规模报酬递增。

3）超效率模型。

C^2R 对决策单元规模有效性和技术有效性能够同时进行评价，但使用该模型只能将 DEA 有效和 DEA 无效的 DMU 区分出来，并对 DEA 无效的决策单元按照效率值的大小进行排序，而对于同为 DEA 有效的 DMU 却无法进行排序。为此，Anderson 和 Petersen 根据 C^2R 模型的方法，提出超效率 DEA 模型，计算出的效率值范围不再局限于［0，1］这个区间，而是允许效率值超过 1。该模型所计算出的效率值对于 DEA 无效的 DMU 而言，与 C^2R 模型计算的结果是一样的；而对于 DEA 有效的 DMU 来说，所计算出的效率值将会大于 1，这样便能够对于同为 DEA 有效的 DMU 进行排序。

根据 C^2R 所得到的 SE－DEA 模型如式（6.8）所示：

$$
(D)\begin{cases} \min\theta = V_D \\ s.t.\ \sum_{\substack{j=1 \\ j\neq j_0}}^{n} \lambda_j X_j + S^- = \theta X_{j_0} \\ \sum_{\substack{j=1 \\ j\neq j_0}}^{n} \lambda_j Y_j - S^+ = Y_{j_0} \\ \lambda_j \geqslant 0,\ j=1,\ 2,\ \cdots,\ n \\ S^+ \geqslant 0,\ S^- \geqslant 0 \end{cases} \tag{6.8}
$$

4）基于 DEA 的 Malmquist 指数模型。

第一，全要素生产率。全要素生产率最早是由美国经济学家罗伯特·索罗（Robert M. Solow）提出，故又称“索罗余值”。它用以衡量“生产活动在一定时间内的效率”，表达式为：总产出/总投入。全要素生产率的增长率常常被视为科技进步的指标，来源包括技术进步、组织创新、专业化和生产创新等。产出增长率超出要素投入增长率的部分为全要素生产率或综和要素生产率增长率。

第二，Malmquist 指数。Malmquist 指数最初由瑞典经济学家 Sten Malmquist（1953）提出，Caves、Christensen 和 Diewert 于 1982 年开始将这一指数引入生产研究中，通过距离函数的比值来衡量生产效率的变化，便产生了 Malmquist 生存率指数。这在当时引起了极大的反响，但在之后很长一段时间里，有关这一理论的实证研究几乎消失殆尽。随着 DEA 理论的发展，1994 年，Fare 等人将这一理论的一种非参数线性规划法与 DEA 理论相结合，这才使得 Malmquist 指数被广泛应用于实证研究。Malmquist 指数可以将生产率分解为效率变动指数和技术变动指数，因此，可以用来衡量 TFP 的变动及增长情况。

Malmquist 生产率指数表达式为：

$$
M(x^{t+1},\ y^{t+1},\ x^t,\ y^t) = \left[\frac{D^t(x^{t+1},\ y^{t+1})}{D^t(x^t,\ y^t)} \times \frac{D^{t+1}(x^{t+1},\ y^{t+1})}{D^{t+1}(x^t,\ y^t)}\right]^{1/2} \tag{6.9}
$$

其中，$(x^t,\ y^t)$ 和 $(x^{t+1},\ y^{t+1})$ 分别表示 t 时期和 t+1 时期某个 DMU 的投入与产出向量；$D^t(x^t,\ y^t)$ 和 $D^t(x^{t+1},\ y^{t+1})$ 分别表示以 t 时期的技术为参照，t 时期和 t+1 时期该 DMU 的距离函数；$D^{t+1}(x^t,\ y^t)$ 和 $D^{t+1}(x^{t+1},\ y^{t+1})$ 分别表示以 t+1 时期的技术为参照，t 时期和 t+1 时期该 DMU 的距离函数。可以看见，Malmquist 生存率指数反映了 DMU 从 t 时期到 t+1 时期生存率变化的程度情况：若 $M>1$，表示生存率水平得到提升；若 $M=1$，表示生存率水平保持不变；若 $M<1$，表示生存率水平出现下降。

Malmquist 生产率指数可以分解为效率变动指数（Efficiency Change，EC）及技术变动指数（Technical Change，TC）两部分，因而式（6.9）又可改写为式（6.10）：

$$M(x^{t+1}, y^{t+1}, x^t, y^t) = \left[\frac{D^{t+1}(x^{t+1}, y^{t+1})}{D^t(x^t, y^t)}\right] \times \left[\frac{D^t(x^{t+1}, y^{t+1})}{D^{t+1}(x^{t+1}, y^{t+1})} \times \frac{D^t(x^t, y^t)}{D^{t+1}(x^t, y^t)}\right]^{1/2} = EC \times TC \tag{6.10}$$

第三，Malmquist 指数的 DEA 测算模型。为了对 Malmquist 指数进行分解，我们需要计算出上述四个距离函数：$D^t(x^t, y^t)$，$D^{t+1}(x^t, y^t)$、$D^t(x^{t+1}, y^{t+1})$ 和 $D^{t+1}(x^{t+1}, y^{t+1})$。每个距离函数都可以通过下面四个基于 DEA 的线性规划模型来计算，从而容易最终求得从 t 期到 t+1 期，DMU_i 的马氏 DEA 全要素生存率指数，见式（6.11）。

$$\left.\begin{array}{l}
[D^t(x^t, y^t)]\begin{cases}[D^t(x^t, y^t)]^{-1} = \max_{\phi,\lambda}\phi \\ \text{s.t. } -\phi y_{it} + Y_{t+1}\lambda \geqslant 0 \\ x_{it} - X_{t+1}\lambda \geqslant 0 \\ \lambda \geqslant 0\end{cases} \\
[D^{t+1}(x^t, y^t)]\begin{cases}[D^{t+1}(x^t, y^t)]^{-1} = \max_{\phi,\lambda}\phi \\ \text{s.t. } -\phi y_{it} + Y_{t+1}\lambda \geqslant 0 \\ x_{it} - X_{t+1}\lambda \geqslant 0 \\ \lambda \geqslant 0\end{cases} \\
[D^t(x^{t+1}, y^{t+1})]\begin{cases}[D^t(x^{t+1}, y^{t+1})]^{-1} = \max_{\phi,\lambda}\phi \\ \text{s.t. } -\phi y_{i,t+1} + Y_t\lambda \geqslant 0 \\ x_{i,t+1} - X_t\lambda \geqslant 0 \\ \lambda \geqslant 0\end{cases} \\
[D^{t+1}(x^{t+1}, y^{t+1})]\begin{cases}[D^{t+1}(x^{t+1}, y^{t+1})]^{-1} = \max_{\phi,\lambda}\phi \\ \text{s.t. } -\phi y_{i,t+1} + Y_{t+1}\lambda \geqslant 0 \\ x_{i,t+1} - X_{t+1}\lambda \geqslant 0 \\ \lambda \geqslant 0\end{cases}
\end{array}\right\} \tag{6.11}$$

其中，X 是投入向量；Y 是产出向量；ϕ 为标量，表示不变规模报酬下 DMU_i 的技术效率，满足 $0<\phi<1$；λ 是乘数向量。

6.2 江苏省科技人力资源投入与产出现状分析

6.2.1 江苏省与全国其他省市科技人力资源投入与产出比较分析

我们将江苏省置于全国范围内，与我国其他省市的科技人力资源投入与产出进行横向比较，找出自身优势与差距，为制定科技人力资源政策提供依据。

6.2.1.1 江苏省与全国其余省市科技人力资源投入的比较

本节通过R&D人员总量、R&D经费和R&D经费占GDP比重这三项指标来反映2011年江苏省与全国其余省市科技人力资源投入的比较现状。

（1）江苏省在科技人力资源人力投入方面占据优势。

2011年全国各省市R&D人员总量如图6－1所示。由图6－1可见，江苏省R&D人员总量在全国仅次于广东省，位列全国第二。说明江苏省拥有大量的科技人力资源，在科技人力资源人力投入方面占据优势。

（2）江苏省在科技人力资源财力投入方面占据优势。

2011年全国各省市R&D经费支出状况如图6－2所示。由图6－2可以看出，江苏省R&D经费支出高于全国其余省市，位列全国第一。可见，江苏省对科技人力资源的财力投入总量比其余省市有较大优势。

（3）江苏省科技人力资源投入强度相对较弱。

2011年全国各省市R&D经费占GDP比重如图6－3所示。由图6－3可知，全国各省市当中，R&D经费占GDP比重最大的为北京，江苏省排名在北京、上海和天津之后，位列第四。虽然排名仍位于全国前列，但是与北京、上海和天津有一定差距，说明江苏省科技人力资源投入强度有待提高。

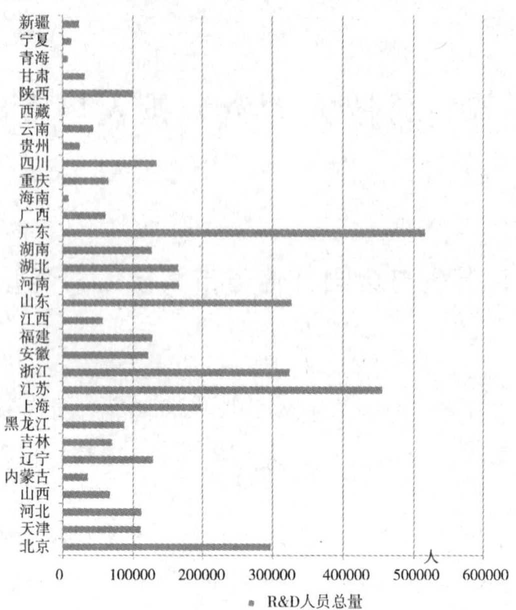

图 6-1　2011 年全国各省市 R&D 人员总量

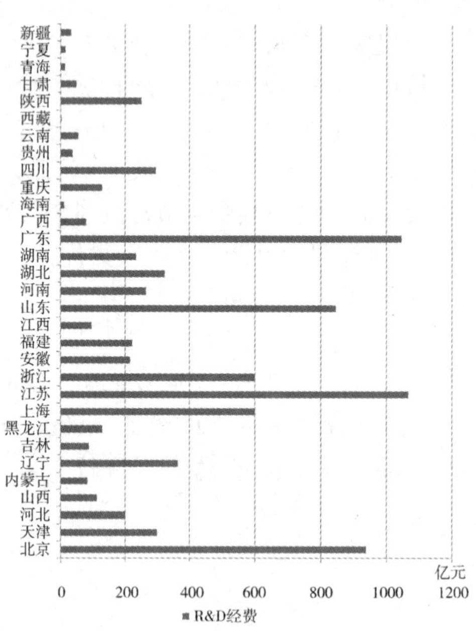

图 6-2　2011 年全国各省市 R&D 经费

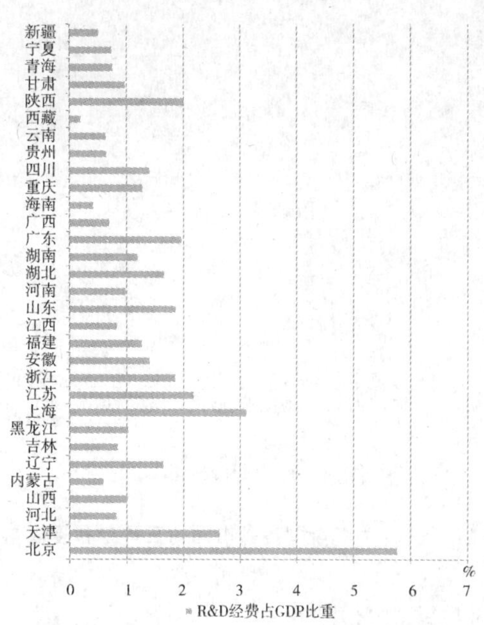

图 6－3 2011 年全国各省市 R&D 经费占 GDP 比重

综上所述，与全国其余省市相比，江苏省在科技人力资源投入方面既有优势也存在不足。它拥有大量的科技人力资源，这为科技活动提供了必要的人员保障，同时，它对科技人力资源在财力方面给予了大量投入，为科技活动提供了重要的物质基础，但是与北京等地相比，它在科技人力资源投入强度上仍有一定差距。

6.2.1.2 江苏省与全国其余省市科技人力资源产出的比较

本节将通过国内三种专利授权量、技术市场技术合同金额两项指标来分析 2011 年江苏省在全国范围内科技人力资源直接产出与间接产出现状即科技成果与科技转化的现状，并得到如下结论：

（1）江苏省科技成果显著，优势明显。

2011 年全国各省市国内三种专利授权量如图 6－4 所示。由图 6－4 可见，2011 年江苏省国内三种专利授权量明显高于其余省市指标值，在全国排名第一。

（2）科技转化能力较强，但仍需不断加强。

图 6－5 显示的是全国各省市 2011 年技术市场当中技术合同金额数量。由图 6－5 可见，江苏省技术市场技术合同金额数量较高，仅低于北京与辽宁，位列全国第三，这说明江苏省科技转化能力较强，但仍有提升空间，江

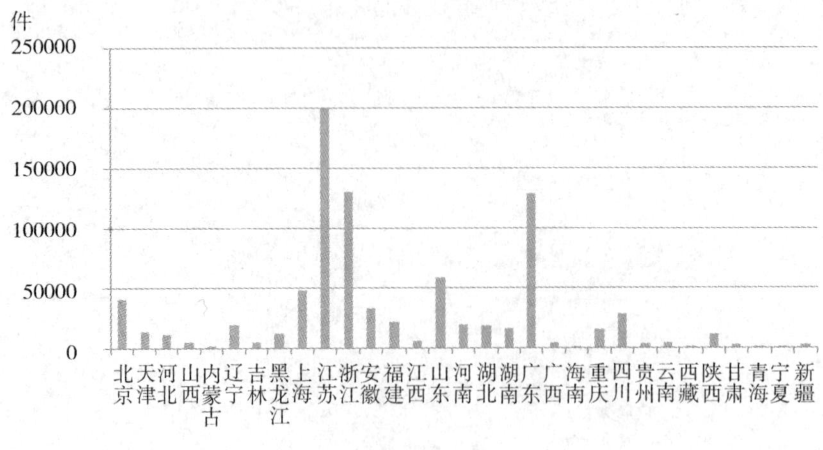

图 6－4　2011 年全国各省市国内三种专利授权量

苏省需要不断加强科技转化能力。

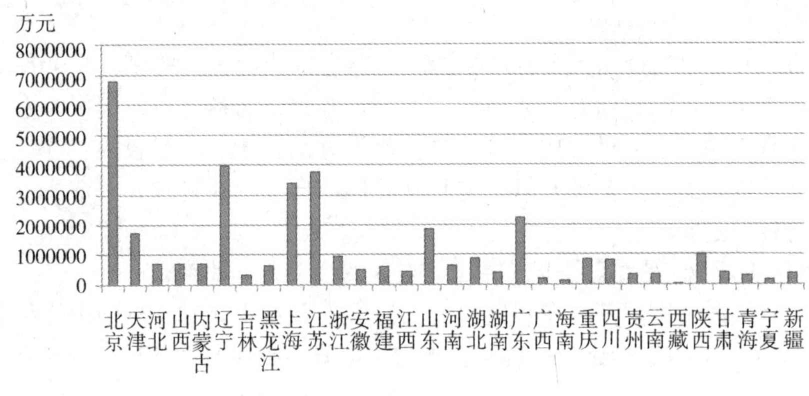

图 6－5　2011 年全国各省市技术市场技术合同金额

总之，与全国其余省市相比，江苏省在科技人力资源产出方面既有优势也存在提升空间。江苏省科技成果较为显著，但科技转化能力有待进一步加强，应不断提高江苏省科技人力资源投入产出效率。

6.2.2 江苏省各地市科技人力资源投入现状分析

区域科技人力资源的投入包括对科技人力、物力、财力和信息等方面的投入，根据数据可得性原则，我们将从科技人力资源及科技财力资源两方面投入进行探讨。

6.2.2.1 江苏省各地市科技人力资源人力投入现状

科技人力资源的数量和质量是衡量一国或区域综合竞争力和可持续发展潜力的重要指标。为了深入探讨江苏省科技人力资源数量与质量方面的现状，本节选取了全省专业技术人员数、科技活动人员数、R&D 人员数以及 R&D 人员占科技人员比重这四个指标来分析 2004～2011 年江苏省科技人力资源人力投入现状。

（1）江苏省科技人力资源数量现状。

全省专业技术人员数、科技活动人员数和 R&D 人员数体现了一个国家或区域的各类科技人力资源在数量方面的投入情况，反映了科技人力投入的规模，它们是进行科技活动的基础，是推动社会经济发展的主要动力。

由图 6－6 可知，从总体来看，2004～2011 年 R&D 人员、科技活动人员和专业技术人员持续增长，其中 R&D 人员和科技活动人员数量增长较为平稳，而专业技术人员数量在 2010 年呈现较大波动，这是由于统计口径发生改变引起的。由此可知，正是由于江苏省不断加强科技人力资源队伍建设，努力营造培养、开发、吸引人才的良好环境，全省科技人力资源规模及其素质得以高速增长。截至 2011 年底，全省共有专业技术人员 860 万人，比上年增长了 6.17%。全省从事科技活动人员 81.62 万人，其中 R&D 人员 45.51 万人，占科技活动人员 55.76%。

（2）江苏省各地市科技人力资源质量现状。

科技活动人员数量的多少反映了一个国家或区域科技人力资源含量的多少，而 R&D 人员是科技活动人员中最为核心的群体，直接体现了一国或区域创新能力的高低。因此，本节从 R&D 人员占科技活动人员比重这项指标对江苏省科技人力资源的质量方面进行分析。

由图 6－7 可知，2004～2011 年苏南五市 R&D 人员占科技活动人员的比重总体呈现出增长趋势。南京、无锡、常州、苏州及镇江的变化幅度分别为 16.53%、26.44%、29.69%、26.03% 和 24.20%，可见常州变化幅度最大，接近 30%。虽然南京的极差最小，但由于 R&D 所占比重原本基数较大，因此在这八年内南京仍有三年在该项指标上位于苏南五市之首，而无锡在该项

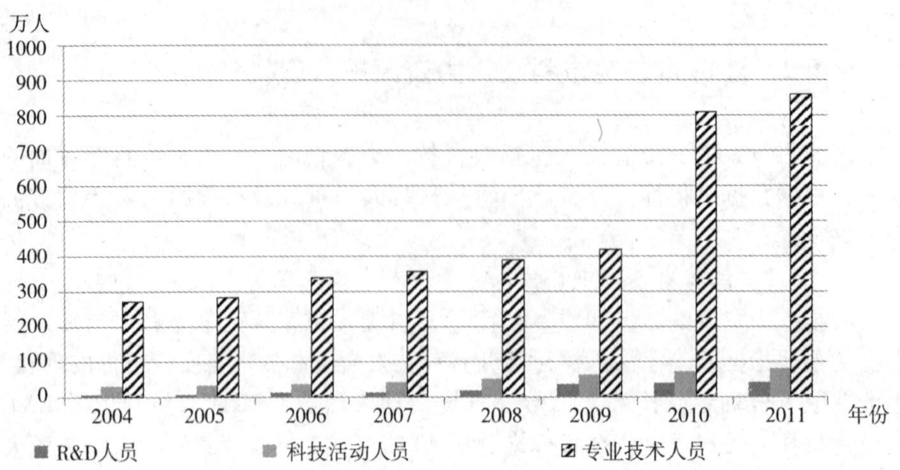

图 6－6　2004～2011 年江苏省科技人力投入规模

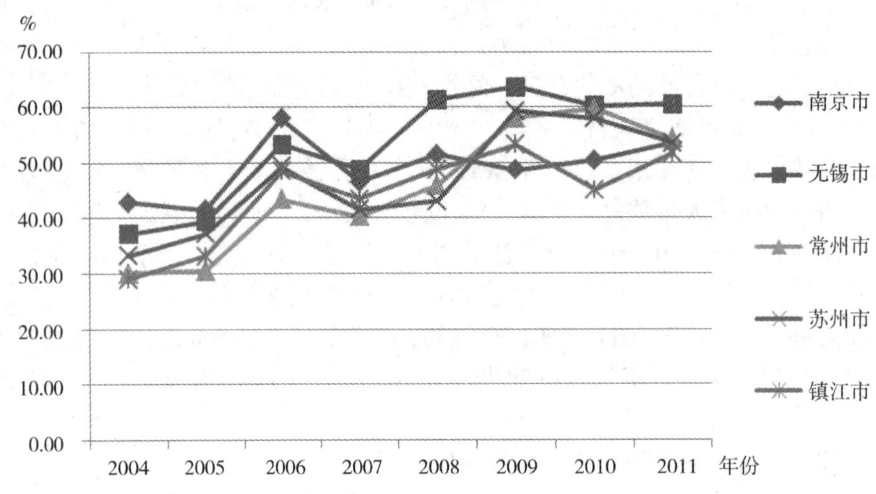

图 6－7　2004～2011 年苏南五市 R&D 人员占科技活动人员比重

指标上则占据了另外五年的冠军地位。2005 年除南京有小幅下降之外，其余四市均小幅增长；2006 年和 2007 年苏南五市指标值出现两次较大波动，即 2006 年出现大幅增长，增长幅度均超过 10%，2007 年开始大幅度下降；2008 年各市 R&D 人员占科技活动人员比重均有不同程度提升，其中无锡增长速度较快；2008 年之后，各市变化趋势变得较为无序，到 2011 年底，除无锡指标比重稍高，其余四市指标值已相当接近，说明 R&D 人员结构得到优化，地区差异变小。综上所述，2004～2011年，总体变化呈增长态势。其中苏南五市在2004～2008年期间变化趋势较为一致，但2008年之后，指标值的变化开始出现无序状态，但到2011年底指标值又趋于一致。

由图6－8可见，2004～2011年苏中三市R&D人员占科技活动人员比重总体变化趋势较为一致，都呈现上升态势，且变化幅度均超过20%，说明苏中三市这八年来该项指标值增长迅速。2004～2006年苏中三市严格递增，且迅速增长、波动较大；2006年之后，三市指标值出现不同程度下降，其中扬州市下降幅度较小；2007年，扬州市R&D所占比重持续下降，而南通市和泰州市均有所上升；从2008年起，苏中三市指标值逐渐接近，差距逐渐减小。总的来说，苏中三市2004～2006年期间以及2008～2011年期间指标值较为接近，而2006～2008年变化趋势较不一致且指标值差距较大，说明这段时间苏中三市R&D人员结构配置出现较大差异。

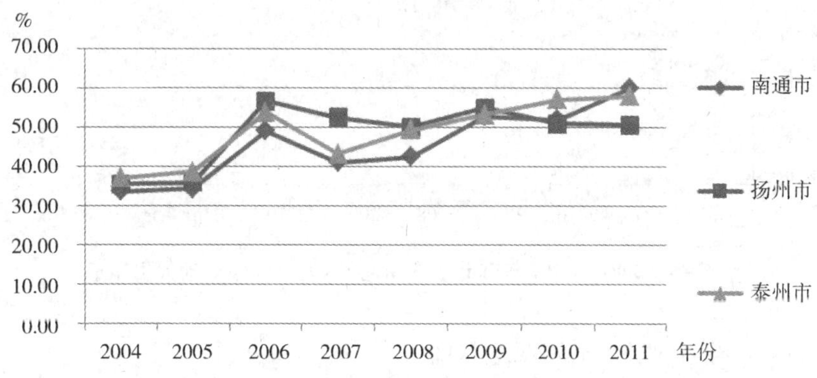

图6－8 2004～2011年苏中三市R&D人员占科技活动人员比重

由图6－9可知，2004～2011年苏北五市R&D人员占科技活动人员比重总体处于上升趋势，并且变化幅度都较高，其中宿迁上升幅度最大，极差为57.74%，其次是盐城，极差为48.66%，徐州、连云港和淮安的极差分别为23.30%、30.92%和43.21%。2004～2005年，宿迁市R&D人员占科技活动人员比重大幅度下降，仅为1.23%，这是由于宿迁市科技活动人员数量大幅增长的同时，R&D人员却在流失。但从2005年之后，宿迁积极调整人事等相关政策，指标值持续严格递增，逐渐与其余各市拉近差距，但2011年再次出现下降趋势；徐州市与连云港市指标值变化趋势较为相似，分别于2004年底开始下降，到2005年开始较大幅度上升，2006年又出现下降，2007～

2011 年，徐州市除 2011 年略有下降外，其余时间都呈现上升态势；而连云港市除 2010 年略有下降外，其余时间也为上升趋势；淮安市在 2004 ~ 2011 年整个时间段均为上升趋势，并且于 2011 年指标值达到最大 70.10%，仅次于盐城的 71.51%；盐城市分别于 2006 年和 2010 年出现两次下降外，其余时间段均为上升趋势。总体来看，苏北五市总趋势上升，且前期各市差异较大，之后差距逐渐减小。

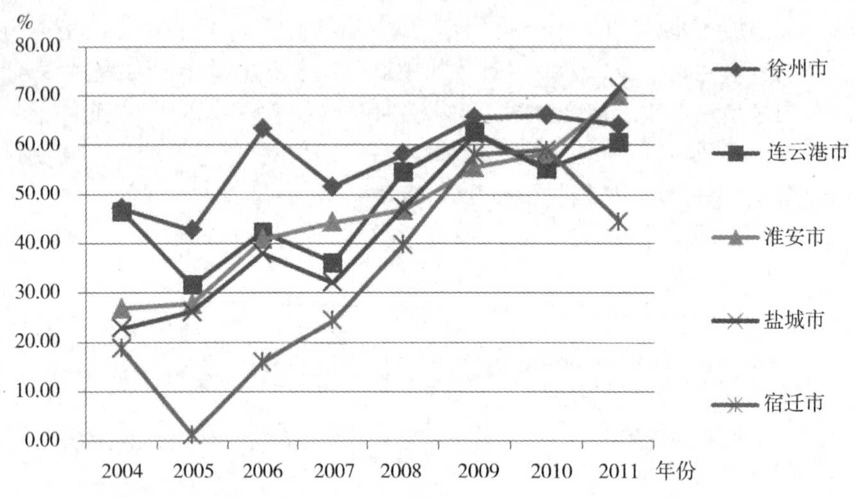

图 6－9　2004 ~ 2011 年苏北五市 R&D 人员占科技活动人员比重

（3）江苏省科技人力资源培养现状。

《中国科学技术指标》（2004）对科技人力资源的定义：科技人力资源是指实际从事或有潜力从事系统性科学和技术知识的产生、发展、传播和应用活动的人力资源。可见，中国科技人力资源实际包含两类人员：显性的和隐性的。上文所提到的指标都用于描述显性科技人力资源，本节将着重分析 2011 年江苏省隐性的科技人力资源。这类隐性科技人力资源是一国或区域科技人力资源的后备力量或称潜在力量，大多表现为对于国家或地区科技人力资源的培养情况，是其科技人力资源可持续竞争力的一个重要指标。而一个国家或地区对于科技人力资源的培养状况可通过该国或地区的每万人口中中专及以上在校生数量这一指标来体现。

由图 6－10 可知，2011 年江苏省 13 个地级市每万人口中专及以上在校生数量最高的是南京市，为 1072 人，高出其余地区很多，最低的是盐城，为 129 人。同时，由计算可得，13 个地市平均值为 293.85 人，只有南京市、常州市（307人）、镇江市（362人）达到平均水平。可见，江苏省13个地级市在科技人力资源培养方面存在显著地区差异的状况。

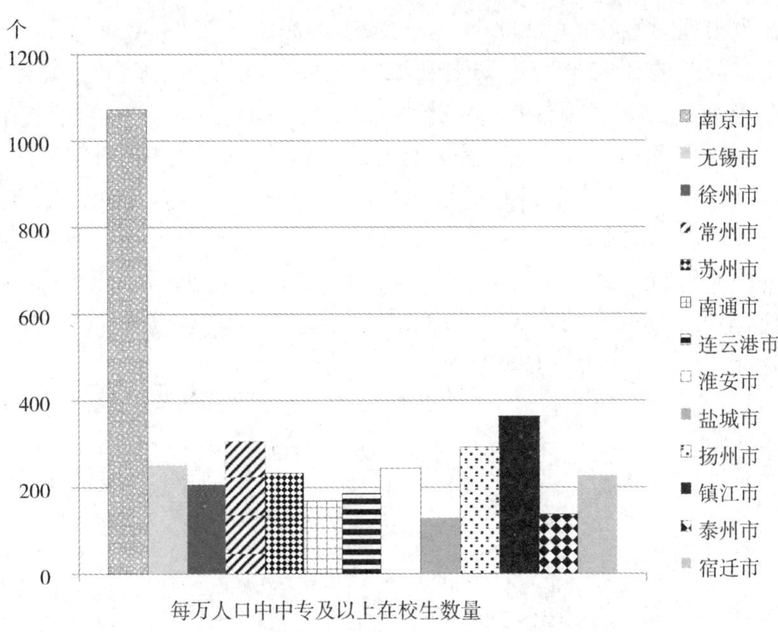

图6－10 2011年江苏省各地级市每万人口中专及以上在校生数量

综上所述，江苏省各市R&D人员占科技活动人员比重总体处于增长趋势，科技人力资源质量不断提升，各市科技人力资源发展仍不平衡，但是地区间差距趋于减小，这些成就都离不开江苏省制定的关于R&D人员方面的一系列科技政策。

6.2.2.2 江苏省各地市科技财力资源投入强度现状

科技财力资源是保障地方科技计划实施和科研机构正常运行的重要物质基础，其投入强度在很大程度上能够反映出一国或地区对于科学技术的重视程度以及科技水平的高低。而地方科技拨款及R&D支出是科技财力资源当中最重要的部分，它们在科技财力资源中的比重是反映国家或地区财力资源对科技活动投入强度的重要指标。本节将从地方科技拨款占财政支出的比重和R&D支出占GDP的比重这两个指标来分析2004～2011年江苏省科技财力资源投入现状。

由图6－11可知，2004～2011年江苏省各地级市地方科技拨款占财政支出的比重总体为上升趋势，其中苏州市增速最快，增幅也最大，达到3.55%；除泰州外，其余各市增幅均超过1%；泰州增幅最小，为0.63%，因而历年变化也最为平稳。无锡、淮安及连云港三市地方科技拨款占财政支出的比重出现明显波动：2009年，无锡该指标值从2008年底的2.39%一跃成为全省第二的3.62%。连云港和淮安该指标值的变化规律与无锡极为相似，2009年该指标值猛然下跌，分别为0.19%和0.20%，位于全省倒数一、二名。2010年两市出现较大反弹，指标值迅速上升，增幅分别达到0.97%和0.91%，摆脱了全省垫底的尴尬境地。2004～2011年这八年间，地方科技拨款占财政支出的比重的全省平均值为2.22%，通过计算可知：苏南五市历年指标平均值均超过2.22%；苏中除泰州为1.92%外，南通和扬州都超过平均值；而苏北五市中，徐州1.49%、连云港1.52%、淮安1.45%、盐城1.98%及宿迁1.29%，均未达到全省平均水平。

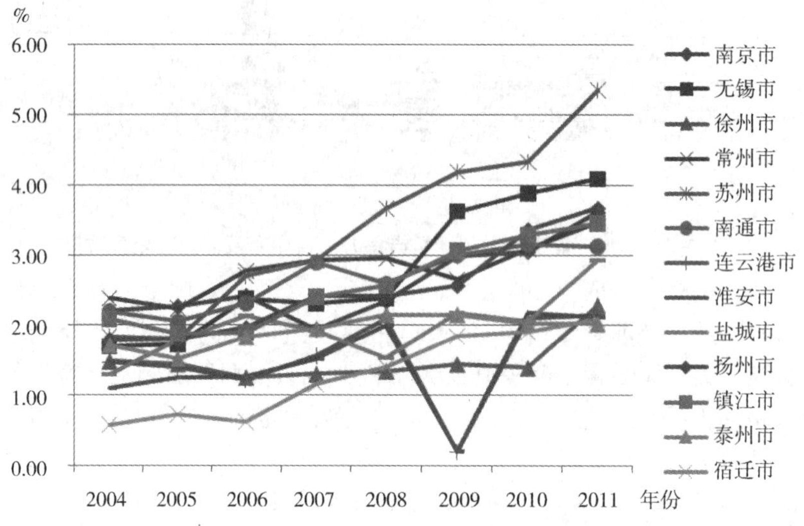

图6－11　2004～2011年江苏省各地市地方科技拨款占财政支出的比重

由图6－12可知，2004～2011年江苏省各市R&D支出占GDP的比重大体上呈现增长趋势，除南京和泰州外，其余城市八年间波动较为平缓，并且指标值南北差距悬殊。南京指标值分别在2005年迅速下降至2.21%，2006年又急剧上升到3.78%，2007年出现大幅下降，达到2.65%，从2008年开始，指标值虽有小幅下跌，但之后一直处于稳步上升状态。虽然经历三次较大波动，但是南京指标值始终比其他地市要高，排在第一位；泰州指标值于

2005 年迅速上升至 1.87%，一跃成为当年度除南京之外的第二名，2006 年出现大幅下跌，跌至 1.25%，2007 ~2011 年泰州市指标值逐年稳步增长；苏北五市指标值集中于 0% ~1.5%，苏中三市指标值多集中于 1% ~2%，且在年份相同情况下，苏中三市指标值普遍高于苏北各市指标值，苏南五市指标值集中于 1.5% ~3%，且年份相同时多高于苏中三市指标值。

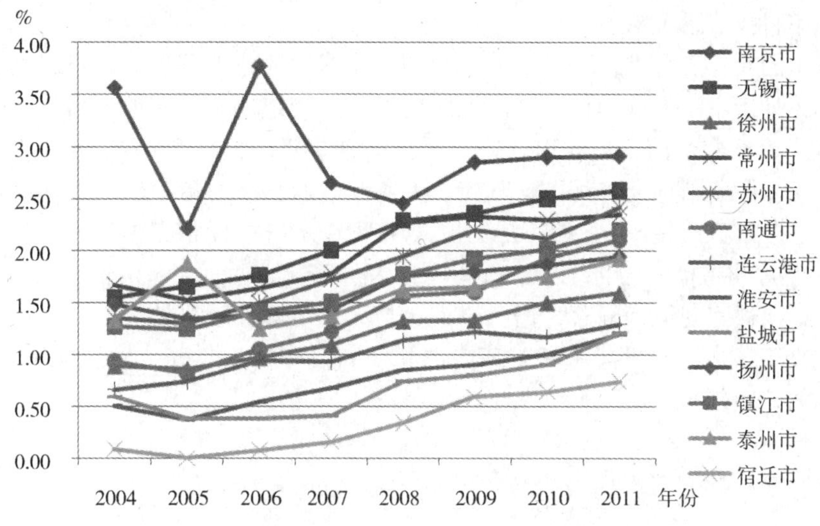

图 6 – 12　2004 ~2011 年江苏省各市 R&D 支出占 GDP 的比重

综上所述，江苏省 2004 ~2011 年八年间各市对于科技人力资源的财力投入强度总体上表现为不断增强的状态，虽个别地市在个别年份有较大波动，但多数地区指标值变化趋势较为稳定。地区间存在较大差距，从地理位置上来看，江苏省从北向南指标值不断增大，南北分化明显。

6.2.3　江苏省各地市科技人力资源产出现状分析

科技人力资源产出包括直接产出和间接产出。直接产出主要体现在科技成果方面，如专利、科技著作、科技论文等；间接产出主要体现为科技转化对区域经济与社会发展所产生的影响。本节将对 2004 ~2011 年江苏省科技人力资源产出即科技成果和科技转化两方面进行分析。

6.2.3.1　江苏省科技成果现状分析

专利是专利权的简称，是专利局对发明人的发明创造进行审查，审查结果合格后，依据专利法授予发明人或设计人对这项发明创造所享有的专有权。专利申请数量反映了一国或地区对于科技创新的参与程度数量方面，而专利的授权数量则体现科技创新活动中知识产出水平的高低，反映的是科技创新活动的质量方面。由于各个地区人口数量悬殊较大，如果仅考虑地区专利申请量和授权量的绝对量可能会有失公平。根据公平性及可比性原则，我们选取了每十万人口专利申请数和每十万人口专利授权数两项指标来分析江苏省各地市科技成果现状。

由图 6－13 可见，2004～2011 年间，江苏省各地市每十万人口专利申请数总体处于不断上升趋势，苏南地区增长速度较快，而苏北地区增长则较为缓慢。2006 年之前，各地市之间指标值非常接近，但从 2007 年开始，各地指标值差距不断加大，其中，苏州、无锡及南通三市的指标值增长速度最为迅速。苏南五市指标值差距表现最为明显，苏州指标值最高而南京最低，2011 年苏州指标值为 982. 25，而南京仅为 383. 06，两者相差两倍多；苏中三市中，南通表现最为显著，增长迅速，与无锡市增长趋势较为接近，指标值明显高于扬州和泰州甚至高于苏南的常州和镇江；苏北五市发展较为均衡，指标值差距较小。

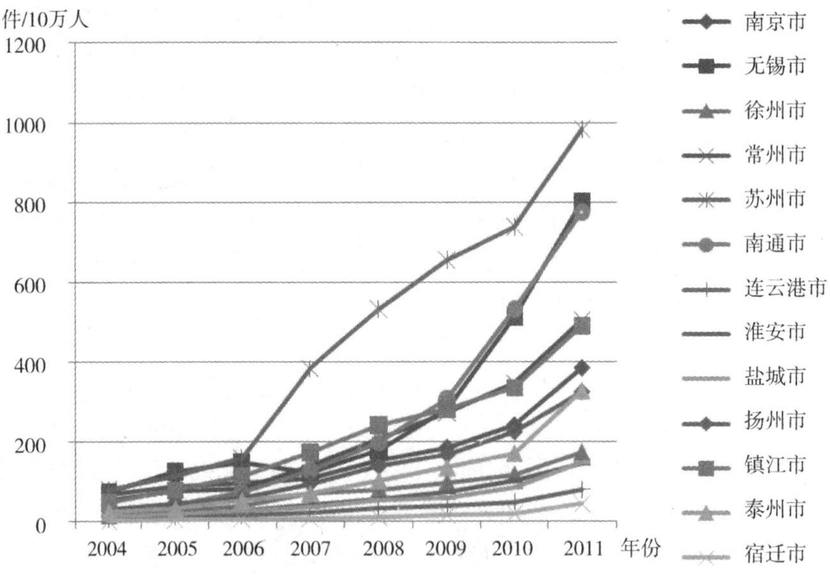

图 6－13　2004～2011 年江苏省各地市每十万人口专利申请数

由图 6－14 可知，2004～2011 年，江苏省各地市每十万人口专利授权数总体呈现上升趋势，2006 年之前，各地市指标值较为接近，发展较为均衡，但从 2007 年开始，地区差距开始迅速发生变化，差距不断增大。各地市指标值的增长幅度不尽相同，苏南五市指标值增长较为迅速，增长幅度较大，且各市之间差距较大，2011 年苏州指标值为 734. 70，南京为 152. 96，可见苏州指标值是南京的三倍多；苏中三市当中，南通指标值增长迅速并且指标值很高，近几年仅低于苏南的苏州和无锡，而扬州和泰州指标值增长趋势较为相似，比苏南五市要慢；苏北五市指标值增长最为缓慢，增长幅度较小，且各市指标值之间差距较小，发展较为均衡。从整个江苏省来看，苏州指标值始终处于最高位置，而宿迁一直垫底，并且两者差距非常显著。

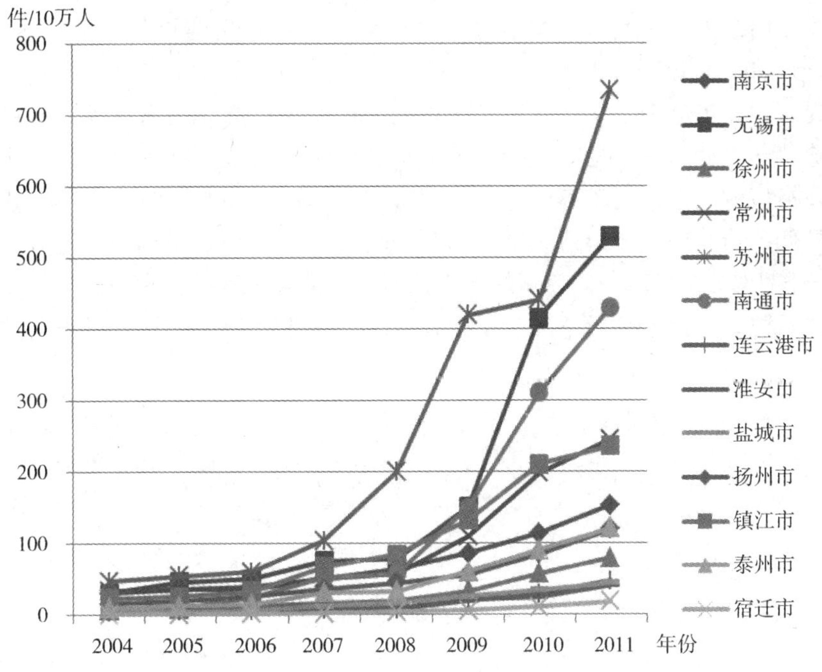

图 6－14　2004～2011 年江苏省各地市每十万人口专利授权数

综合图 6－13 和图 6－14，总体来看，2004～2011 年江苏省各地市每十万人口专利申请数与专利授权数变化规律较为一致，都呈现不断增长趋势，增长幅度逐渐增大，地区指标值差距加大。这说明专利的申请数与授权数之间有密切联系，一般认为专利申请数量越多，那么专利授权数量就可能越多。

但同时我们可以发现，同一地区在相同时间点时，专利的申请数量远大于专利的授权数量，有相当大一部分的专利申请未能通过审核，这也一定程度揭示了在科技创新过程中不能过于强调科技成果的数量，要不断提高科技成果的质量才能够从本质上提升国家或地区的科技竞争力。

6.2.3.2　江苏省各地市科技转化现状分析

科技转化是指将具有创新性的科学技术成果引进到生产部门，实现产业化，以提高产量、改进工艺、提高生产效率等，并最终推动经济发展。高新技术产业是科学与技术完美融合的结晶，具有高度的创新性及很高的知识含量，能够带来巨大的经济效益，推动经济社会的发展。因而本节把高新技术产业销售收入作为衡量科技间接产出即科技转化的一项指标。

由图 6－15 可以看出，2004～2011 年间，江苏省各地市高新技术产业销售收入始终处于不断上升趋势，各地市之间增长速度与增长幅度不尽相同，总体来看，苏南增长幅度较大，速度较快，苏中和苏北增长幅度较小，增速较慢。各地市高新技术产业的发展存在一定差距，苏南高新技术产业销售收入除镇江稍低于苏中的南通和扬州外，整体水平较高；苏中三市当中，南通市指标值较高，近两年甚至比苏南的常州和镇江还要高；苏北指标值整体水平较低，与苏中、苏南地区差距较大，但苏中五市之间差距较小。总体来看，江苏省 13 个地级市中，苏州的高新技术产业最为发达，指标值八年间总是处在第一位，而宿迁高新技术产业相对较弱，一直处于全省垫底的位置。

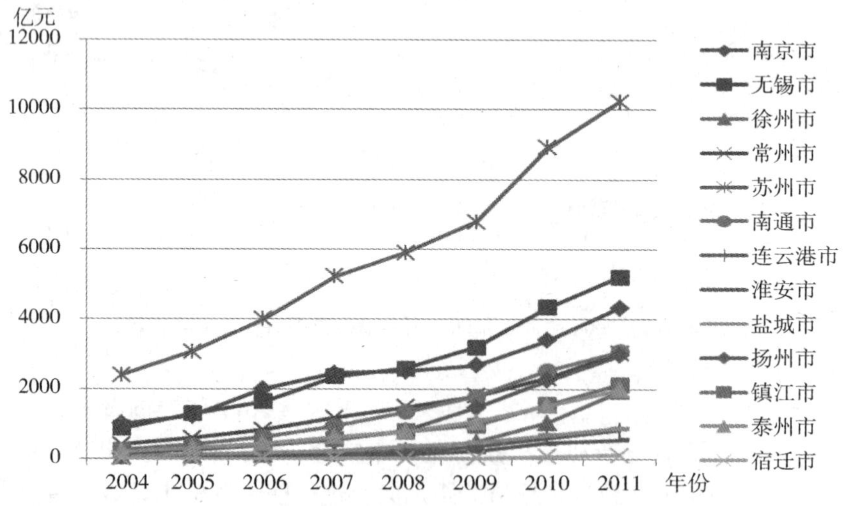

图 6－15　2004～2011 年江苏省各地市高新技术产业销售收入

总之，由 2004 ~ 2011 年江苏省各地市高新技术产业销售收入发展规律，我们可以认为：江苏省各地市科技转化能力总体处于不断上升趋势。各地市科技转化能力在前几年发展缓慢，但近几年增速较快，增幅较大，区域科技转化能力出现明显差距。从整体上看，出现南北差距，即苏南科技转化能力高于苏中，而苏中又高于苏北。这些与区域经济水平以及政府对科技人力资源的投入力度都有着密切关系。

6.3 江苏省科技人力资源政策绩效评价指标体系的构建

科技人力资源投入产出效率的高低会受到许多因素的影响。这些因素当中，有的是相互联系的，有的是相互独立的；有的是可以控制的，有的却不能被控制；有的能够对评价结果产生重要影响，有的对评价结果产生的影响却很微弱。因此，我们对科技人力资源投入产出效率进行评价时，所选取的指标在尽可能简化的基础上应能够反映出评价对象的本质特征。本节就是依据这种思路最终建立了区域科技人力资源投入产出效率评价指标体系。

6.3.1 科技人力资源政策绩效评价指标设计的原则

指标体系的构建是进行测评的前提，只有所选取的指标具有较高的信度和效度才能保证测评结果的可靠性。合理的选取指标一般在以下原则指导下进行的。

（1）目标导向性原则。

指标体系需要具有代表性，能够反映出科技人力资源投入产出的本质特征，可以服务于区域科技人力资源投入产出的效率评价，为评价决策单元的科技人力资源投入产出效率提供依据。

（2）科学性原则。

科学性主要是指在进行指标设计时要理论联系实践，在理论指导下实践。指标设计既要在理论上可靠，同时又要能反映被评价对象的实际状况。有科学的理论做指导，指标要在基本概念和逻辑结构上科学、严谨、合理；指标的设计应该符合科技活动自身的特点、性质及运行过程，同时要符合我国经济和科技管理的需要；指标的设计要完整、实用、可行、有序，能有效地描述科技人力资源投入和产出以及其对社会经济的影响等；指标体系必须是客观的抽象描述，是重要的、本质的、具有代表性的描述，是理论与实际相结合的产物。

（3）可比性原则。

可比性原则是指所确立的指标体系不但能够对测评对象不同时期的状况进行纵向比较，同时也能够将测评对象与其他不同对象进行横向比较。该原则要求所选取的指标明确具体，统计口径和测评方法一致等。

（4）可行性原则。

可行性原则是指所选取的指标体系具备可操作性，能够对测评对象进行测评。这就要求指标数据容易获取，并且在满足测评需求的前提下，尽量使得指标体系简化。

（5）兼容性原则。

兼容性原则也称适应性原则，指应根据研究方法及测评工具的不同选取合适的指标，以便能够适应所选取的模型。本书选用 DEA 模型作为评价模型，指标的选取只涉及投入指标及产出指标，并且一般认为决策单元的数量至少应该是指标总数的两倍。

6.3.2 科技人力资源政策绩效评价指标体系构建的统计方法

建立合理的指标体系是对科技人力资源投入产出效率进行科学评价的基础。以往文献大多使用定性方法选取指标，这样虽能够提供更多的研究方向，但也存在偏离客观性的风险。为了使指标体系的建立更加合理，本书将定性与定量的方法相结合，首先通过定性的方法对以往文献中科技人力资源投入产出指标进行筛选，建立科技人力资源投入产出指标备选库，如表 6－1 所示，然后通过定量方法精简备选库的指标，最终建立确定的指标体系。本节所用的定量方法分别是利用主成分分析法来选取投入指标，相关系数分析来选择产出指标。

表 6-1 科技人力资源投入产出指标备选库

投入指标	人力投入指标	每万人口中中专及以上在校生数量 X_1
		每万人口中科技活动人员数量 X_2
		科技活动人员占从业人员比重 X_3
		R&D 活动人员占科技活动人员比重 X_4
		企业 R&D 活动人员占企业职工比重 X_5
	财力投入指标	全社会 R&D 支出占 GDP 的比重 X_6
		政府科技拨款占财政支出的比重 X_7
		企业 R&D 经费占销售收入的比重 X_8
产出指标	科技成果	每十万人口专利申请数 Y_1
		每十万人口专利授权数 Y_2
		发明专利占专利授权数的比重 Y_3
	科技转化	高新技术产业销售收入 Y_4
		高新技术产业对工业产值增长的贡献率 Y_5
		高新技术产业出口额占销售收入比重 Y_6
		GDP 增长速度 Y_7
		亿元投资新增 $GDPY_8$
		第三产业增加值占 GDP 比重 Y_9
		高新技术产业产值占工业总产值比重 Y_{10}

（1）主成分分析法确定投入指标的原理。

在选取投入指标时，一般遵循投入指标间具有较小的相关性，即相对独立，同时又能够涵盖主要信息，反映总体变化规律。参照这种原则，可利用主成分分析法选取投入指标。

设有 m 个备选指标 x_1，x_2，…，x_m，它的 n 个样本值用 x_{ij} 来表示（i = 1，2，…，m；j = 1，2，…，n）。以（x_{11}，x_{12}，…，x_{1n}），（x_{21}，x_{22}，…，x_{2n}），…，（x_{m1}，x_{m2}，…，x_{mn}）表示 m 个变量的一组样本观察值，其中，（x_{i1}，x_{i2}，…，x_{in}）表示第 i 个变量的容量为 n 的一组样本观察值（i = 1，2，…，m）。

令 $\overline{x_i} = \frac{1}{n}\sum_{j=1}^{n} x_{ij}$ 表示第 i 个变量的样本平均值，$s_i^2 = \frac{1}{n}\sum_{j=1}^{n}(x_{ij} - \overline{x_i})^2$，表示第 i 个变量的样本方差，$s_{ik} = \frac{1}{n}\sum_{j=1}^{n}(x_{ij} - \overline{x_i})(x_{kj} - \overline{x_k})$ 表示第 i 与第 j 个变量的协方差，从而能够计算出第 i 与第 j 两个变量的样本相关系数。

样本变量间的相关系数描述了它们之间线性的相关性程度，大小范围在［-1，1］内，相关系数的正负号表示变量间正相关或负相关，大于零则表明该变量的值大于其平均值，而另一变量的值则小于其平均值。

由样本相关系数计算式（6.12）可以求得样本相关系数矩阵。令 $X = \begin{vmatrix} X_{12} & X_{22} & \cdots & X_{m2} \\ \vdots & \vdots & \vdots & \vdots \end{vmatrix}$，则有 $R = \begin{vmatrix} R_{21} & 1 & \cdots & R_{2m} \\ \vdots & \vdots & \vdots & \vdots \end{vmatrix}$，其中 X、R 分别表示样本矩阵及样本相关系数矩阵。记 $\lambda_1 \geqslant \lambda_2 \geqslant \cdots \lambda_m \geqslant 0$ 为 R 的 m 个特征值，$p_k = [p_{1k}, p_{2k}, \cdots, p_{mk}]^T$ 为 R 的与 λ_k 对应的特征向量。由主成分分析相关理论，第 k 个主成分表达式为 $z_k = \sum_{i=1}^{m} p_{ik} x_i$，$z_k$ 对 m 个变量 $x_1, x_2, \cdots, x_m$ 的方差贡献率为 $\alpha_k = \lambda_k / \sum_{i=1}^{m} \lambda_i$，累计方差贡献率为 $\sum_{i=1}^{k} \lambda_i / \sum_{i=1}^{m} \lambda_i$。若 $\lambda_m \approx 0$，则由 $Rp_m = \lambda_m p_m$，得 $Rp_m \approx 0$，即 $X^T X p_m \approx 0$，进而可得 $Xp_m \approx 0$，即 $\sum_{i=1}^{m} p_{im} x_i \approx 0$，这说明 $x_1, x_2, \cdots, x_m$ 之间线性相关。因为 p_{km}^2 是 x_k 对 λ_m 的方差，所以，只要找出 p_m 的分量中绝对值最大的一个，并将其所对应的指标变量剔除。同理，经过多轮上述操作步骤，便可得到相对精简的指标，这些指标之间是相对独立的并且能够反映出测评对象的大部分信息。

（2）相关系数法确定产出指标的原理。

由于生产函数的产出通常体现为产出的集中性，受其启示：产出指标的选择应基于指标间关联度尽可能大即相关性大的原则来筛选。因而，本书在选取产出指标时利用统计学当中相关系数分析原理来确定产出指标。

设有 k 个备选指标 $y_1, y_2, \cdots, y_m$，它的 n 个样本值用 y_{ij} 来表示（$i=1, 2, \cdots, n$；$j=1, 2, \cdots, k$）。以 $(y_{11}, y_{12}, \cdots, y_{1n})$，$(y_{21}, y_{22}, \cdots, y_{2n})$，…，$(y_{k1}, y_{k2}, \cdots, y_{kn})$ 表示 R 个变量的一组样本观察值，其中，$(y_{i1}, y_{i2}, \cdots, y_{in})$ 表示第 i 个变量的容量为 n 的一组样本观察值（$i=1, 2, \cdots, k$）。

令 $Y = \begin{vmatrix} y_{12} & y_{22} & \cdots & y_{k2} \\ \vdots & \vdots & \vdots & \vdots \end{vmatrix}$，则有 $R = \begin{vmatrix} r_{21} & 1 & \cdots & r_{2k} \\ \vdots & \vdots & \vdots & \vdots \end{vmatrix}$。其中，Y 为样本矩阵，R 为相关系数矩阵。根据相关系数的大小，排除相关系数较小的指标，从而最终确定精简的产出指标。

6.3.3 江苏省科技人力资源政策绩效评价指标体系的确立

上面我们分别介绍了主成分分析法及相关系数分析法对投入、产出指标进行降维的原理，为了便于理解，下面将利用《江苏统计年鉴》（2012）以及江苏省各地级市科技活动相关的统计数据所提供的2011年的指标数据，借助SPSS 19.0软件给出投入指标主成分方法的降维过程。

（1）主成分分析法对投入指标的降维过程。

在运用主成分分析对指标降维之前，需要验证所选取的指标是否适用于主成分分析。通常通过KMO（Kaiser – Meyer – Olkin）及Bartlett球体检验进行验证。KMO检验能够比较变量间简单相关系数与偏相关系数，KMO值越大，表明变量之间所涵盖的相同或相近因素就越多，也就越适合做因子分析。一般认为，只要KMO值大于0.5就意味着指标能够进行因子分析。Bartlett球体检验能够检验变量间相关性的显著性程度，显著性水平sig. 的值至少要低于0.05才适合做因子分析。由表6－2显示的KMO值及Bartlett球体检验结果可知，KMO值为0.684 >0.5，表示合适；而sig. 结果约等于0，为高度显著。因此，所选用的指标数据适合使用主成分分析法进行降维。

表6－2　KMO和Bartlett的检验

取样足够度的Kaiser – Meyer – Olkin度量		0.684
Bartlett的球形度检验	近似卡方	110.492
	df	28
	Sig.	0.000

本书投入指标的最终确立是经过五轮主成分分析完成的，由于计算过程十分繁琐，并且每一轮计算步骤相同，在此仅给出第一轮主成分分析过程。

首先，利用统计软件SPSS 19.0容易得到变量的特征值 λ_k（$k = 1, 2, \cdots, 8$）与方差以及因子载荷矩阵，参见表6－3及表6－4。根据主成分相关原理可知，特征向量 p_k = 成分k的因子载荷矩阵/ $\sqrt{\lambda_k}$，则可求得特征值所对应的特征向量，如表6－5所示。

表6－3　变量的特征值与方差

成分	特征值 λ_k	方差贡献率（%）	累积方差（%）
1	5.082	63.531	63.531
2	1.290	16.124	79.655
3	0.868	10.852	90.507
4	0.438	5.476	95.982

续表

成分	特征值 λ_k	方差贡献率（%）	累积方差（%）
5	0.187	2.343	98.325
6	0.098	1.219	99.545
7	0.035	0.438	99.982
8	0.001	0.018	100.000

表 6-4 因子载荷矩阵

变量	成分							
	1	2	3	4	5	6	7	8
每万人口中中专及以上在校生数量	0.632	-0.039	-0.721	0.224	0.143	0.093	-0.017	0.001
每万人口中科技活动人员数量	0.985	-0.096	0.044	0.066	-0.069	-0.046	0.082	0.028
科技活动人员占从业人员比重	0.983	-0.074	0.043	0.091	-0.071	-0.020	0.105	-0.025
R&D 活动人员占科技活动人员比重	-0.317	0.853	0.217	0.331	0.121	-0.001	0.034	0.001
企业 R&D 活动人员占企业职工比重	0.655	0.652	-0.219	-0.140	-0.274	0.012	-0.054	-0.001
全社会 R&D 支出占 GDP 的比重	0.956	0.047	0.055	-0.018	0.155	-0.226	-0.074	-0.003
政府科技拨款占财政支出的比重	0.783	-0.257	0.448	0.307	-0.063	0.122	-0.086	0.000
企业 R&D 经费占销售收入的比重	0.830	0.230	0.216	-0.389	0.199	0.142	0.013	0.001

表 6-5 特征值所对应的特征向量

变量	特征向量 p_k							
	1	2	3	4	5	6	7	8
每万人口中中专及以上在校生数量	0.28	-0.03	-0.77	0.34	0.33	0.3	-0.09	0.02

续表

变量	特征向量 p_k							
	1	2	3	4	5	6	7	8
每万人口中科技活动人员数量	0.44	-0.08	0.05	0.1	-0.16	-0.15	0.44	0.88
科技活动人员占从业人员比重	0.44	-0.07	0.05	0.14	-0.16	-0.06	0.56	-0.79
R&D 活动人员占科技活动人员比重	-0.14	0.75	0.23	0.5	0.28	0	0.18	0.04
企业 R&D 活动人员占企业职工比重	0.29	0.57	-0.23	-0.21	-0.63	0.04	-0.29	-0.02
全社会 R&D 支出占 GDP 的比重	0.42	0.04	0.06	-0.03	0.36	-0.72	-0.39	-0.09
政府科技拨款占财政支出的比重	0.35	-0.23	0.48	0.46	-0.15	0.39	-0.46	-0.01
企业 R&D 经费占销售收入的比重	0.37	0.2	0.23	-0.59	0.46	0.45	0.07	0.02

由表 6-3 可知，$\lambda_8 \approx 0$，方差贡献率为 0.018%，表示第 8 主成分对总体的贡献很小，几乎为零。由特征值 λ_8 所对应的特征向量 p_8 中第二个分量绝对值最大，为 0.88。因此，将第二个分量即每万人口中科技活动人员数量剔除，剔除的原则是将特征向量中绝对值最大的分量删除。

经过第一轮主成分降维后还剩 7 个变量，将这 7 个变量按照第一轮主成分降维方法继续降维，同理进行第三轮、第四轮和第五轮主成分降维。最后，经过五轮主成分分析，每一轮都剔除了一个变量，最终确定三个投入变量：每万人口中中专及以上在校生数量、R&D 活动人员占科技活动人员比重和政府科技拨款占财政支出的比重。

（2）相关系数分析法对产出指标的降维过程。

根据 2011 年江苏省 13 个地级市产出指标原始数据，容易求得指标间相关系数矩阵，如表 6-6 所示。

表 6－6　相关系数矩阵

yk	y1	y2	y3	y4	y5	y6	y7	y8	y9	y10
y1	1.000	0.972	－0.190	0.858	0.411	0.754	－0.768	0.077	0.322	0.581
y2	0.972	1.000	－0.252	0.899	0.266	0.834	－0.693	0.182	0.275	0.457
y3	－0.190	－0.252	1.000	－0.008	－0.067	－0.081	0.205	－0.135	0.812	0.154
y4	0.858	0.899	－0.008	1.000	0.288	0.904	－0.660	0.188	0.484	0.515
y5	0.411	0.266	－0.067	0.288	1.000	0.030	－0.677	－0.569	0.220	0.780
y6	0.754	0.834	－0.081	0.904	0.030	1.000	－0.486	0.344	0.313	0.252
y7	－0.768	－0.693	0.205	－0.660	－0.677	－0.486	1.000	0.348	－0.175	－0.849
y8	0.077	0.182	－0.135	0.188	－0.569	0.344	0.348	1.000	－0.062	－0.535
y9	0.322	0.275	0.812	0.484	0.220	0.313	－0.175	－0.062	1.000	0.431
y10	0.581	0.457	0.154	0.515	0.780	0.252	－0.849	－0.535	0.431	1.000

根据指标性质可知，前三个指标 y1、y2、y3 代表的是科技成果，而后七个指标表示科技转化。根据产出指标相关性原理，首先将科技成果中关联度较小的指标剔除，由表中数据可以看出 y3 与 y1、y2 相关性最小，故将其删去。接下来考虑科技转化指标，由于科技转化通常是基于科技成果的基础上实现的，因此科技转化指标必然与科技成果指标具有较大相关性。现只需将七个科技转化指标与 y1、y2 相比较，剔除相关系数较小的指标。经表 6－6 中数据比较可以发现，科技转化七个指标当中只有 y4 与 y1、y2 相关性最大，因此在科技转化指标最终只保留 y4，即高技术产业销售收入这个指标。再来比较一下 y1 与 y2，它们之间关联度非常大，接近 1，因此所反映的信息也总体相同，同时由于专利授权量（y2）解释性更强，在此只保留 y2。最终，经过相关系数分析确定了两个产出指标：每十万人口中专利授权量及高技术产业销售收入。

根据上述科技人力资源投入产出效率评价指标体系构建的方法，利用《江苏统计年鉴》（2012）及《2011 江苏省各市科技进步统计监测综合评价结果》所提供的数据，最终确定了如表 6－7 所示的能够有效评价江苏省科技人力资源投入产出效率的指标体系：

表 6-7　江苏省科技人力资源投入产出指标体系

投入指标	每万人口中中专及以上在校生数量 I1（人/万人）
	R&D 活动人员占科技活动人员比重 I2（%）
	政府科技拨款占财政支出的比重 I3（%）
产出指标	每十万人口专利授权量 O1（件/10 万）
	高技术产业销售收入 O2（亿元）

由表 6-7 易知，投入指标由对科技人力资源人力及财力两方面投入指标构成，产出指标中两个指标分别反映了科技人力资源的直接产出与间接产出，即科技成果和科技转化。

在此需要指出，由于投入产出指标是利用统计方法来最终确定的，尽管历年指标统计数据都不一样，但只要能够保证所采用的统计数据真实可靠，那么利用上述统计方法来确定指标体系时其结果都是一致的，即最终指标是一致的。实际上，通过对历年指标统计数据的验证，指标体系具有很高的稳定性。

6.4　江苏省科技人力资源政策绩效评价

本书运用投入导向型的 DEA 法，借助 MaxDEA 3.2 软件对江苏省科技人力资源投入产出相对有效性进行效率测量，分析并比较 2004～2011 年江苏省 13 个地级市科技人力资源的综合效率（或技术效率）、纯技术效率和规模效率及其收益状况，找出导致决策单元无效的深层原因，为后面提出改进政策建议提供依据。

6.4.1　江苏省与全国其他各省科技人力资源政策绩效的相对有效性评价

由于全国各地市科技人力资源指标数据的统计口径略有差异，以及历年某些省份指标数据的缺失，基于数据的可获得性及可比较性等原则，根据《中国科技统计年鉴》（2012），并结合国家统计局官网提供的数据，本节收集并整理了 2011 年 31 个省市地区的科技人力投入产出指标数据，主要比较了江苏省与其余省市地区 DEA 有效性情况。

利用 2011 年全国科技人力资源投入产出数据，建立 C^2R，BC^2 模型，借助 DEAP2.1 软件，对 2011 年全国 31 个省市科技人力资源投入产出效率进行 DEA 分析，能够得到各省市科技人力资源投入产出的综合效率值、纯技术效率值、规模效率值及规模收益状况，结果如表 6－8 所示。

表 6－8　2011 年全国各省市科技人力资源投入产出效率 DEA 结果

地区	crste	vrste	scale	DEA 结果	地区	crste	vrste	scale	DEA 结果
北京	0.798	0.805	0.991	drs	湖北	0.524	0.667	0.787	irs
天津	0.962	0.994	0.969	drs	湖南	0.781	0.853	0.915	irs
河北	0.474	0.735	0.644	irs	广东	1.000	1.000	1.000	—
山西	0.275	0.521	0.527	irs	广西	0.474	0.717	0.661	irs
内蒙古	0.253	0.548	0.461	irs	海南	0.694	0.755	0.920	drs
辽宁	0.608	0.678	0.897	irs	重庆	1.000	1.000	1.000	—
吉林	0.766	0.864	0.887	irs	四川	0.534	0.799	0.668	irs
黑龙江	0.450	0.563	0.798	irs	贵州	0.433	0.852	0.508	irs
上海	1.000	1.000	1.000	—	云南	0.258	0.780	0.331	irs
江苏	1.000	1.000	1.000	—	西藏	1.000	1.000	1.000	—
浙江	1.000	1.000	1.000	—	陕西	0.479	0.667	0.717	irs
安徽	0.692	0.782	0.885	irs	甘肃	0.322	0.640	0.503	irs
福建	0.603	0.691	0.873	irs	青海	1.000	1.000	1.000	—
江西	0.350	0.641	0.545	irs	宁夏	0.675	0.692	0.975	irs
山东	1.000	1.000	1.000	—	新疆	0.489	0.702	0.696	irs
河南	0.417	0.613	0.680	irs					

注：crste 为综合效率值，vrste 为纯技术效率值，scale 为规模效率值。

由表 6－8，2011 年全国 31 个省市综合效率值结果可见，从整体上来说，全国各省市科技人力资源综合效率值普遍较为低下，DEA 有效的地区只有 8 个，分别是上海、江苏、浙江、山东、广东、重庆、西藏及青海，说明这 8 个省市科技人力资源得到充分使用，处于最佳生产规模中。

为了进一步了解 8 个 DEA 有效决策单元间效率大小及其排名情况，现利用 MaxDEA 软件对这 8 个 DMU 进行超效率分析，结果见表 6－9。

表6-9 2011年DEA有效8省市超效率及其排名情况

地区	超效率	排名
上海	1.36	2
江苏	1.305	3
浙江	1.221	5
山东	1.174	6
广东	1.4	1
重庆	1.286	4
西藏	1.049	8
青海	1.106	7

由表6-9可见，超效率值排名前三位分别为广东、上海与江苏，由此可知，虽然江苏省科技人力资源投入产出效率位于全国领先水平，但是与广东、上海仍有差距，尚有很大的提升空间，因此江苏省只有继续加强对科技人力资源的投入并且要加强对科技人力资源投入的管理，才能使科技人力资源的产出效率得到提高。同时结合表6-10内容，2011年江苏省13个地级市中只有苏州市为DEA有效，并且综合效率均值为0.501，这说明2011年江苏省科技人力资源虽然整体上为DEA有效，但各地级市并非都为DEA有效。同时，这也为后期资源优化配置提供了思路，即若要保证DMU整体DEA有效，并非要求其每一部分都为DEA有效。

6.4.2 江苏省各地市科技人力资源政策绩效的相对有效性评价

6.4.2.1 综合效率

综合效率值反映的是在既定投入量情况下DMU能够在多大程度上获取产出的能力或在既定产出情况下DMU能够在多大程度上降低其投入量的能力，从而反映被评价对象整体有效性情况。因此本节首先通过改进的C^2R模型计算江苏省各地级市科技人力资源投入产出综合效率值（技术效率值），再利用改进的超效率模型对有效决策单元的投入产出效率值进行测算比较，计算结果见表6-10。

表 6-10　江苏省各市科技人力资源投入产出综合效率的 C^2R 模型及超效率模型计算结果

DMU	2004	2005	2006	2007	2008	2009	2010	2011	平均值
南京市	0.540	0.597	0.740	0.743	0.665	0.554	0.541	0.629	0.626
无锡市	0.714	0.882	0.951	0.921	0.671	0.545	1.000 (1.051)	0.942	0.828
徐州市	0.300	0.310	0.464	0.360	0.273	0.228	0.402	0.446	0.348
常州市	0.803	0.787	0.692	0.502	0.357	0.419	0.603	0.515	0.585
苏州市	1.000 (3.056)	1.000 (2.622)	1.000 (2.805)	1.000 (2.805)	1.000 (3.491)	1.000 (2.710)	1.000 (2.308)	1.000 (2.218)	1.000
南通市	0.354	0.382	0.562	0.702	0.422	0.520	0.969	1.000 (1.003)	0.614
连云港市	0.234	0.285	0.234	0.130	0.067	1.000 (1.211)	0.143	0.204	0.287
淮安市	0.177	0.196	0.273	0.164	0.084	1.000 (1.005)	0.110	0.143	0.268
盐城市	0.265	0.256	0.234	0.216	0.207	0.152	0.164	0.160	0.207
扬州市	0.431	0.446	0.613	0.411	0.338	0.352	0.326	0.424	0.418
镇江市	0.567	0.516	0.780	0.785	0.606	0.434	0.625	0.498	0.601
泰州市	0.728	0.832	0.764	0.719	0.384	0.341	0.433	0.515	0.590
宿迁市	0.141	0.603	0.159	0.066	0.051	0.031	0.053	0.064	0.146
平均值	0.481	0.546	0.574	0.517	0.394	0.506	0.490	0.503	0.501

注：表中括号内数值为超效率值。

由表 6-10 可见，2004~2011 年间江苏省 13 个地级市科技人力资源投入产出效率整体呈现非 DEA 有效状态，只有少数几个决策单元在某一年份能够达到 DEA 有效。2009 年有三个地级市达到 DEA 有效，根据超效率从大到小分别是苏州市、连云港和淮安市；2010 年和 2011 年都只有两个地级市 DMU 到达 DEA 有效，2010 年为苏州市和无锡市，2011 年为苏州市与南通市；其余年份只有苏州市能够达到 DEA 有效。根据超效率值可知，苏州市在 2008 年效率值为历年最高。

为能够更直观地观察 2004~2011 年间江苏省各地市科技人力资源投入产出综合效率变动趋势，故将历年综合效率值用折线图反映，如图 6-16 所示。

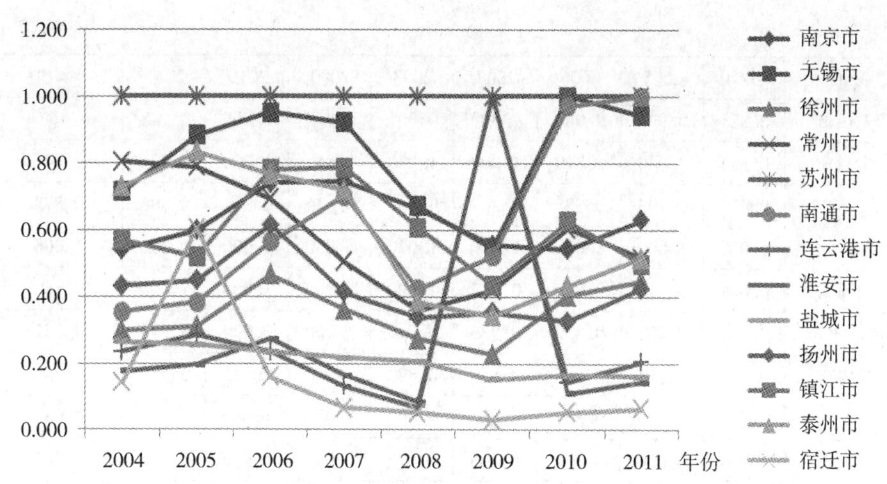

图 6－16 2004～2011 年江苏省各市科技人力资源投入产出综合效率

由图 6－16 易见，2004～2011 年间，总体来看，综合效率变动趋势大致都经历先降后升的趋势，并且整体波动不大，只有宿迁市与淮安市及连云港分别在 2005 年及 2009 年出现明显波动；苏州市科技人力资源能够一直保持 DEA 有效，说明苏州市对科技人力资源的投入得到充分发挥，不存在投入浪费情况，从而能够促进苏州市社会经济的快速发展；从地域上看，苏南综合效率值整体高于苏中，而苏中整体又高于苏北，这说明科技人力资源的投入强度与地区总体经济水平是相辅相成的。

6.4.2.2 纯技术效率与规模效率

仅仅通过 C^2R 模型了解综合效率虽能够看出 DMU 是否有效，但是并不能解释导致 DMU 无效的原因，因此需在此基础上利用改进的 BC^2 进一步分析 DMU 的纯技术效率和规模效率，进而分析导致 DMU 综合效率低下的主要因素，并结合规模收益状况为最终提高综合效率指明方向。

纯技术效率是指在既定投入量情况下，产出量是否已达最大状态，是否可以通过优化投入要素结构或加强管理等手段增加产量。江苏省各地级市 2004～2011 年科技人力资源投入产出的纯技术效率如表 6－11 所示。

表 6－11 2004～2011 年江苏省各地级市科技人力资源投入产出纯技术效率值

DMU	2004	2005	2006	2007	2008	2009	2010	2011	平均值
南京市	0.654	0.634	0.816	1.000	0.975	1.000	1.000	0.931	0.876

续表

DMU	2004	2005	2006	2007	2008	2009	2010	2011	平均值
无锡市	0.823	0.943	0.988	1.000	0.961	0.860	1.000	0.948	0.940
徐州市	0.555	0.640	0.819	1.000	1.000	0.865	1.000	0.894	0.847
常州市	0.970	0.793	0.825	0.807	0.887	0.916	0.891	0.886	0.872
苏州市	1.000	1.000	1.000	1.000	1.000	1.000	1.000	1.000	1.000
南通市	0.629	0.640	0.820	0.947	1.000	1.000	1.000	1.000	0.880
连云港市	0.621	0.701	0.810	0.936	0.819	1.000	0.990	0.942	0.852
淮安市	0.728	0.644	0.705	0.850	0.890	1.000	0.945	0.957	0.840
盐城市	0.859	0.729	0.857	1.000	1.000	1.000	1.000	1.000	0.931
扬州市	0.664	0.610	0.766	0.706	0.826	0.955	0.959	0.930	0.802
镇江市	0.884	0.642	0.910	0.928	0.897	0.976	1.000	0.915	0.894
泰州市	1.000	1.000	1.000	1.000	1.000	1.000	1.000	1.000	1.000
宿迁市	1.000	1.000	1.000	1.000	1.000	0.920	0.984	1.000	0.988
平均值	0.799	0.767	0.870	0.936	0.943	0.961	0.982	0.954	0.902

由表6－11可见，2004～2011年间江苏省各地级市科技人力资源投入产出纯技术效率值每一年的平均值全都小于1，但总体呈现逐年上升趋势。这说明在当前技术及管理水平上，所投入的资源未得到充分开发，然而随着技术及管理水平的不断提升，资源利用率也随之增高；同时，通过观察江苏省每一地级市在2004～2011年间科技人力资源投入产出纯技术效率的平均值，可以看出只有苏州市和泰州市两地在这八年间的纯技术效率平均值始终保持为1，说明这两地对于所投入资源的使用状态是有效的。尽管其余地区纯技术效率平均值小于1，但均能够处于较高水平，全部大于0.8（最低值为扬州市，0.806），地区差距较小，说明各地区当前的技术水平或管理水平已达到非常高的状态，上升空间有限，而且这8年间13个地区纯技术效率总体平均值为0.905，接近于1，从而可以推测导致DMU非有效的主要原因并不全在于纯技术效率，因而需要进一步分析各DMU的规模效率。

规模效率是综合效率与纯技术效率之间的比值，它反映的是DMU投入量的变化与其所引起产出量变化之间的关系，规模效率越接近于1，表示现阶段生产规模越合适，生产率也越大。2004～2011年江苏省各地级市科技人力资源投入产出规模效率值如表6－12所示。

表6－12 2004～2011年江苏省各地级市科技人力资源投入产出规模效率值

DMU	2004	2005	2006	2007	2008	2009	2010	2011	平均值
南京市	0.826	0.942	0.907	0.743	0.682	0.554	0.541	0.676	0.734
无锡市	0.869	0.943	0.962	0.921	0.698	0.633	1.000	0.993	0.877
徐州市	0.541	0.484	0.566	0.360	0.273	0.264	0.402	0.499	0.424
常州市	0.827	0.993	0.839	0.622	0.402	0.457	0.677	0.582	0.675
苏州市	1.000	1.000	1.000	1.000	1.000	1.000	1.000	1.000	1.000
南通市	0.563	0.597	0.685	0.741	0.422	0.520	0.969	1.000	0.687
连云港市	0.377	0.406	0.289	0.139	0.082	1.000	0.144	0.217	0.332
淮安市	0.242	0.304	0.387	0.194	0.095	1.000	0.116	0.149	0.311
盐城市	0.308	0.352	0.273	0.216	0.207	0.152	0.164	0.160	0.229
扬州市	0.650	0.732	0.800	0.583	0.826	0.369	0.340	0.456	0.595
镇江市	0.641	0.804	0.857	0.846	0.676	0.444	0.625	0.554	0.681
泰州市	0.728	0.832	0.764	0.719	0.384	0.341	0.433	0.515	0.590
宿迁市	0.141	0.603	0.159	0.066	0.051	0.033	0.054	0.064	0.146
平均值	0.593	0.692	0.653	0.550	0.446	0.521	0.497	0.528	0.560

由表6－12可见，2004～2011年间，江苏省各地级市科技人力资源投入产出规模效率值从整体上看每一年的波动不大但规模效率值却呈现偏小状态，从历年地区均值可见，八年间各地区规模效率均值最大的年份为2005年，即便如此，其规模效率值也仅为0.692，这说明各地区当前的生产规模处于无效状态，生产率也较低；由江苏省各个地级市在2004～2011年间科技人力资源投入产出规模效率的平均值可以看出，2004～2011年间能够始终保持规模效率值为1，即规模有效的DMU只有苏州市这一个地区，并且各地区历年均值波动幅度都较大，其中规模效率值最小的为宿迁市（0.145）；同时，2004～2011八年间江苏省13个地级市总体规模效率均值为0.556，规模效率值较小，这可能是导致综合效率值低下的主要因素。

再将表6－11、表6－12与图6－17结合来看，可以发现2004～2011年间，纯技术效率值达到1的地区次数总和为44次，而规模效率值为1的地区次数总和只有12次；对于同一DEA非有效的DMU而言，科技人力资源投入产出纯技术效率值都普遍大于其规模效率值，并且由图6－17能够明显观察出江苏省科技人力资源综合效率均值的变化趋势与规模效率均值的变化趋势极其相似，因而再次验证了导致江苏省绝大部分地区科技人力资源投入产出非 DEA 有效的主要因素是规模效率较低，说明限制江苏省各地区综合效率的主要原因是规模效率，因此提高综合效率的主要手段是优化当前生产规模，提高生存率。

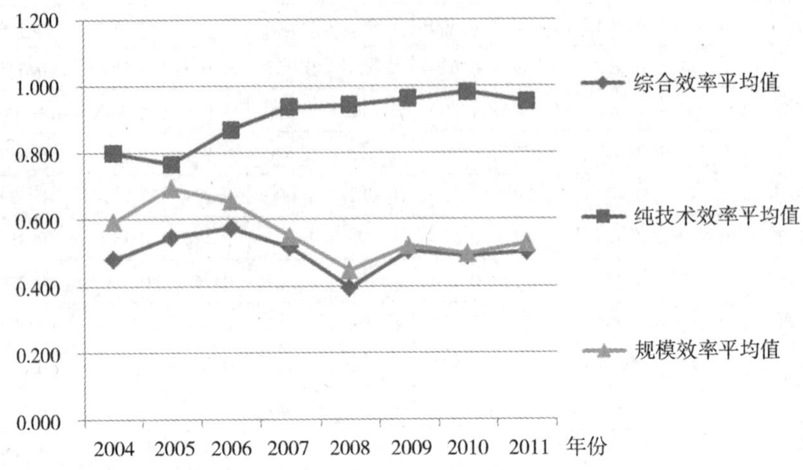

图 6－17　2004～2011 年江苏省科技人力资源平均综合效率、纯技术效率和规模效率

由表 6－13 可见，2004～2011 年间江苏省三大区域历年综合效率均值分别为苏南 0.733、苏中 0.545 及苏北 0.262；纯技术效率均值分别为苏南 0.922、苏中 0.895 及苏北 0.895；规模效率均值分别为苏南 0.794、苏中 0.614 和苏北 0.283。从而可以看出，江苏省三大区域在 2004～2011 年这八年间综合效率均值和规模效率均值差距较大并且数值偏小，说明苏南、苏中和苏北的科技人力资源投入产出处于非 DEA 有效状态，并且区域间差距明显，而纯技术效率均值差距较小而且数值较大，说明江苏省三大区域对于当前科技人力资源的技术水平及管理水平已处于相当高的水平，导致综合效率低下的主要原因在于规模效率低下；苏南、苏中和苏北三大区域的纯技术效率及规模效率对于综合效率的影响程度各不相同。苏南地区纯技术效率均值与规模效率均值分别是 0.922 和 0.794，比值是 1.161，说明苏南地区纯技术效率与规模效率对于综合效率的影响程度不相上下；苏中地区纯技术效率和规模效率值分别是 0.895 及 0.614，两者比值为 1.455，说明若要提高苏中地区科技人力资源投入产出综合效率值，应优先提高其规模效率值；苏北的纯技术效率值与规模效率值分别为 0.895 和 0.283，比值为 3.519，说明苏北地区规模效率值的提高能够更快地提高综合效率。

表 6-13 2004~2011 年江苏省三大区域 DEA 模型计算结果

	苏南			苏中			苏北		
	TE	PE	SE	TE	PE	SE	TE	PE	SE
2004 年	0.725	0.866	0.833	0.504	0.764	0.647	0.223	0.753	0.322
2005 年	0.756	0.802	0.936	0.553	0.750	0.720	0.330	0.743	0.430
2006 年	0.833	0.908	0.913	0.646	0.862	0.750	0.273	0.838	0.335
2007 年	0.790	0.947	0.826	0.611	0.884	0.681	0.187	0.957	0.195
2008 年	0.660	0.944	0.692	0.381	0.942	0.544	0.136	0.942	0.142
2009 年	0.590	0.950	0.618	0.404	0.985	0.410	0.482	0.957	0.490
2010 年	0.754	0.978	0.769	0.576	0.986	0.581	0.174	0.984	0.176
2011 年	0.717	0.936	0.761	0.646	0.977	0.657	0.203	0.959	0.218
平均值	0.733	0.922	0.794	0.545	0.895	0.614	0.262	0.895	0.283

由以上分析可知，导致江苏省科技人力资源投入产出非 DEA 有效的主要原因在于规模效率低下，因而如何提高规模效率值是当前亟待解决的问题，这便引出对规模收益的具体分析。

规模收益有三种状态：规模收益递增（irs）、规模收益不变（—）和规模收益递减（drs）。规模收益递增指当投入按比例增加时，产出比例的增长高于投入比例的增长，此时生产规模偏小；规模收益不变是指产出与投入同比例增长，此时生产规模处于最佳状态；规模收益递减是指当投入按比例增加时，产出比例的增加低于投入比例的增加，此时生产规模偏大。2004～2011 年江苏省各地市科技人力资源投入产出规模收益状态详见表 6-14。

表 6-14 2004~2011 年江苏省各地市科技人力资源投入产出规模收益状态

DMU	2004 年	2005 年	2006 年	2007 年	2008 年	2009 年	2010 年	2011 年
南京市	irs	irs	irs	irs	irs	irs	irs	irs
无锡市	irs	irs	irs	irs	irs	irs	—	irs
徐州市	irs	irs	irs	irs	irs	irs	irs	irs
常州市	irs	irs	irs	irs	irs	irs	irs	irs
苏州市	—	—	—	—	—	—	—	—
南通市	irs	irs	irs	irs	irs	irs	irs	—
连云港	irs	irs	irs	irs	irs	—	irs	irs
淮安市	irs	irs	irs	irs	irs	—	irs	irs

续表

DMU	2004 年	2005 年	2006 年	2007 年	2008 年	2009 年	2010 年	2011 年
盐城市	irs	irs	irs	irs	irs	irs	irs	irs
扬州市	irs	irs	irs	irs	irs	irs	irs	irs
镇江市	irs	irs	irs	irs	irs	irs	irs	irs
泰州市	irs	irs	irs	irs	irs	irs	irs	irs
宿迁市	irs	irs	irs	irs	irs	irs	irs	irs

由表 6－14 可知，2004～2011 年江苏省各地市科技人力资源投入产出规模收益状态中只有规模收益递增和规模收益不变两种状态，不存在规模收益递减，其中至少有一次达到规模收益不变的地区有 5 个，分别为苏州市（2004～2011 年）、连云港市（2009 年）、淮安市（2009 年）、无锡市（2010 年）和南通市（2011 年）。因而可以看出，江苏省各地市科技人力资源投入产出规模效率低下的主要原因在于规模收益递增，说明此时各地市生产规模偏小，需要加大对于科技人力资源的投入强度，提高规模效率从而提高综合效率；同时，结合表 6－12 及表 6－13，虽然江苏省三大区域规模报酬均为递增状态，但苏南、苏中和苏北三大区域平均规模效率存在很大差距，因而增加三大区域科技人力资源投入强度对于提高各区域规模效率的作用是不一样的，总体来看，增加苏北的科技人力资源投入能够最快地提高其科技人力资源的规模效率，苏中次之，苏南相比较而言较为缓慢。所以，为优化全省科技人力资源配置，江苏省对于地区科技人力资源的投入应优先向苏北地区倾斜，其次考虑苏中地区，最后考虑苏南，尤其是苏州市。

6.4.2.3 投入冗余分析

江苏省各地区科技人力资源综合效率低下的主要原因在于其规模效率偏低，由于本书是基于投入导向的 DEA 模型，因而投入冗余是导致规模效率低下的主要因素，接下来根据投影定理及投入冗余公式：$\Delta X_{j0} = X_{j0} - \hat{X}_{j0} = (1-\theta^*) X_{j0} + S^{*-}$具体分析 2004～2011 年江苏省各地市科技人力资源各项投入的冗余量，详见表 6－15、表 6－16 及表 6－17。

表 6－15 2004～2011 年江苏省各地市 I1 的冗余量

DMU	2004 年	2005 年	2006 年	2007 年	2008 年	2009 年	2010 年	2011 年	平均值
南京市	453.8	460.2	589.2	0.0	790.4	0.0	0.0	779.8	384.2
无锡市	38.3	55.7	59.1	0.0	57.7	0.0	0.0	47.0	32.2

续表

DMU	2004 年	2005 年	2006 年	2007 年	2008 年	2009 年	2010 年	2011 年	平均值
徐州市	0.0	0.0	0.0	0.0	0.0	0.0	0.0	44.5	5.6
常州市	121.0	74.8	64.3	36.4	45.5	0.0	71.4	46.5	57.5
苏州市	0.0	0.0	0.0	0.0	0.0	0.0	0.0	0.0	0.0
南通市	0.0	0.0	0.0	0.0	0.0	0.0	0.0	0.0	0.0
连云港	0.0	0.0	0.0	0.0	0.0	0.0	58.9	33.4	11.5
淮安市	34.2	11.2	0.0	0.0	0.0	0.0	140.0	95.6	35.1
盐城市	15.9	0.0	0.0	0.0	0.0	0.0	0.0	0.0	2.0
扬州市	22.3	0.0	37.8	0.0	0.0	0.0	0.0	43.1	12.9
镇江市	81.3	44.1	118.1	60.1	86.6	0.0	0.0	101.7	61.5
泰州市	0.0	0.0	0.0	0.0	0.0	0.0	0.0	0.0	0.0
宿迁市	0.0	0.0	0.0	0.0	0.0	0.0	106.7	0.0	13.3
平均值	59.0	49.7	66.8	7.4	75.4	0.0	29.0	91.7	47.4

表 6－16　2004～2011 年江苏省各地市 I2 的冗余量

DMU	2004 年	2005 年	2006 年	2007 年	2008 年	2009 年	2010 年	2011 年	平均值
南京市	0.000	1.361	9.736	0.000	0.000	0.000	0.000	0.000	1.387
无锡市	2.384	5.698	9.098	0.000	7.069	0.000	0.000	0.000	3.031
徐州市	4.089	18.384	28.858	0.000	0.000	0.000	0.000	0.000	6.416
常州市	0.000	0.000	0.000	0.000	0.000	0.000	0.000	0.000	0.000
苏州市	0.000	0.000	0.000	0.000	0.000	0.000	0.000	0.000	0.000
南通市	0.000	0.000	0.000	0.000	0.000	0.000	0.000	0.000	0.000
连云港	4.727	9.059	7.438	2.131	0.000	0.000	0.000	0.000	2.919
淮安市	0.000	13.858	6.771	6.332	0.000	0.000	0.000	9.280	4.530
盐城市	0.000	4.448	0.000	0.000	0.000	0.000	0.000	0.000	0.556
扬州市	0.000	7.959	13.165	0.000	0.000	0.000	0.000	0.000	2.641
镇江市	0.000	3.903	10.529	0.000	0.000	0.000	0.000	0.000	1.804
泰州市	0.000	0.000	0.000	0.000	0.000	0.000	0.000	0.000	0.000
宿迁市	0.000	0.000	0.000	0.000	0.000	0.000	0.000	0.000	0.000
平均值	0.862	4.975	6.584	0.651	0.544	0.000	0.000	0.714	1.791

表 6-17　2004~2011 江苏省各地市 I3 的冗余量

DMU	2004 年	2005 年	2006 年	2007 年	2008 年	2009 年	2010 年	2011 年	平均值
南京市	0.061	0.000	0.000	0.000	0.000	0.000	0.000	0.000	0.008
无锡市	0.000	0.000	0.000	0.000	0.000	0.000	0.000	0.000	0.000
徐州市	0.000	0.000	0.000	0.000	0.000	0.000	0.000	0.000	0.000
常州市	0.835	0.367	0.431	0.369	0.599	0.000	0.000	0.000	0.325
苏州市	0.000	0.000	0.000	0.000	0.000	0.000	0.000	0.000	0.000
南通市	0.606	0.122	0.209	0.434	0.000	0.000	0.000	0.000	0.171
连云港	0.003	0.000	0.000	0.000	0.000	0.000	0.000	0.000	0.000
淮安市	0.144	0.000	0.000	0.000	0.000	0.000	0.000	0.000	0.018
盐城市	0.454	0.289	0.675	0.000	0.000	0.000	0.000	0.000	0.177
扬州市	0.202	0.000	0.000	0.000	0.000	0.000	0.000	0.404	0.076
镇江市	0.670	0.000	0.000	0.000	0.000	0.000	0.000	0.076	0.093
泰州市	0.000	0.000	0.000	0.000	0.000	0.000	0.000	0.000	0.000
宿迁市	0.000	0.000	0.000	0.000	0.000	0.000	0.000	0.000	0.000
平均值	0.229	0.060	0.101	0.062	0.046	0.000	0.000	0.037	0.067

由表 6-15 可知，2004~2011 年南京市每万人口中中专及以上在校生数量冗余量的绝对值远高于其余地区，历年平均冗余量达到 384.2 人/万人，并且历年波动幅度也非常大，极差最高达到 790.4 人/万人，说明南京市在该项投入上存在较大浪费现象，导致这种现象的原因可能在于教育资源向南京市集聚，各大高校众多，由于在校生并未完全进入生产活动，因而显得人力资源相对投入“过剩”。除南京市以外，历年冗余量平均值高于 50 人/万人的地区还有常州市和镇江市，分别达到 57.5 人/万人和 61.5 人/万人，其余地区该项投入冗余量相对较小，历年波动不大。可见，冗余量较大的地区多集中于苏南，而苏中及苏北冗余量相对较小，考虑到苏南地区每万人口中中专及以上在校生数的投入量比苏中和苏北较大，说明大量的科技人力资源流入苏南地区，导致该地区科技人力资源相对过剩，因而有必要制定或完善相关人力资源政策，引导人力资源的地区流向。

由表 6-16 可知，2004~2011 年江苏省各地市 R&D 人员占科技活动人员比重出现冗余的年份较少，并且冗余量较小，整体来看，江苏省均值仅为 1.791%，这说明江苏省各地市在该项投入上存在一定的浪费现象，但浪费情况并不严重，能够较好地控制 R&D 人员的数量。就区域而言，苏南地区冗余量平均值为 1.244%、苏中地区为 0.880%、苏北地区为 2.884%，因而在R&D 人员占科技活动人员比重方面，苏中地区的结构相对最优，苏南次之且与苏中相差不大，苏北则冗余量较大。这说明苏中地区在该项投入上浪费情况较小，能够更好地控制 R&D 人员占科技活动人员数量的比重；而苏南地区由于科技活动人员数量在绝对值上远高于其余地区，所以保持较小的冗余量将更加困难；同时由于苏北地区在科技活动人员投入的绝对量上较小，在实际使用过程中即使较小的浪费也会引起较大的冗余值。因而，对于科技人力资源投入的使用方面，我们不能仅仅关注绝对量的大小，还要注意提高其利用率，优化结构比例。

由表 6－17 可知，就整体而言，2004～2011 年江苏省政府科技拨款占财政支出比重这项投入上冗余的年份较少，而且冗余量也相对较小，历年全省均值仅为 0.067%，说明江苏省各地市对科技拨款占财政支出比重方面控制得较好，浪费情况并不严重。就区域而言，江苏省三大区域在该项投入上历年冗余量均值分别为苏南的 0.085%、苏中的 0.082% 及苏北的 0.039%，可见在冗余量上苏南与苏中相差无几，而苏北冗余量相对更小，但是考虑到苏南地区在该项投入上的绝对量比苏中高出很多，所以其实际利用率比苏中地区更高，这也说明了冗余量高未必其利用率就低，同时，由于苏北地区在该项投入的绝对量方面很少，较小的冗余量说明其在使用过程中浪费情况较小，有必要增加该地区在政府科技拨款占财政支出方面的比重，从而更大限度地利用该项投入。总之，要改变地区科技人力资源投入产出效率低下的现状，不仅要增加其科技人力资源各方面的投入量，更要注重提高其对所投入资源的利用率，努力控制投入冗余的产生。

6.4.3 江苏省科技人力资源政策绩效的动态分析——基于 Malmquist 指数的全要素生产率变化测量

Malmquist 指数分析法通过对 DMU 历年面板数据的分析，能够对其有效性进行动态分析，它可以将生产率分解为效率变动和技术变动，因此，可以用来衡量全要素生产率的变动和增长。本节将借助 DEAP2.1 软件对江苏省各地级市 2004～2011 年的面板数据进行动态分析，计算出江苏省各地市科技人力资源投入产出全要素生产率的变动情况及其分解值情况，详见表 6－18 及 6－19。

表 6－18　2004～2011 年江苏省各时期科技人力资源投入产出全要素生产率及其分解情况

时期	Effch	Techch	Pech	Sech	Tfpch
2004－2005	1.184	1.052	0.962	1.231	1.245
2005－2006	1.024	0.985	1.149	0.891	1.008
2006－2007	0.800	1.664	1.076	0.743	1.331
2007－2008	0.721	1.517	1.009	0.714	1.094
2008－2009	1.334	1.525	1.021	1.307	2.034
2009－2010	0.935	1.154	1.023	0.914	1.080
2010－2011	1.086	1.138	0.971	1.118	1.235
均值	0.992	1.267	1.029	0.965	1.257

注：Effeh 表示综合效率变动指数；Techch 表示技术变动指数；Pech 表示纯技术效率变动指数；Sech 表示规模效率变动指数；Tfpch 表示全要素生产率变动指数。

表 6－19　2004～2011 年江苏省各地市科技人力资源投入产出全要素生产率及其分解情况

DMU	Effch	Techch	Pech	Sech	Tfpch
南京市	1.022	1.076	1.052	0.972	1.100
无锡市	1.040	1.223	1.021	1.019	1.272
徐州市	1.058	1.255	1.071	0.989	1.328
常州市	0.939	1.276	0.987	0.951	1.198
苏州市	1.000	1.273	1.000	1.000	1.273
南通市	1.160	1.408	1.069	1.086	1.634
连云港	0.981	1.256	1.061	0.924	1.232
淮安市	0.970	1.273	1.040	0.933	1.235
盐城市	0.931	1.371	1.022	0.911	1.276
扬州市	0.998	1.198	1.049	0.951	1.195
镇江市	0.982	1.266	1.005	0.977	1.243
泰州市	0.952	1.370	1.000	0.952	1.304
宿迁市	0.894	1.258	1.000	0.894	1.125
平均值	0.992	1.267	1.029	0.965	1.257

由表 6－18 可见，2004～2011 年江苏省各时期科技人力资源投入产出

的全要素生产率变动指数全部大于1，说明江苏省科技人力资源投入产出全要素生产率一直处于增长状态。每个时期的综合效率变动指数与技术变动指数不尽相同，因而各时期全要素生产率增长的具体原因是有区别的：2004~2005年和2010~2011年这两个年度情况相同，都是综合效率变动指数、技术变动指数及规模效率变动指数同时大于1，而纯技术效率指数小于1，说明这两个年度全要素生产率的提高在于综合效率的提高与技术进步的双重作用，而综合效率值的提高主要是因为规模效率的提高所致；2005~2006年度综合效率变动指数和纯技术效率变动指数同时大于1，而技术变动指数及规模效率变动指数都小于1，说明纯技术效率值的提高是综合效率值提高的主要因素，而本期全要素生产率提高的原因主要依赖于综合效率值的提高；2006~2007年、2007~2008年及2009~2010年这三个年度相类似，都是只有技术变动指数这一个指标大于1，其余的全都小于1，这说明本期全要素生产率提高的主要因素在于技术进步的贡献；2008~2009年度全部五个指标都大于1，说明这个时期全要素生产率的提高是技术进步与规模效率提高共同作用的结果。

从总体来看，2004~2011年江苏省全要素生产率指数均值为1.257，年均增长25.7%；综合效率均值为0.992；技术变动指数均值为1.267，年均增长26.7%；纯技术效率变动指数均值为1.029，年均增长2.9%；规模效率变动指数为0.965。这说明江苏省科技人力资源投入产出全要素生产率始终处于增长的过程，而在这个过程中技术进步起到更为关键的作用，同时也表明江苏省各地市科技人力资源各项投入的配置结构不断得到优化。

表6-19显示的是不同时期江苏省科技人力资源投入产出全要素生产率变动及其分解情况，我们接下来在此基础上对江苏省各地级市科技人力资源投入产出全要素生产率及其分解情况进行比较，如表6-19所示。

由表6-19可见，2004~2011年江苏省各地市科技人力资源投入产出的全要素生产率变动指数全部大于1，说明江苏省各地级市历年科技人力资源投入产出全要素生产率都处于增长状态，而每个地区全要素生产率提高的主要原因又不尽相同，接下来具体分析其原因。

南京市和徐州市情况相同，两者只有规模效率变动指数小于1，其余分解值全都大于1，这说明对于这两个地区而言，2004~2011年间科技人力资源投入产出全要素生产率提高的主要因素在于技术进步，其中徐州技术进步年均增长25.5%；无锡市、苏州市及南通市情况类似，三者所有分解值都大于1，说明这三个地区科技人力资源投入产出全要素生产率的提高源于科技进步与规模效率变动指数提高的共同作用，其中南通市技术进步最快，年均增长 40.8%；常州市与其余地区均不相同，只有技术变动指数大于 1，其余分解值全都小于 1，说明常州市科技人力资源投入产出全要素生产率的提高仅依赖于技术进步，历年技术进步平均增长 27.6%，但此时纯技术效率却在下降；连云港等其余所有地区情况相同，它们都是综合效率变动指数和规模效率变动指数小于 1，技术变动指数及纯技术效率变动指数大于 1，说明这些地区全要素生产率提高都依赖于技术进步，并且同期纯技术效率变动指数也在提高。

总体而言，2004～2011 年江苏省各地市科技人力资源投入产出全要素生产率提高的主要原因在于各地区技术进步水平的提高。通过计算还可以发现，从区域角度来看，江苏省三大区域技术进步增长幅度是不一样的，其中苏南地区为 22.28%，苏中地区为 32.53%，苏北地区为 28.26%。可见，技术进步最快的是苏中地区，其次为苏北地区，最后为苏南地区。这是因为苏南地区整体技术水平的绝对量相比苏中和苏北已经非常高了，进步空间相对有限，因而年均增长比例相对较小；苏北地区虽然技术进步空间很大，但是由于本身经济状况不佳，对于科技投入量相对较小，这在一定程度上限制了该区域的发展；而苏中地区由于本身科技进步空间较大，同时对于科技的投入量较大，能够快速促进科技进步，因而历年技术进步水平增长幅度为三大区域首位。

6.5 政策建议

通过对 2004～2011 年江苏省各地市科技人力资源现状的分析及利用相关改进的 DEA 模型对江苏省各地区科技人力资源投入产出进行实证研究，我们能够全面而准确地识别出江苏省各地区科技人力资源投入产出方面存在的一系列问题与不足，同时也为江苏省各地区科技人力资源优化配置的路径选择与政策建议提供了依据。接下来，我们将在前述分析的基础上结合江苏省当前实际提出以下几条建议，旨在为促进科技人力资源优化配置的路径选择及政策建议提供参考。

6.5.1　完善科技人力资源相关制度，为科技人力资源优化配置提供保障

6.5.1.1　发挥政府职能，引导全社会的关注与重视

科技人力资源的优化配置是一项浩大的社会系统工程，在这个系统工程当中，政府部门起着关键作用。政府应制定并完善相关科技人力资源方面的制度，引导全社会对科技人力资源的重视与投入，同时，还应加强对相关科技人力资源制度执行情况的监督与控制，从而为科技人力资源优化配置提供强有力的保障。例如，政府在科技人力资源投入方面建立并完善一些法规政策，将科技人力资源财力投入、当年 GDP 及财政收入三者联系起来，优化科技人力资源财力投入占 GDP 的比重、科技人力资源财力投入占财政收入的比重，全面协调经济、社会、科技可持续发展。

6.5.1.2　加大科技基础设施建设，改善科技人力资源环境

任何生产活动都是在一定环境内完成的，并且生产活动的过程及结果都要受到环境因素的影响。因此，为了保证科技人力资源活动的顺利实现，需要营造一个优越的科技人力资源环境，包括社会经济发展环境、相关法律法规等制度保障环境以及科技创新环境等。

科技基础设施是科技发展的基本要素，为科技发展进步提供强有力的支撑，同时也是推动经济社会不断发展的必备条件。江苏省目前科技基础设施有待加强，科技人力资源环境亟待改善，因此加大对道路交通、水电等公共基础设施的建设，有助于创造良好的投融资环境以及对科技人力资源的吸引力环境。同时大力引进国内外高精尖科研仪器，改善科技活动人员的工作环境及待遇，加强科技基础设施建设，如通讯、网络、科研机构及高校建设，这些有利于提供一个良好的科技人力资源环境。

6.5.2　提高科技人力资源投入产出综合效率，缩小区域差距

由前述分析可知，2004～2011 年江苏省科技人力资源投入产出综合效率整体偏低，区域间差距明显，为提高科技人力资源利用率并优化其配置，有必要采取措施提高江苏省各地市科技人力资源投入产出综合效率以及缩小各区域间的差距。

6.5.2.1　加强科技人力资源投入力度，提高其规模效率

2004～2011 年间江苏省各地市科技人力资源投入产出均处于规模收益递

增状态，同时综合效率低下的主要原因在于规模效率偏低，所以增加科技人力资源各方面的投入量有助于综合效率的提高，具体可从财力投入与人力投入两方面考虑。同时，在加强地区科技人力资源投入力度时应优先考虑苏北，其次苏中，最后苏南地区。

（1）增加财力投入强度，建立多元科技财力投入体系。

科技人力资源是推动经济社会发展的第一资源，其规模与素质是衡量国家与区域科技竞争力的关键指标，因此有必要增加科技人力资源财力方面的投入强度，以提高科技人力资源规模与素质。但是需要注意的是，在提高财力投入强度的同时还应采取措施最大限度地减少资金浪费，提高利用效率。例如，可以通过减少拨款环节、规范资金管理、监督与检查来提高资金利用效率。

在当前的科技人力资源财力投入体系中，政府部门占据着主导地位，因而政府应充分发挥其职能，体现其在建立多元化科技人力资源财力投入体系中的引导与支撑作用；但科技人力资源投入仅依靠政府显然是不够的，还应开拓新的财力投入融资通道，建立多元化科技财力投入体系。例如，政府等相关部门帮助中小企业解决融资难题，重视并扶持其自主创新。

（2）加强科技人力资源队伍建设。

科技人力资源的规模、素质及其稳定性对于推动经济社会的发展有着极其重要的作用，因而有必要加强科技人力资源队伍的建设。

第一，全面实施科技人力资源培育工程。科技人力资源作用的发挥离不开对他们的培养，结合江苏省高层次人力资源缺口较大的现状，江苏省在组建科技人力资源队伍时应把高层次、高技术、复合型人力资源的培育工作放在优先位置。

第二，努力做好高层次人力资源引进工作。为了壮大江苏省科技人力资源队伍的规模，提高其素质水平，如果仅依赖于内部培养机制，显然其速度跟不上经济发展的速度，这就需要加紧实施“国内外高层次人才引进工程”，建立并完善各项科技人力资源环境基础设施，提高区域高层次人力资源的吸引力，并且能够建立有效的激励体制，充分发挥人力资源队伍的主观能动性及创造性。

第三，引导科技人力资源区域流动。由科技人力资源人力投入冗余分析的结果可知，2004～2011 年江苏省总体上在科技人力资源人力投入方面存在浪费情况，尤其是苏南地区浪费现象严重。造成这种现象的原因并不是人力资源的绝对“过剩”，而是由于人力资源在区域间的流动不畅，导致人力资源向苏南等经济发达区域集聚，而这些区域一时又安置不了大量的人员，造成人力资源浪费现状。因而，江苏省政府应采取措施引导富余科技人力资源向苏中及苏北等经济欠发达区域流动，缩小区域间科技人力资源投入量的差距，提高各地市科技人力资源投入产出规模效率，从而最终提高其综合效率值。

6.5.2.2　提高科技人力资源管理水平，推动科技进步水平不断提升

由于科技人力资源投入产出综合效率值是纯技术效率值与规模效率值的乘积，只提高规模效率值并不能保证综合效率值的提高，所以还可以从提高科技人力资源投入产出纯技术效率方面入手，积极推动江苏省各地市科技人力资源管理水平的提高，从而达到最终提高综合效率值的目的。

由 2004 ~2011 年江苏省各地市科技人力资源投入产出纯技术效率分析结果可知，导致各 DMU 非 DEA 有效的原因之一就是纯技术效率偏低，因而现阶段江苏省各地市科技人力资源的管理水平还有待提高，有必要完善科技人力资源的管理机制，提高科技人力资源管理水平。通过以下三方面可以帮助完善科技人力资源管理机制。

第一，在政府宏观调控下以市场作为资源配置的主要手段，积极引入竞争机制，充分调动科技人力资源的主动性及创造性。

第二，建立公平合理的收入分配制度，保障贡献得到认可。

第三，建立科学的科技人力资源激励机制，推动科技人力资源产出提高。

由于江苏省科技人力资源投入产出纯技术效率值区域表现为苏南高于苏中，苏中高于苏北，因此苏北地区科技人力资源管理水平应优先得到加强，其次为苏中，最后为苏南，这样才能统筹区域协调发展，减小区域之间科技人力资源投入产出纯技术效率差距。

由 2004 ~2011 年江苏省各地市科技人力资源投入产出全要素生产率分析结果我们知道，总体而言，八年间江苏省全要素生产率不断改善的主要原因在于技术进步水平的不断提高，并且江苏省科技进步水平同样存在区域差异，苏中科技进步幅度最大，苏北次之，苏南则相对较小，出现这种现象的原因本章前几节已讲述清楚，此处不再赘述。因而目前应加大对苏北区域科技的投入与支持，快速提高该区域科技进步水平，努力缩小与苏中及苏南区域科技水平的差距。

7 江苏省科技人才引进和培养案例

人才作为第一资源，在经济和社会发展中的重要作用不言而喻。“十二五”期间，江苏进入加快转变经济发展方式、推动经济转型升级的关键阶段，人才引领产业发展、提升区域创新能力的任务更加紧迫，人才优势向科技优势、产业优势和竞争优势转化的态势更加明显。

经历了“十一五”和“十二五”的发展，江苏在人才素质、人才投入上都获得了大幅提升。截止到2012年，全省人才资源总量908万人，其中，高层次人才达60.65万人，占人才资源总量的6.68%；技能人才中，高技能人才占28.25%。全省人力资本投资达7614亿元，比2011年增加了1000亿元，人力资本投资占全省GDP的13.8%，仅省级财政性人才发展专项资金就达17.2亿元。值得注意的是，2012年“全社会研发投入”比上年增加200多亿元，达到1288亿元，占GDP的2.3%。

人才质量的提高是江苏省多年来大力度引进和培养高层次人才的结果。近年来，江苏将海外高层次“创新创业人才”和“领军”人才的引进工作作为重点工作谋划统筹，在政策、资金、配套服务等方面，形成全省上下共抓、共同推进的局面。2007年起江苏省重点实施“江苏省高层次创新创业人才引进计划”，2008年起重点实施“江苏省万名海外高层次人才引进计划”等。与此同时，全省各地、各部门按照统一部署，结合实际制定本地区海外高层次人才引进计划，并认真组织实施。13个市60多个县（区）均推出了本地专项引才计划，如南京“321人才计划”、苏州“姑苏计划”、无锡“530计划”、常州“千名人才集聚工程”等，全省累计投入人才引进资金达26亿元。尤其是新近出台的南京“321人才计划”，计划到2015年，引进3000名创业人才，培养200名科技创业家，集聚“千人计划”创业人才100人，引进规模和扶持力度前所未有。依托各级人才引进计划，截至2012年底，全省共资助引进高层次人才10752人，其中国家“千人计划”385人，省“双创计划”1793人。省“333工程”、“六大人才高峰行动计划”、“科技企业家培训工程”等重要培养工程，在提升人才层次、培养本土人才等方面发挥巨大作用。此外，多项数据显示，江苏省经济发展一线的科技创新活力增加，企业创新意识增强，产学研对接合作日益活跃。2012 年，全省建在企业的院士工作站、博士后科研工作站和研究生工作站数量大幅增加，分别达 326 个、241 个、1012 个。其中，企业研究生工作站为 2011 年的两倍。全省全年申请专利为 47 万多件，比上年增长 35. 67%，其中 30 多万件由企业申请；有效发明专利达 4. 5 万件，其中企业占 2. 7 万件①。

在政策、资金、配套等全方位推进下，江苏省的人才发展主要指标位居全国前列，人才工作取得了显著成绩。在这样的背景下，企业是如何借力政策东风，通过人才的引进和培养提升核心竞争力，进而实现人才兴企？下文将引入几个企业案例，介绍这些企业成功的人才引进和培养经验，提供政府人才政策实施的反馈，供进一步的政策参考。

7. 1 人才引进

人才战略有两个方面，一是引进，二是培养。对于人才引进而言，也有两个重点，即对高层次人才的引进和提升人才引进的整体质量。下面将介绍两个案例。

7. 1. 1 通过企业研究院引进重点人才：沙钢企业案例

企业发展靠人才，其中重点人才发挥的作用是巨大的，这也是江苏省人才工作的重点。沙钢集团在这方面取得了突出的成绩。

7. 1. 1. 1 企业概况

江苏沙钢集团有限公司（以下简称“沙钢”）位于长江之滨的新兴港口工业城市张家港，东临上海、南靠苏州、西接无锡、北依长江，拥有 10 公里沿江岸线，高速公路四通八达，区位优势得天独厚。

1975 年，沙钢靠 45 万元自筹资金起家。改革开放 30 多年来，沙钢定位国际先进水平，建设一流钢铁企业，大力推进科技创新、管理创新和机制创新，企业实现了又好又快发展。目前，公司拥有总资产 1050 亿元，职工

① http：//jsnews. jschina. com. cn/system/2013/07/13/017937002. shtml

17000余名，年产铁、钢、材的能力分别为1810万吨、2160万吨和2225万吨。

沙钢是目前国内最大的电炉钢和优特钢生产基地、江苏省重点企业集团、国家特大型工业企业。企业先后荣获“中国企业管理杰出贡献奖”、“全国质量效益型先进企业”、“全国用户满意企业”、“全国优秀企业（金马奖）”、“中国质量、服务、信誉AAA级企业”、“国家创新型企业”、“江苏省高新技术企业”、“江苏省‘十一五’技术改造先进单位”、“江苏省企业创新先进单位”、“江苏省信息化与工业化融合示范单位”、“江苏省循环经济建设示范单位”等荣誉称号。主导产品“沙钢”牌宽厚板、热轧卷板、高速线材、大盘卷线材、带肋钢筋等已形成数十个系列和300多个品种，其中高速线材、带肋钢筋等产品荣获“实物质量达国际先进水平金杯奖”、“国家免检产品”、“全国用户满意产品”等称号；带肋钢筋还获得了CARES认证，国内市场占有率7%；优质高线荣膺“中国名牌”产品和“出口免验”商品，国内市场占有率10%；热轧板卷通过了欧盟CE认证，船板钢通过了九国船级社认证，“沙钢”牌商标获“中国驰名商标”。

2012年，面对严峻的市场形势，沙钢充分发挥特有的核心竞争优势，坚持依靠科技创新，不断优化产品结构，全面深化节能减排，全力开拓市场营销，企业生产经营保持了高效稳健的发展态势。全年完成炼铁1653万吨、炼钢1976万吨、轧材2062万吨；实现销售收入1490亿元。

7.1.1.2 沙钢的重点人才引进实践

沙钢以“建设精品基地、打造百年沙钢”为长期发展战略，目标为“世界五百强”，其发展思路为“创新、转型、提升”。而要达到这样的目标，沙钢对人才的需求是巨大的。尽管通过人才引进，沙钢集聚了一批有技术、有理论的人才，公司本部科技人员总数达5500多人，占公司职工总数的32%，但就企业的长远发展来看，沙钢的高层次人才仍然相对缺乏，企业掌握核心技术的人才仍相对较少，对于开发新产品的能力不足，这些必然会影响沙钢在创新中不断发展的步伐。

面对高层次人才缺乏的挑战，沙钢投入了巨资加强人才引进工作，以优厚的薪酬待遇、良好的工作条件和优美的生活环境，面向海内外广纳钢铁冶金领域的高端人才。

沙钢现任总工程师张晓兵的引进就是重点人才引进工作的重要成果。张晓兵是国内著名的冶金专家，他是徐匡迪院士的第一个博士生。1997年在加拿大麦克马斯特大学做博士后研究，两年后留校做高级研究员，专门研究纯净钢冶炼技术、钢中非金属夹杂物控制，又专攻“易切削钢”技术，并在瑞士、美国、加拿大和印度等钢铁公司从事技术顾问工作。张晓兵博士被列为江苏省首批高层次创业创新人才，并获得100万元科研经费资助。张晓兵博士总结自己进入沙钢工作的原因主要有三点：沙钢机制明确，具有活力；沙钢发展前景良好；沙钢领导值得信任。

沙钢董事局常务执行董事、第一副总裁刘俭同样是人才引进的重要成果。刘俭于1982年毕业于江西冶金学院（现江西理工大学）冶金系轧钢专业(77级)，同年分配进入沙洲县钢铁厂（后改名为张家港市钢铁厂、江苏沙钢集团有限公司)。刘俭从一名学轧钢专业的技术人员成长为今天的沙钢常务副总经理兼总工程师、研究员级高级工程师，是国务院授予的有突出贡献专家，享受国家政府特殊津贴。

沙钢还以科技人才为主体着力构建科技创新体系，多方位打造人才创新载体，建立了国家级企业技术中心、博士后科研工作站，与北京钢铁研究总院、中南大学、东北大学、南京工业大学、苏州大学等国内外著名科研院所及高校建立高层次的产学研合作平台，组建了先进钢铁材料技术国家工程研究中心。

2007年2月，为推动沙钢以及江苏省钢铁行业的技术进步和结构调整，经省政府批准，成立了以沙钢为依托的江苏省（沙钢）钢铁研究院，同时聘请国际著名工学博士出任院长，由1位国家首席科学家、4位中国工程院院士、7位教授或教授级高工等组成技术委员会。沙钢钢铁研究院现有研发人员130余人，其中博士17名，硕士55名，外籍高级冶金专家7人，海归冶金专家6人，每年还邀请世界钢铁发达国家的客座教授、访问学者来研究院从事研究工作或讲学，提高广大研究人员的能力，强化科研团队体系，产生了人才创新团队集聚效应。

截至目前，沙钢已投入钢铁研究院软硬件专项建设资金8亿多元，建成研发大楼及实验工场和其他配套设施，总建筑面积3万多平方米；购入当今世界最先进型号的60余台/套研发分析设备，为科技人才进行钢铁材料和工艺技术的研究开发创造了良好条件，增强了技术开发、工程配套能力和持续创新能力①。

沙钢重点人才引进的突出做法是产学研结合。一方面有针对性地引进重点人才，另一方面通过在企业设立研究院的形式，实现企业与科研机构的无缝对接，将科研领域的前沿、领军人才吸纳入企业，解决企业的实际问题。

---

① http：//www. js. xinhuanet. com/zjg/2010 –07/06/content_ 20262679. htm.

通过这样的人才引进措施，以重点人才拉动广大研究人员，实现人才优势。

7.1.2　引进高校人才，实现结构优化：徐矿集团案例

重点人才对企业发展常常起到关键性的作用，企业的人才结构往往关系企业的长期和可持续发展。徐矿集团致力于通过人才引进实现企业的人才资源结构优化。

7.1.2.1　企业概况

徐州矿务集团有限公司（简称徐矿集团）是国家六部委首批核定的特大型企业，已有131年历史，是江苏省人民政府授权的国有资产投资主体，也是中国井工开采历史最长的煤炭企业之一，是江苏省和华东地区重要的煤炭生产基地。全集团现有18个分公司、11个非公司制企业、37个全资（控股）子公司、子企业和5个事业法人单位，在岗职工6万人，年产煤炭2000余万吨，连续多年被评为“信用江苏诚信单位”和资信AAA等级企业，位列全国500强大企业集团第240位，先后获得“全国五一劳动奖状”、“全国学习型组织标兵单位”、“中国优秀企业文化奖”、“全国煤矿安全质量标准化公司”、“全国煤炭工业科技创新先进单位”、“全国煤炭工业安全生产先进单位”、“全国煤炭工业科技管理先进单位”、“中国企业最佳信息化战略奖”、“全国精神文明建设先进单位”和“江苏省文明单位”、“江苏省创新型试点企业”等荣誉称号。

徐矿集团拥有一系列优势保证发展。在地理方面，集团总部坐落于历史文化名城徐州市，地处苏、鲁、豫、皖四省接壤地区，处于东部沿海开放和中西部开发的连接带、长江三角洲与环渤海湾两大经济板块的结合部，具有显著的连贯南北、承东启西的战略区位特征。在资源方面，徐矿集团积极参与西部富煤省区煤炭资源开发与整合，初步构建了新疆、陕甘、贵州三大异地煤炭生产基地，“十二五”期末全集团生产能力将达到5000万吨/年以上。在产业结构方面，徐矿集团以建设新型能化基地为重点，着力发展“煤、电、化”三大支柱产业。在此基础上，利用优势积极引进战略投资，改制重组，创新商业模式，发展其他产业。在技术方面，徐矿集团长期致力于采煤工艺进步和安全高效矿井建设，拥有从极薄煤层到厚煤层、从平缓倾角到大倾角乃至急倾斜煤层的开采工艺和技术，其中大倾角综采、不稳定顶板条件下综采、顶水综合开采、三软煤层综放开采和旋转90度综采等核心技术处于国内领先水平，矿井高温热害治理技术达国际领先，建有江苏省深部开采综合技术研究工程中心，与中国矿业大学合作建成了江苏省企业院士工作站。

在人才方面，徐矿集团具有丰富的人才资源优势。全集团人才资源总量为16204人，其中经营管理人才4219人，专业技术人才9168人，高技能人才2907人。拥有政府特殊津贴专家1名，省有突出贡献的中青年专家3名，省科技领军人才1名，省科技带头人11名，具有高级以上职称786人。集团公司优秀专家、专业技术拔尖人才及其培养对象279人，首席专业技术人员300名。

7.1.2.2　徐矿集团的人才资源结构优化实践

徐矿集团人才规模较大，但存在高技能人才短缺、专业分布不均、年龄结构偏大、复合型人才缺乏、自主创新能力薄弱等问题。对此，徐矿集团的态度是“想干事就有机会，能干事就有舞台，干成事就有地位”，大力实施人才强企战略，有力地促进企业转型。

徐矿集团的转型高度依赖于人才。在集团《“十一五”人才发展规划》、《徐矿集团2010~2020年中长期人才发展规划纲要》等政策文件指导下，截至2012年7月，徐矿集团拥有各类专业技术人才9636名，占职工总数的16.71%。其中，享受政府特殊津贴专家1名，有突出贡献中青年专家2名，省“333高层次人才培养工程”首批中青年科技领军人才1名，科学技术带头人8名，首席工程师43名，首席工程师助理243名。拥有技能型人才10466名，占职工总数的18.04%。具有大学本科及以上学历的4642人。

发展人才增量是徐矿集团面对转型所采取的重要的人才战略。2007~2012年，企业共引进高校毕业生2280人。按照实用性、急需性、紧缺性的原则，大力引进成熟型人才。以产业转型、项目引导为载体，通过与合作企业开展技术服务、项目承包等方式，引进煤化工等新型产业高管5人、成熟技术人才116人、高校毕业生185人，实现了煤化工人才的从无到有，基本满足了陕西长青能源化工等大型煤化工项目建设和生产的需要。

2013年徐矿集团加大了高校毕业生招聘工作的力度，该年度招聘的大学生呈现高学历、名校化的特点。2013年已经引进高校毕业生301名，毕业于中国地质大学、中国矿业大学、苏州大学等985高校、211高校或知名院校的人才比例提高。特别是经济、医学、电力、国贸等非煤产业，学生来自名校的比例较高。大学生构成了徐矿集团人才梯队未来持续发展的支撑力量，引进大学生质量的提升意味着徐矿集团从人才结构上不断进行优化，为集团的转型和可持续发展提供了良好的动力。

集团对高校毕业生高度重视，下属公司也仿照集团开展了与学校结合的各种有益的人才引进探索。以徐矿集团陕西长青能源化工有限公司为例，该公司成立于2010年1月，主要从事150万吨/年甲醇及配套产品项目建设与生产。该公司是徐矿集团的第一家煤化工企业，在工程、生产等各方面都没有现成的经验，周边企业激烈的人才争夺也给该公司的人才引进造成了压力。对此，公司确定了校企联合的人才引进模式。公司与西安石油大学、西安理工大学、西安国防工业学院、西安科技大学等高校建立了战略合作关系，在高校毕业生招聘上，通过企业、学校和应届毕业生三方协议来保证公司的人才引进工作。对有意向的应届毕业生，公司派出专人赴学校开展专项培训，集中授课，并在学生在校的最后一年组织针对性培训，实现在毕业季来临之前提前锁定学生。这一做法有效地保证了公司人才引进的实际效果。

此外，内部引进也是徐矿集团重要的人才优化措施。徐矿集团坚持“德才兼备、以德为先”的选才标准，关注长期在基层和创业一线工作的人才，关注在困难或复杂环境中埋头苦干、表现突出的人才。在干部岗位的用人上，徐矿集团有74%的新提拔干部来自于内部引进，即生产和创业一线的突出人才。

7.1.2.3 案例述评

对高校毕业生的引进帮助徐矿集团积累了企业转移和可持续发展所需要的人才资源，并且转变了人才结构。

在专业结构上，徐矿集团的主要支柱产业为“煤、电、化”，需要的人才主要集中在这三个领域。徐矿集团高校人才引进的重点放在了中国地质大学、中国矿业大学等在“煤、电、化”领域有着很强专业背景的院校，这就确保了集团人才的专业结构符合集团支柱产业的发展要求。此外，徐矿集团还涉足医院、房地产、运输物流等领域，对于这些非支柱产业，徐矿集团需要以人才来带动发展，其高校人才引进的重点就放在了985高校、211高校和知名院校上，从来源上确保了徐矿集团的人才质量。

在年龄结构上，徐矿集团通过大量引进高校毕业生，调整人才结构，使之年轻化，这对集团人才年龄结构偏大的问题有所帮助。

在高技能人才和复合型人才引进上，徐矿集团并没有完全依赖外部引进，而是采取了外部引进和内部引进相结合的办法，把内部成长的人才引进、调整到合适的岗位，实现了集团内部人才的有效流动，并且这种机制帮助培养了一批高技能和复合型人才。

总体来看，面向高校广进人才、内外部结合引进是徐矿集团人才引进的主要举措，也是其人才结构优化的重要构成。但必须看到，徐矿集团目前的人才结构还存在改善的空间，比如：大学及以上毕业生占比不足10%，高技能人才和复合型人才仍然缺乏；同一些新兴高新产业相比，煤矿产业的行业声誉常同“苦、累”联系在一起，在人才吸引方面并不具备天然的优势。徐矿集团如何在这一相对不利的情境下引进更多更高质量的人才，是未来一段时间内需要持续关注的。

7.2　人才培养

光引进人才，并不必然能保证企业的转型升级，如何用人、育人是人才持续发挥作用的保障机制。在这方面，政府政策主要指出了人才培养的方向、并提供了一定的资金和配套保障。人才的培养更多是靠企业自身。下面以江苏省测绘地理信息局和阳光集团为例介绍江苏企业人才培养的实践。

7.2.1　提升能力，培养骨干：江苏省测绘地理信息局案例

人才培养首先是能力的培养。通过培训等形式，提升员工的核心能力，开发员工的人力资本，是多数企业人才培养的不二选择。江苏省测绘地理信息局作为一家科技服务机构，人才的专业能力显得尤为重要。

7.2.1.1　组织概况

江苏省测绘地理信息局为江苏省人民政府行使测绘地理信息行政管理职能的工作机构，负责全省测绘地理信息工作的统一监督管理，下辖江苏省测绘工程院、江苏省基础地理信息中心、江苏省测绘资料档案馆、江苏省测绘研究所、江苏省测绘产品质量监督检验站、江苏省测绘市场管理中心、江苏省测绘地理信息局职业技能鉴定指导中心、江苏省测绘地理信息局信息中心（江苏省测绘地理信息局后勤服务中心）、江苏省基础测绘设施技术保障中心9个全额拨款事业单位。另外，挂靠局管理的有武汉大学江苏省测绘地理信息局函授站、江苏省测绘科技信息站、江苏省测绘学会、江苏省测绘行业协会、江苏省测绘职工思想政治工作研究会5个单位。截至2012年3月，局机关编制为66名（含局工会3名编制），各直属单位全额拨款事业编制696人。

7.2.1.2　江苏省测绘地理信息局的能力提升和骨干培养实践

随着科学技术的发展和市场对测绘地理信息需求的不断攀升，江苏省测绘地理信息局遭遇了高层次创新型人才匮乏、优秀青年人才数量不足、束缚人才发展的机制障碍尚未根本消除等挑战。面对这些挑战，该局高度重视人才，大力实施人才强测战略，不断完善引人、育人、用人及激励保障机制，激发人才队伍的活力和效能，全局系统人才结构更加优化、队伍布局更加合

理，有力提升了测绘地理信息服务保障能力。

在人才基础方面，江苏省测绘地理信息局成立专门的人才工作领导小组，研究解决全局人才工作重大问题，多次组织人事等部门开展人才调研，召集各类技术、管理人员进行座谈，切实掌握全局人才队伍现状。为此，该局制定了全局《“十二五”人才发展规划》，出台了《江苏省测绘科技进步奖励办法》、《江苏省测绘系统杰出测绘技术人才评选办法》、《江苏省优秀测绘工程评选办法》等规章制度。全面实行人才工作目标责任制，将人才工作指标列入《江苏省测绘局直属单位目标责任制考核办法》，并作为领导干部年度工作考核的重要依据。对科技人才工作，局系统逐步推行层层考核机制，通过对人才工作考核指标的细化、加强对考核工作的指导督查、将考核结果与单位领导的年度管理目标奖直接挂钩等方式，增强各单位领导班子对人才工作的责任意识，强化了人才工作绩效考核的正向导向作用。

江苏省测绘地理信息局把高技能人才的培养定位于国家战略，设计并提出了“科技领军人才工程”、“青年学术和技术带头人培养工程”、“卓越工程师培养计划”、“高技能人才发展计划”、“经营管理人才培养工程”5 项人才重点工作。在这 5 大重点人才工程中，有的是已实施多年并卓有成效的，有的是为适应测绘地理信息产业快速发展提出的新的人才培养工程，覆盖了人才发展的方方面面，包括人才培养、吸引、使用等各个环节，引领性、带动性都很强。其中，“科技领军人才工程”已经产生了首批人选。“青年学术和技术带头人培养工程”是原“新世纪人才培养工程”的主体部分，现在突出强调建立三级人才培养格局，覆盖全部专业技术骨干。“卓越工程师培养计划”是测绘地理信息局和教育部联合开展的一项人才培养工程，有关工作已经启动，吸引了很多高校和地理信息企业报名参加。上述措施提供了人才培养的制度保障。

在引进培养方面，专业建设是江苏省测绘地理信息局工作的中心。2006 年以来，江苏省测绘地理信息局通过面向全国公开招聘事业单位专业技术人员、考录公务员、择优录用军转干部及特殊人才引进等方式广纳贤才，共引进各类优秀人才 198 名，其中研究生以上学历人员 113 名，全局人才布局更加合理、结构更加优化。针对测绘地理信息工作科技含量高、专业性强、知识覆盖面广等特点，该局紧紧盯住测绘地理信息技术前沿，在江苏 CORS 系统维护、像素工厂、数字城市和框架建设等领域重点引进行业创新领军型人才和岗位紧缺急需人才 8 名，其中博士后 1 名、博士 1 名、硕士 5 名。2010 年，局直属单位江苏省基础地理信息中心引进陈昕博士任中心数据建设部主任，该部门在天地图 · 江苏承担的数字城市项目建设方面取得了优异的成绩，天地图·江苏被评为“中国测绘科技进步奖”二等奖。

江苏省测绘地理信息局高度重视人才专业能力的培养。该局连续多年举办局系统基础测绘从业人员暨专业技术人员继续教育培训班，每年参训人数达数百人，涵盖了局系统大部分专业技术人员和生产一线员工。该局还选派技术骨干及技术管理人员近百人到南京师范大学、武汉大学、中国测绘科学研究院、国家卫星测绘中心等单位及德国、澳大利亚、美国、加拿大、日本等国学习地理信息系统开发、精密工程测量、卫星数据处理等前沿技术，了解和掌握测绘核心技术发展动态。自 2006 年起，为进一步拓宽测绘人才队伍的国际化视野，该局与德国汉诺威中国中心、澳大利亚墨尔本大学、荷兰 RTC 等境外培训机构相继建立了长期协作关系，组织全省测绘管理人员和技术骨干赴境外培训，每年一期至两期，每期 20 人左右。

江苏省测绘地理信息局尤其重视高端人才的培养与使用，发挥了局武汉大学、河海大学、南京工业大学研究生培养基地，国家测绘地理信息局重点实验室，江苏省地理信息技术重点实验室，3S 中心等科教平台作用，打造高端人才。由江苏省基础地理信息中心、江苏省测绘工程院、南京师范大学地理信息科学江苏省重点实验室和江苏省遥感中心四家单位共同组建的江苏省地理空间信息技术工程中心，是全省唯一获省政府批准组建的地理信息类工程中心。以该中心、省测绘研究所等科研机构为载体，推进产学研结合，发挥人才孵化器效应，大力促进了全省测绘事业和地理信息产业技术创新、成果转化和科技人才培养。该中心承担了江苏省地理空间框架项目支持与设计、数字泰州地理空间框架建设等工作。

江苏省测绘地理信息局直属单位还与武汉大学就一些生产、科研中的重点问题开展合作研究，派单位骨干带着课题与项目到高校和科研院所进行合作研修。与武汉大学合作的“江苏省高精度动态三维测绘基准研究与建立”、“广域实时精密定位技术与示范系统”、“南京市似大地水准面精化”等项目，与国家测绘地理信息局卫星测绘应用中心合作开展的“国产卫星正射影像服务江苏省综合应用示范”、“国产测图卫星在太湖流域生态环境监测与评价中应用示范”、“省域地理国情综合数据库建设研究”、“高分辨率遥感卫星在江苏省现代测绘和地理信息服务中的综合应用示范”等项目，都确定了青年项目骨干带题到合作单位开展工作、研修提高。上述实践专注于人才能力的开发和提升，尤其是专业能力的开发，这为该局的整体人力资本提供了保证。

“十一五”期间，江苏省测绘地理信息局测绘地理信息服务保障能力显著提升，测绘地理信息服务产值超 10 亿，职工收入增长 80%，荣获“国家测绘科技进步奖”、“地理信息科技进步奖”、“江苏省科技进步奖”等省部级奖项30余项，获得“江苏省交通厅科技进步奖”、“江苏省国土厅科技创新奖”、“江苏省测绘科技进步奖”等奖项100余项，员工在各类期刊杂志上发表了500多篇科技论文。全局在编人员中，研究生以上学历占24%，大学本科学历占47%；高级职称人数占专业技术人员的28%，2人享受国务院特殊津贴，1人获得“江苏省有突出贡献的中青年专家”荣誉称号，6人入选江苏省“333高层次人才培养工程”中青年领军人才和中青年科学技术带头人，4人入选国家测绘地理信息局青年学术和技术带头人。

7.2.1.3 案例分析

江苏省测绘地理信息局在人才开发上紧紧抓住了“专业”这一核心特质。这一实践对知识密集型企业而言，非常有借鉴意义。

知识密集型产业，又称技术密集型产业，指在生产过程中对技术和智力要素依赖大大超过对其他生产要素依赖的产业。随着当代科学技术的进步，知识密集型产业在迅速发展。在中国，电子计算机工业，飞机和宇宙航天工业，原子能工业，大规模和超大规模集成电路工业，精密机床、数控机床、防止污染设施制造等高级组装工业，高级医疗器械，电子乐器等高级工业均属该产业。知识密集型产业的特点包括：设备、生产工艺建立在先进的科学技术基础上，科技人员占比较大，产品技术性能复杂，更新换代迅速。因此，知识密集型产业对科技人员的专业技术的依赖程度是非常高的，而科技人员的专业更新速度也远高于生产型企业。这就意味着，企业要么不断地招人来实现技术的更新，要么就要对科技人员加以培训来实现技术的更新。而就企业的稳定、长期发展而言，后者显然比前者更重要。江苏省测绘地理信息局对此采取的针对性做法已经取得了明显的效果。

7.2.2 开发“第一资本”：阳光集团案例

人才是资源，是资本，企业要发挥人才的作用，就要有意识、有目的地对这一“第一资本”进行培养开发。培养开发不仅仅是培训、提升技能，对此，江苏阳光集团（简称阳光集团）有着自己的看法。

7.2.2.1 企业概况

阳光集团创立于1986年，至今已有20多年历史。该集团主要涉足毛纺、服装、生物医药、房地产、热能电力、新能源等产业，拥有员工15000多人。集团的纺织行业年产高档男女服装350万套、高档精纺呢绒3500万米，是全球最大的毛纺生产企业和高档服装生产基地，是中国纺织行业唯一同时获得“世界名牌”和“出口服装免验”荣誉的企业。

7.2.2.2 阳光集团的人才培养实践

阳光集团积极倡导“以人为本”的人才理念，本着广开门路引好人、不拘一格选好人、放手放胆用好人、培训实践提高人、激励发展留住人，不断优化人才结构，构筑人才高地。在上述的人才工作思路中，对人才的使用、培训、发展是阳光集团重要的人才培养思路。

在使用方面，阳光集团致力于为员工提供与能力相匹配的舞台，帮助员工发展和实现价值。集团董事长陈丽芬表示：“能力有多大，舞台就应该有多大，这是一个企业开放度的体现!”集团在用人上不拘一格，没有本地人和外地人的狭隘用人观念。安徽籍员工曹秀明自1996年大学毕业后就进入阳光集团工作，刚开始担任测试中心的科员，现在已经成为技术中心主任，是把握阳光集团精纺呢绒面料未来发展方向的决策者之一。曹秀明以自己的经历说明，“在阳光集团工作，你有多大能力，集团就会给你多大舞台!”目前，江苏阳光集团仅纺织服装产业共拥有大专以上人才3000多人，高素质人才占比达20%，拥有国家级专家1名、江苏省“333跨世纪学术、技术带头人培养工程”培养对象3名，形成了以国家级专家、博士为技术带头人的高素质人才梯队，为保持高水平的研发能力提供了保障。

在培训方面，阳光集团付出了许多努力。阳光集团认为，人才是第一财富，培训是第一要务。集团投资办起了职工培训中心，每年需安排优秀员工出国进修1~2年，出国期间工资照发。这些优秀员工归国后成为集团管理干部的重要后备力量。集团还采取“走出去，请进来”的培训方式，先后与复旦大学、东华大学、上海外国语大学、苏州大学、南京审计学院、江南大学、江阴职业技术学院等学校，合作开办包括意大利语、纺织品设计、毛纺织专科、MBA市场营销、初级会计、中级维修电工、钳工、高级维修电工、维修电工技师等学习班、进修班、课程班、培训班，通过脱产、半脱产、函授、在线学习等多种形式开展员工培训，同时为广大技术人员和骨干员工提供与权威机构、权威人士当面交流、切磋、培训的极好机会，提升了员工素质，也提升了集团的人力资本。至今，集团已实现了近万次的各种培训，有近6000人取得了各种结业证书。

在激励发展方面，阳光集团也进行了许多有益的尝试。在工资方面，阳光集团遵循“进门看学历、提拔看能力、薪酬看业绩”，根据岗位特点，运行岗位技能工资制、项目效益提成制、目标经营年薪制。在福利方面，阳光集团的重点在于帮助员工解决后顾之忧。比如：集团创办企业托儿所，女职工的小孩可以免费入托；集团帮助员工协调购买安置房，为外地大学生和技术管理人员提供招待所，筹资建设阳光公寓、阳光花园商品住宅区以及集体宿舍，还为没有购房的已婚员工提供夫妻宿舍。这些福利有效地解决了员工的子女、住房等重大问题。此外，公司还针对“80后”、“90后”新生代员工对“自由、尊严”的追求，广开渠道听取员工的诉求。这些激励措施配合工资制度和收入增长，对员工形成了良好的激励。

7.2.2.3 案例述评

阳光集团的人才培养体现了该集团对资源的深刻理解。培养不仅仅是培训、开发。培训开发对员工的技能提升、对企业的人力资本的作用是非常显著的。人才是资源，资源要可开发，同时还要可持续开发。对人才资源的可持续开发意味着企业除了要解决培训的问题，还要解决留任的问题。住房、子女入托、受教育是当前社会普遍面临的现实问题，阳光集团在福利方面的举措，给其他企业解决员工留任问题提供了参考。

7.3 江苏省人才引进和培养的案例启发

江苏省在人才引进和培养上走在了全国前列，取得的成绩是有目共睹的。本章通过几个企业案例，总结了江苏省企业人才引进和培养的几个重要议题。

经济转型的新阶段，创新是中心。高端人才的引进和培养应成为重中之重。高端人才对企业发展乃至行业、经济发展的作用有目共睹，在政策、资金和配套措施的共同努力下，企业应该向内挖掘自身特质，主动吸引人才。沙钢集团通过企业研究院的形式，将企业的技术难题和科研工作紧密结合，吸引到高端科技人才，是一种有益的探索。目前，江苏的许多企业开设了企业研究院、博士后工作站等企业内科研机构，如何吸引高端人才进入这些机构工作，是需要重点考虑的问题。除了高端人才的领军作用，人才整体素质的提升也是企业必须加以重视的实际问题。徐矿集团通过与高校的合作确保每年都有一批人才进入到企业中，逐步提升了集团的人力资本，改善了人才结构。如何在此基础上增强企业的吸引力，在人才素质普遍提升的基础上，实现重点人才引进的提档升级，是徐矿集团和不少类似企业必须要思考解决的。

人才光引进来不够，必须要用起来。如何发挥人才的作用，如何使用和培养人才？江苏省测绘地理信息局认为专业化是解决之道。尤其对于知识密集型企业而言，加强科技人员的专业素质和专业能力，是关系到企业发展的根本。阳光集团则从用人、培养和激励的角度，诠释了对人才资源的理解。

他们对员工需要的关注和满足，体现了企业不仅要开发资源，更要可持续地开发资源的基本立场。重视人才作为人的基本需求，回归了人才培养的本源，在各种复杂的设计面前，无疑帮助人们拨开迷雾，给出了最简单和最直接的答案。

参考文献

［1］戴超．融多元之力，全面实施公司人才引进战略——徐矿集团长青能化公司“校企合作+社会化”人才引进模式实践分析［J］．经营管理者，2012，22：133

［2］江苏省人民政府网站，http：//www. jiangsu. gov. cn/

［3］江苏致公网，http：//www. jszg. org/

［4］江苏省人力资源和社会保障事业发展统计公报，2009～2012 年

8　苏北科技人才政策研究

8.1　江苏省科技人才政策背景

本章考虑到研究的可行性和统计的可操作性，将“科技人才”界定为在经济领域，从事技术活动，具有本科及以上学历的人。

8.1.1　科技人才的引进与培养的计划项目平台建设

从世界各国和各地区的经验来看，在经济快速发展的阶段，人才特别是科技人才的引进与培养是解决人力资源和人力资本供给的重要手段。国家科技部门围绕《国家中长期人才发展规划纲要（2010～2020年）》，分别制定了《国家中长期科技人才发展规划（2010～2020年）》和《国家“十二五”科学和技术发展规划》来指导科技人才的引进、培养等相关工作。

在国家（包括部委）级的平台中，影响最大的就是“千人计划”（海外高层次人才引进计划），它2008年成立，其工作机构由中央组织部、科技部等多家单位组成，主要是围绕国家发展战略目标，从2008年开始，用5～10年，在国家重点创新项目、重点学科和重点实验室、中央企业和国有商业金融机构、以高新技术产业开发区为主的各类园区等，引进并有重点地支持一批能够突破关键技术、发展高新产业、带动新兴学科的战略科学家和领军人才回国（来华）创新创业。

江苏省是全国引才工作最为突出的一个省份，也是全国引才工程最多的省份，同时江苏引进的高端领军人才非常有效地推动了全省经济的转型和升级，为推进“两个率先”提供人才保障和智力支持。江苏省为科技人才的引进和培养搭建了众多基于不同层次和领域的平台，在全国的主要平台有：“双创计划”（“江苏省高层次创新创业人才引进计划”），产学研人才工程，科技企业家培育工程，“企业博士集聚计划”，“333 工程”，“汇智计划”，高层次现代服务业人才工程，高层次经信人才工程，高层次教育人才工程，“江苏特聘教授计划”，“江苏产业教授”计划，高层次卫生人才工程，“江苏科技镇长团计划”（到 2013 年 6 月，累计有 6 万名专家在江苏企业开展产学研合作），等等。在深入推进人才国际化方面，2013 年江苏省推出了“111 国际化人才引进工程”（到 2020 年，柔性引进 100 名诺贝尔奖得主、外籍院士和世界顶级专家，引进 1000 名国家“千人计划”专家，10000 名“双创计划”专家）、“222 国际化人才合作联盟工程”（支持高校、科研院所、企业与世界排名前 200 强高校、200 强重点实验室、200 强企业共建研发基地、产业创新国际合作联盟）、“江苏省博士后科研资助计划”（首批 271 个项目入选，其中原创性基础研究项目 73 个，所占比例达到 27%），进一步构筑江苏科技人才引进和培养的平台优势，继续在人才发展工作上领跑全国。

在江苏省各类科技人才引进和培养平台，特别是“双创计划”的带动下，全省出现了竞相引才的生动局面：无锡“530 计划”、苏州“姑苏人才计划”、常州“千名海外人才集聚工程”、扬州“绿扬金凤计划”、南京“紫金人才计划”、镇江“331 计划”、南通市“江海英才引进计划”、泰州市“凤城千人计划”、徐州市“515 高层次创新创业人才工程”、连云港市“创业创新领军人才集聚工程”、淮安市“淮上英才计划”、宿迁市“百名创业创新领军人才集聚计划”，这些引才计划聚焦的重点都是高层次的领军人才，尤其是创新创业团队。

8.1.2　科技人才的引进与培养的硬件载体建设

科技人才引进与培养不仅需要各类项目和计划进行科研资金支持，还需要其他社会资源的支撑，主要包括两个方面：一是工作环境的硬件载体的建设，二是工作生活的社会制度环境软件载体的建设。

科技人才的引进与培养的硬件载体主要分为三类：一是国家、省、市、县（区）不同层级的基地和园区。根据《2011 年江苏省人才发展统计公报》，江苏省现有国家级文化产业示范基地 10 家，国家级高层次人才创新创业基地 9 家，省级高层次人才创新创业基地 54 家，省级留学人员创业园 36 家，省级文化产业示范基地 27 家。国家级高新技术产业园区 8 家，省级高新技术产业园区 10 家。拥有科技创业园、大学科技园、软件园、创业服务中心等各类科技孵化器 349 家，面积 1945 万平方米。二是主要建立在企业内部的各种工作站和研发中心。同样根据《2011 年江苏省人才发展统计公报》，全省建有企业院士工作站310个，博士后科研工作站241个，博士后创新实践基地237个，企业研究生工作站481个，校企联盟6026个，省级以上工程技术研究中心1639个，省级以上企业技术中心755个，省级以上工程中心130个，技能大师工作室13个，高技能人才公共实训基地41个。国家重点实验室32个，省级重点实验室60个。产业技术研究院9个，企业研究院24个，其他重大研发机构11个。省级以上科技公共服务平台286个。三是高校院所的学科点。《2011年江苏省人才发展统计公报》显示，全省拥有普通高等院校126所，国家一级重点学科29个，国家二级重点学科64个，省优势学科122个，一级学科省重点学科81个，一级学科省重点（培育）学科36个，一级学科省重点建设学科32个，博士后科研流动站210个，一级学科博士学位授予点269个，二级学科博士学位授予点56个，一级学科硕士学位授予点408个，二级学科硕士学位授予点204个。

上述各类硬件载体为科技人才的引进与培养提供了物质条件和制度保障，吸引了大量人才特别是科技人才纷纷来苏工作发展，有力地促进了江苏省科技创新能力的提升，2011年江苏省区域人才竞争力全国排名总分第一。2013年，江苏省进一步拓展和提升科技人才引进与培养的硬件载体的功能作用，积极筹划与世界和国内著名高校、企业和实验室建立人才合作关系，在企业院士工作站、博士后科研工作站、企业研究生工作站的基础上，建立更高层次的诺贝尔奖获得者工作站。截至2013年6月底，江苏已引进10名诺贝尔奖得主、外籍院士等顶尖人才，丰富了江苏科技人才的层次，优化了科技人才的结构。

8.1.3 科技人才的引进与培养的软件环境

第一，制度建设。在智力支持和推进新兴产业发展条件中，科技人才是中坚力量，科技人才的引进和培养是形成现实生产力的有力途径和手段，而这一过程依赖正确的思想指导、良好的社会环境。江苏围绕落实《江苏省中长期人才发展规划纲要（2010~2020年）》（苏发〔2010〕10号），加快确立人才优先发展战略布局，大力实施科教与人才强省战略和创新驱动战略，出台了50多条鼓励科技创新创业政策，如《江苏省“十二五”专业技术人才发展规划》、《江苏省博士后工作“十二五”规划》、《江苏省“十二五”引进国外智力规划》等。通过人才优先发展、优先投入，编制人才发展的规划，推动各地各部门推进人才规划建设，形成了全省上下贯通、分工明确的人才发展规划体系，将人才强省战略分成不同层次和领域的推进单元：人才强省战略、人才强市战略、人才强县战略、人才强镇战略和人才强企战略、人才强校战略、人才强院战略，使得人才发展规划体系更具战略性和可执行性。通过编写《第一资源》、《科学人才观简明读本》，联合中国教育电视台拍摄电视纪录片《关键在人》，以多种形式大力宣传普及科学人才理念，并形成尊重科技、尊重人才、发展人才的社会制度环境。

第二，科技人才的激励与保障。科技人才专业化很强，对于工作生活环境的依赖性和敏感性也很强。为了使引进的科技人才安心工作，充分发挥人才在科研、科技创新、产业转型等方面的聪明才智，江苏省各级政府部门制定了一系列有利于科技人才引进和培养的重大政策。2011 年江苏省政府在全国率先颁布实施了《江苏省海外高层次人才居住证制度暂行办法》（苏政发〔2011〕87 号）和《江苏省海外高层次人才居住证制度暂行办法实施细则》，在社会保障、金融信贷、子女教育、住房等工作生活方面为引进的科技人才特别是海外留学回国人员提供了优质便捷的服务。同时，江苏还引导各级政府加大投入，新建人才公寓数十万套，为引进的人才提供良好的居住条件。江苏省还积极鼓励企业为科技人才建立企业补充养老保险和补充医疗保险，保障科技人才的职业生活质量。通过实行帮办制、选派行政助理等方式，在政策落实、手续办理、信息咨询、项目申报等方面，为引进人才及创办企业提供“保姆式”、“管家式”服务。为了有效保护科技人才的劳动成果，2012 年成立了“江苏高层次人才知识产权法律服务中心”，按照管理创新、服务创新的要求，积极为高层次创业创新人才在江苏省及南京市的创业创新活动提供公益性和专业性相结合的知识产权法律高端服务。

第三，科技人才服务业的发展。科技人才对社会经济发展的作用少不了来自专业化的人才或人力资源的服务支撑，特别是当前，社会大量资源投向人才的引进、培养、使用等环节，专业化的人才服务就更加有必要。2012 年江苏省委办公厅、省政府办公厅在全国率先出台了《关于加快人力资源服务业发展意见》（以下简称《意见》），成为我国第一部由省级党委、政府出台的人力资源服务业发展规范性文件，它系统提出了江苏新时期人力资源服务业发展的指导思想、基本原则和发展目标，明确到 2015 年，基本建成专业化、信息化、产业化、国际化的现代人力资源服务业体系，构筑全国人力资源服务业高地；到 2020 年，力争达到中等发达国家水平，基本实现人力资源服务业现代化。在具体发展目标上，对省人力资源服务业从业人员、服务机构、营业总收入提出具体要求，提出要创新行业服务产品、提高行业服务能力、建立行业标准体系；要加强人力资源服务业信息化建设，促进人力资源服务管理信息化；要推进人力资源服务业产业化进程，推进产业品牌化、规模化、集约化；要加快人力资源服务业国际化步伐，重点引进一批具有国际先进水平的人力资源服务高端企业和国际化人才。围绕加快发展人力资源服务业，《意见》提出实施人力资源服务业“四大工程”：一是高端人才培育工程，二是骨干企业培育工程，三是产业园区建设工程，四是标准化建设工程。截至 2013 年 6 月，全省发展培育了 30 家人力资源服务骨干企业，引进 36 家国外和省外人力资源服务机构，积极推进人力资源服务产业园的发展。

第四，科技人才的金融支持。江苏省不仅通过上述的科技项目和各类人才计划的投入来引进和培养人才，而且还十分重视和强化对科技成果转化成社会生产力的后续支持，努力使科技人才在江苏创业有机会、干事有舞台、发展有空间。在科技成果的转化方面，设立有“江苏省科技成果转化专项资金”（每年 10 亿元）和“江苏省科技成果转化风险补偿专项资金”。2012 年，转化科技项目 135 个，项目总收入达到 135.7 亿元，其中省资助经费 11.2 亿元。在科技人才创业方面，2011 年江苏省设立“新兴产业创业投资引导基金”，初期规模 10 亿元，有力扶持江苏省创业投资企业发展，增加创业投资资本供给，促进新兴产业壮大规模。同时，科技人才创业还可以享受土地出让金、建设费减免等政策优惠。截止到 2013 年 6 月，江苏全省有 39 家“双创计划”人才企业成功上市。此外，江苏省还出台政策鼓励企业设立人才发展专项基金，建议其额度大于当年销售额的 0.6%；鼓励高校设立人才发展专项基金，建议其额度不低于高校公共财政预算的 5%，用于高校人才的引进、培养和鼓励。2011 年，纳入备案管理的创投机构 248 家，管理的资产规模达到 385 亿元，为科技人才的后续创业和科研发展提供了有力的物质保障。

8.2 苏北面临的发展机遇与挑战

8.2.1 江苏省未来发展战略中的苏北板块

改革开放以来，特别是“十一五”以来，江苏省委、省政府为加快苏北振兴，先后出台一系列政策措施，有力增强了苏北的内生发展动力。省级机关和苏南各地顾全大局，积极奉献，大力支持苏北发展。苏北奋发努力，扎实工作，经济社会发展进入了快车道，主要经济指标增速连续七年高于全省平均增幅，2011 年人均 GDP 首次超过全国平均水平，全面小康建设稳步推进，已有 6 个县（市、区）达到省定全面小康标准。但由于历史和地域等原因，苏北的经济基础仍较薄弱，发展水平总体还不高，县域经济实力比较弱，正处于全面建成小康社会攻坚克难的关键期。

“十二五”时期是江苏省全面实现小康并向基本实现现代化迈进的重要阶段，也是加快苏北振兴的关键时期。这五年的发展，关系到苏北能否如期总体上实现全面小康，同时也决定着江苏省“两个率先”的进程。全面达到小康，关键在苏北。没有苏北的全面小康，就没有全省的全面小康。江苏省委、省政府为了加快实现全省的全面小康，十分关注苏北的发展。先后印发了《江苏省政府关于促进苏北地区又好又快跨越发展的若干政策意见》(2011 年 4 月 21 日)、《中共江苏省委、江苏省人民政府关于加快苏北全面小康建设的意见》(2012 年 4 月 12 日)、《关于支持苏北地区全面小康建设的意见》(2013 年 7 月 25 日）等相关文件，对苏北的发展做出了相关的规划。

8.2.2 江苏省未来发展战略中苏北发展规划

江苏省委、省政府对苏北的发展规划主要包括加快苏北全面小康建设的总体要求、主要任务以及省政府对加快苏北发展采取的扶持措施。

8.2.2.1 加快苏北全面小康建设的总体要求

在 2010 年印发的《江苏省政府关于促进苏北地区又好又快跨越发展的若干政策意见》和 2012 年印发的《中共江苏省委、江苏省人民政府关于加快苏北全面小康建设的意见》中，提出了苏北全面小康建设的总体要求。

第一，指导思想。加快苏北全面小康建设，坚持以邓小平理论和“三个代表”重要思想为指导，深入贯彻落实科学发展观，坚持新型工业化、农业现代化、城乡发展一体化同步推进，加强区域统筹协调，加大政策扶持力度，着力壮大县域经济，推进经济转型升级，注重保障改善民生，切实保护生态环境，维护社会和谐稳定，推动苏北经济社会又好又快跨越发展。

第二，发展目标。根据江苏省“十二五”规划和苏北发展实际，到 2015 年，苏北地区总体上要建成全面小康社会，力争以省辖市为单位全面达到小康，以县为单位达到省定全面小康指标；地区生产总值力争年均增长 12% 左右，人均地区生产总值接近东部沿海省份平均水平；产业结构不断优化，工业占比达到 45% 以上，开发区工业占地区工业比重达到 70% 以上，服务业比重进一步提高；人民生活水平有更大提高，城乡居民收入年均增长 12%，人均年纯收入 4000 元以下的贫困人口全部脱贫，社会事业发展加快，基本公共服务能力与发达地区差距明显缩小。

8.2.2.2 江苏省政府对加快苏北发展采取的扶持措施

2013年印发的《关于支持苏北地区全面小康建设的意见》围绕2015年苏北建成全面小康社会的目标，体现当前与长远、“输血”与“造血”相结合的原则，力求抓住关键环节，着力“拉长短板”，注重政策引导，突出重点工程，把握时间节点，重点对产业转移、共建园区、新型城镇化、农业现代化、基础设施建设、人才科技、金融服务等10个方面，提出包括实施六大关键性工程在内的28条具体支持措施。内容上既注重全面，又有所侧重，更突出解决苏北贫困人口全部脱贫和实现全面小康目标任务的难点问题和薄弱环节。

第一，推进新一轮产业转移。重点支持重大产业项目落户苏北、实行转移收益分成。

第二，提升共建园区发展水平。推进共建园区产业升级，扩大共建园区合作范围，积极争取国内外大型企业和开发区等参与园区共建工作，形成开放、多元化的园区投资开发主体。考虑给共建园区设定考核门槛，只要达到设定标准的园区就可以享受政府优惠政策。建立共建园区利益共享机制，强化共建园区考核评价。

第三，加快新型城镇化步伐。实施重点中心镇建设工程，强化规划引导，培育省级重点中心镇和特色小城镇，推进城乡社区建设，深化户籍管理制度改革。

第四，推动农业现代化建设。大力发展现代农业，实施黄河故道现代农业综合开发工程，建立粮食主产区补偿机制。

第五，强化交通、水利等基础设施建设。支持建设综合交通基础设施网络，鼓励综合交通枢纽和客货运输站点建设，实施苏北铁路建设工程和区域供水与污水处理工程，推进水利等设施建设，完善苏北信息化基础设施和服务体系。

第六，加大人才和科技支持力度。实施科技与人才支撑工程，鼓励人才向苏北转移，加强人才技能培训，促进科技成果转化。

第七，提高金融服务能力。鼓励设立金融机构，加大信贷投入力度，推动资本市场发展。

第八，切实保障和改善民生。着力支持教育、卫生、文化、体育事业发展，加大就业服务力度，加强社会保障体系建设。

第九，加强环境保护与生态建设。着眼于建设生态文明，实现可持续发展。

第十，加快全面小康建设。加快县域经济发展，着力研究解决省脱贫攻坚重点县（区）经济社会发展中的主要矛盾和难题。实施六项关键工程。对省脱贫奔小康重点县（区）继续给予帮扶，支持6大片区实施连片开发。加大对全面小康建设奖补力度。

8.2.3 苏北自身的优势与劣势

8.2.3.1 苏北自身的优势

苏北自身的优势主要体现在苏北的区位、资源和政策环境上。

（1）区位优势。

根据区位性质不同，可将区位指向分为自然资源指向、生产要素指向、市场与交通指向等。同类企业受区位指向影响而在特定的空间聚集，它是聚集形成的外部因素和基本推动力量。区位指向促进了同类企业的空间聚集。不同的产业部门的区位指向可能不同，但当不同区位指向的产业部门的区位在空间上重合时，就会进一步增强空间聚集的规模与程度。苏北地区目前物质和产业基础已达到了一定水平，农副产品、矿产、土地、海洋等资源丰富，地理区位优越，苏北东临黄海，西依中原，是沿海经济带与陆桥经济带的交汇区域，具有承东接西、沟通南北、双向开放、梯度推进的独特区位优势，苏北已形成铁路、公路、水运、航空、管道“五通汇流”的立体交通格局，此时加快苏北地区经济发展，形成江苏南北呼应、沿海沿江协同发展的态势正是好时机。

苏北的大位置可以概括为“沿海、沿路、核心区”。五市相互间交通十分便捷，联系非常方便，陇海铁路横贯苏北北部，是新亚欧大陆桥的重要组成部分，陆桥西端是国际性大港荷兰的鹿特丹，东端面向极具发展潜力的亚太地区。截至“十五”期末，江苏高速公路通车总里程达到了2886公里，高速公路主骨架基本形成，而苏北占总里程数的40%，不亚于苏南。东陇海铁路、新长铁路、海（安）南（通）铁路与宁启铁路、沪宁铁路接轨，将苏北与上海市、苏南通过“铁路大动脉”相连成为近邻，使苏北腹地与上海市、苏南以及国际物流和人流的时间距离大幅度缩短，获得快速发展的相对区位优势。苏北紧靠以上海为龙头的长江三角洲地区，可以比较方便地接受发达地区的辐射，也有利于丰富的农副产品找到消费市场；处在黄海之滨，与日本、韩国隔海相望，参与国际产业分工和接受国际资金、技术、信息等辐射和转移的潜力巨大。

徐州是苏北唯一的特大城市，也是新亚欧大陆桥中国沿线五大区域性中心城市之一，拥有“五省通衢”优势，交通发达，基础设施较完备，是我国重要的铁路枢纽，苏鲁豫皖交界地区的商业中心；盐城拥有海上苏东优势，城市规模也进入了大城市的门槛，工业化进程的加快对城市化发展推动作用明显，近年来发展势头迅猛，在苏北的地位日渐提高；连云港是新亚欧大陆桥的最东端的城市，我国首批 14 个沿海开放城市之一，处于沿海发展轴与东陇海发展轴 T 型结构的结合部，也是苏北发展的重要极点，在国家、省多次制定的重要战略规划中，连云港都赫然在册，可以说，连云港拥有陆、海双重的区位优势。淮安是苏北南部的大城市，江苏重要的综合交通枢纽，苏北南部的商贸与物流中心，起到联结东陇海发展轴和沿江发展轴的作用；宿迁是一个年轻的地级市，城市规模较小，工业化程度也较低，但随着京沪、宁宿徐高速公路的畅通，交通条件也得到极大的改观，发展的政策环境比较好。

（2）资源优势。

苏北的资源优势可以体现在苏北的自然资源优势、生态环境优势和人力资源优势上。

1）自然资源优势。

与苏中、苏南相比，苏北地区拥有一定的资源优势，包括丰富的土地资源、海洋资源、矿产资源、农副产品资源等。从土地资源方面看，苏北地区土地、耕地面积均占江苏的 1/2 以上，土地资源开发潜力巨大，丰富的土地资源对江苏保持土地动态平衡也起着越来越重要的作用。

从海洋资源方面看，苏北地区东临黄海，海岸线 744 公里，占全省海岸线总长度的 78%，这是建设“海上苏东”的基础；该地区具有丰富的海洋资源（包括海岛动植物资源、海洋生物资源、海水化学资源、海涂资源和海港资源等），其中滩涂面积占全省滩涂面积的 3/4，占全国的 1/5，可用于发展水产养殖，种植芦苇带和树林，建立经济综合开发区；沿海有大面积的适于耕作的荒地资源，可用于建立商品粮棉基地。

从矿产资源方面看，苏北地区是江苏省，也是华东地区的重要矿产地，具有比较丰富的煤矿、铁、磷、盐矿、芒硝、蓝晶石、水晶、石英砂、石灰石、凸凹棒粘土等独具特色的矿产资源，丰沛煤田、徐铜煤田的保有储量 35 亿吨，淮安、洪泽的盐矿储量 402 亿吨，邱州四户石膏矿探明储量 1.97 亿吨。此外，新沂的石英砂、盱眙的凹凸棒粘土、连云港的磷等非金属矿储量也很丰富，具有良好的开发条件与利用价值。丰富的矿产资源为从资源利用型项目起步，加快形成基础原材料工业的产业优势，建成以资源加工型和劳动密集型为主体的加工产业密集带创造了条件。

从农副产品方面看，苏北农业在全省具有重要的优势，是江苏乃至全国的重要商品粮棉基地之一。苏北五市地处暖温带向亚热带的过渡地区，兼具南北气候特征，季风气候典型，光热水整体配合较好。五市地形以平原为主，间有低山，同属淮河水系，河网密布，是国家重要的粮棉油、林果、蔬菜等农副产品生产基地，丰富的农副产品资源为发展地方工业提供了大量的原料，有利于发展资源加工业。苏北是全省的粮库、果菜篮子、肉产品及油棉基地。不仅如此，苏北的意扬产业、出口创汇蔬菜产业、乳品产业、优质果品产业、波杂山羊产业、优质专用小麦产业、优质稻米产业、优质商品猪产业、海产品种苗产业、中药材产业等也都在省内外有一定的影响。

2）生态环境优势。

目前，在江苏的环境地理中，苏北的环境状况大大优于苏南。长江以南地区由于工业企业密度大，环境状况不容乐观，苏北五市远低于江苏省污染负荷平均指数。由于工业发展带来了燃煤和机动车的增加，空气中二氧化硫的含量较高，江苏省经常发生酸雨现象，苏南部分城市的酸雨发生率甚至高于50%，而苏北出现酸雨的情况很少。目前，江苏酸雨污染中心区域稳定在南通－常州－南京一线。苏北的环境污染相对较少，为苏北工业可持续发展创造了良好的生态环境。此外，经过多年发展，苏北地区林业建设取得了显著成绩，苏北地区基本形成了农田林网化和综合防护林体系，林木资源总量、森林覆盖率、林业产业发展均居全省前列，平原绿化工作在全国处于领先地位。有利于发展绿色农业、绿色工业、环保产业和生态旅游，实现人与自然的和谐共存。目前国家已经公布的国家级生态示范区中，苏北县区入选的数量在江苏省入选数量的一半以上，远高于苏中和苏南。

3）人力资源优势。

首先，苏北地区劳动力资源供给充足，劳动力价格较为低廉。2012 年，苏北地区总人口占全省人口总数的比例为45.42%，但有45.3%是农业人口，文化程度普遍较低。苏北劳动力的平均价格仅相当于苏南的1/2 左右。江苏省内显著的劳动报酬差异，促使苏北地区成为省内最大的劳务输出地。且苏北地区的工业和服务业都很落后，所能提供的就业机会非常有限，因此农村未就业劳动力特别丰富。除了部分劳动力外出打工就业外，还有大量剩余劳动力，特是青年妇女劳动力，他们的就业机会成本很低，在新农村建设中所需的劳动力可以通过对他们的技能培训来实现，劳动力成本优势很明显。

其次，高素质劳动力资源具备了一定的数量。江苏是一个教育大省，高校的数量在全国名列前茅。苏北地区的高等教育虽然比苏南稍逊，但总体水平并不低。目前，苏北已形成中国矿业大学、徐州师范大学、淮海工学院等25 所普通高等学校和徐州教育学院、连云港广播电视大学等20 余所成人高等学校的大学群，普通高等学校在校学生 2012 年达到 28.86 万人，高校研发实力增强，以高校为核心的研发力量聚集区基本形成。同时，近年来，苏北“星火”产业带渐成规模，各类高新技术园区、农业科技示范园区以及海洋产业技术开发示范点全面启动，高新技术生长点不断出现，科技综合实力有了新的提高。苏北计划经济时期形成了高水平的人力资本积累。

（3）政策环境优势。

自江苏省第九次党代会提出区域共同发展战略以来，省委、省政府加大了对苏北的扶持力度，先后制订了徐连经济带、苏北星火产业带、海上苏东工程、东陇海产业带等战略建设规划。这些政策措施在增加苏北基础设施建设投入、扶持苏北产业发展、促进对内对外开放、加快科技教育事业发展、推动苏南苏北合作等方面发挥了重要作用。扶持苏北政策的含金量一年比一年高，相继出台《关于加快苏北振兴的意见》、《沿东陇海线产业带建设总体规划》、《关于加快南北产业转移的意见》、《江苏省沿海开发总体规划》、《关于支持南北挂钩共建苏北开发区政策措施的通知》、《关于进一步支持苏北地区加快发展的政策意见》、《江苏省苏北地区工业发展纲要（2008～2012）》，通过运用经济、法律、行政等手段，创新苏南苏北一市带一市的帮扶制度和政策，大力推进产业、财政、科技、劳动力“四项转移”，增强苏北的内生增长动力和发展后劲。此外，苏北地区寻求自身发展的愿望更加强烈，因为长期的相对落后使公众对现状的不满程度加深，对外开放所带来的强烈对比又进一步激发出对发展的强烈诉求。因此，一旦获得共同发展的机遇，苏北地区的经济活动主体将积极的采取行动，形成促进加速发展的内生动力。

8.2.3.2　苏北自身的劣势

苏北自身的劣势主要体现在苏北的综合经济实力、产业结构、人力资本和文化上。

（1）综合经济实力。

苏北在综合经济实力上的劣势主要体现在苏北的经济基础薄弱、工业化进程缓慢、城市化发展滞后三个方面。

1）经济基础薄弱。

从 GDP 实现值看，苏北地区土地面积超过全省一半，人口数量接近全省一半，但 GDP 实现值却很不理想，与苏中、苏南差距较大。如表 8－1 所示，近 5 年以来，虽然苏北的 GDP 实现值一直在增长，但其与苏南的差距逐渐增大。2012 年，苏北的 GDP 实现值只占全省的 21.85%，甚至低于苏南的 50%，人均 GDP 不到全省平均水平的 30%。从城乡居民收入水平看，2012 年苏北城镇居民人均可支配收入为 20822 元，是苏南（35827 元）的

58.12%；苏北农村居民人均纯收入为10502元，只是苏南（17160元）的61.20%。

表8-1 苏南、苏北GDP与人均GDP比较

年份	GDP（亿元）		人均GDP（元）	
	苏北	苏南	苏北	苏南
2008	6346.29	19111.48	20922	63845
2009	7196.89	21153.89	23835	69278
2010	8920.37	25185.39	29774	79501
2011	10744.32	29635.09	36094	90622
2012	12182.94	33381.66	40914	101370

2）工业化进程缓慢。

工业化是一个国家和地区经济发展的重要阶段。苏北地区尚处在工业化初期阶段，2012年苏北地区工业总产值为24050.90亿元，而苏南地区工业总产值为69706.19亿元。从工业增加值来看，苏南地区2008年到2012年的工业增加值分别为10004.0亿元、10755.79亿元、12478.86亿元、14353.50亿元、15731.53亿元；苏北地区2008年到2012年的工业增加值分别为2620.4亿元、2952.32亿元、3559.33亿元、4302.86亿元、4835.17亿元。由此可见，苏北地区的工业化进程缓慢，远赶不上苏南和全省的脚步。

3）城市化发展滞后。

江苏苏南、苏中、苏北三大区域之间不但经济总量和人均水平的差距在扩大，城市化水平也在拉大。2012年，苏南地区城市化水平普遍在65%以上，其中南京、无锡、苏州三市在70%以上；苏中地区城市化水平在58.5%；苏北地区则为54.7%。

城市发展水平较低，中心城市偏小、偏少，辐射和带动能力薄弱。苏南五市中有四市为特大城市，一市为大城市，苏北五市中徐州是唯一的特大城市，淮安、连云港为大城市，盐城、宿迁仅为中等城市。城市经济在基础设施、人力资本和技术供应、市场集中度、服务业发展空间等方面给现代产业发展提供了必需条件，一般情况下，工业化带动城市化，城市化促进工业化，城市化和工业化、非农化同步。苏北较低的城市化水平与较低的工业化水平相伴而生，支撑工业化和集聚生产要素的能力不强。

（2）产业结构。

苏北在产业结构上的劣势主要体现在苏北的产业结构失衡、低产业链地位、相关支持行业和创新竞争力低下三个方面。

1）产业结构失衡。

一个地区的产业结构配置合理协调与否，直接影响到地区的经济发展的速度与效率。一般来说，产业结构的层次越高，产业结构之间的联系越协调，该地区的经济发展速度就越快，经济效率也越高。尽管近几年苏北地区国民经济保持了较快增长的态势，但与“国内生产总值增长速度高于全省平均水平”的要求存在距离，产业结构失衡。据统计，2012 年苏北地区第一产业比重为 12.7%，第二产业比重为 47.5%，其中工业为 39.7%，第三产业为 39.8%。而同期苏南地区第一产业比重为 2.3%，第二产业比重为 51.5%，其中工业为 47.1%，第三产业为 46.2%。而表 8－2 显示了苏南、苏中、苏北三大区域近年产业结构变化。

表 8－2　苏南、苏中、苏北三大区域近年产业结构变化

地区	2010 年产业结构（%）			2011 年产业结构（%）			2012 年产业结构（%）		
	第一产业	第二产业	第三产业	第一产业	第二产业	第三产业	第一产业	第二产业	第三产业
苏南	2.3	54.0	43.7	2.3	52.9	44.8	2.3	51.5	46.2
苏中	7.5	55.1	37.5	7.1	54.3	38.6	7.0	53.0	40.0
苏北	13.7	47.7	38.6	12.9	47.9	39.2	12.7	47.5	39.8

苏北的工业化进程由于缺乏基础和投资的拉动，事实上现在还处于工业化初期阶段，产业结构水平低，第一产业仍占很大比重，第二产业没有形成产业链，缺乏核心竞争力，第三产业发展落后。苏北的第二产业虽然占的比重大，但没有改变就业人口主要集中在第一产业的落后状况。

2）低产业链地位。

大部分产品以劳动密集型为主，资金、技术密集型工业发展程度较低。该地区制造业总产值的 70% 以上是靠中低技术产业和传统产业创造的。从国际分工的角度来看，该地区工业整体上仍处于全球化产业链条的低端，自动化生产程度低，大部分以装配为主，粗加工、低附加值、雷同产品多，靠低廉的劳动力成本优势获得微薄的加工费。同时，缺乏主导品牌产业。苏北地区工业企业中的主导产业不大，不强，整体上处于产业链低端，缺少品牌产业。

3）相关支持行业和创新竞争力低下。

相关支持行业指的是该行业的上游、下游行业或相关行业。首先，苏北地区工业产业协作度不高，区域整体竞争力不强。虽然苏北地区工业产业集聚以开发区为载体有了较大提高，但突出问题是产业协作关系不紧密，产品配套率低，聚而不群。有些产业如机电、机械等行业，尽管在地域上比较集中，但缺少产业集群的“灵魂”配套关系，尽管存在配套协作的可能，却少有业务上的往来，企业往往是各自为战，单打独斗。加之长期以来以行政区划为基础的条块分割等体制性障碍的影响，上、中、下游产业之间相互分割，各自追求自我延伸与循环，形成了小而全的生产体系，在原料、技术、资金、销售等方面互相挤占，使得企业在纵向上难以实现结构升级，形成了所谓的“行政区经济”。在产业政策制定上缺乏相互协调，在地区经济发展战略规划上缺乏优势互补，带来重复建设、过度竞争以及产业组织的欠合理，导致苏北地区虽然产品相同或相近企业较多，但产品区域整体竞争力不强的局面。

其次，苏北地区工业企业的技术研发规模和能力十分有限，具有自主知识产权的技术产品很少。大部分产品的核心技术、关键技术掌握在别人手中，导致企业在竞争中处于被动局面，利润率较低。虽然近年来在苏北各级政府政策的促动下，苏北各地区产业创新能力有所加强，但是由于苏北企业本身特质，在创新领域尤其是科技创新领域仍然比较欠缺。

(3）人力资源。

苏北在人力资源上的劣势主要表现在四个方面：

其一，人才总量偏少，虽然苏北的总人口数量占江苏省人口总数量的近一半，但科技人才总量低于全省平均水平的一半、苏南的三分之一。据统计，2012年，苏南地区毕业生总数为103.86万人，其中普通高校的毕业生总数为31.80万，而苏北地区虽然毕业生总数高于苏南地区为111.38万人，但其普通高校毕业生总数仅为7.89万人；苏南地区在校生总数为412.29万人，其中普通高校的在校生总数为112.41万，而苏北地区在校生总数为434.56万人，但其普通高校在校生总数仅为28.86万人。由此可见，苏北地区人才存量偏少。

其二，人才结构与产业结构不成比例，农业区域的农业科技人才不多，主要分布在科研、政府和教育机构，直接从事生产一线科研工作的科技人才严重不足。

其三，人才年龄结构和知识结构老化，掌握现代科技、新经济开发的年轻人才引不进。本土在外地培养的人才“回流不足”。

其四，人才流失严重，苏北地区人才引进困难，外出打工人员较多，工业发展进程中人力资源开发利用和作用发挥不够。由于外资引进较小，经济状况窘迫，企业的总体工资水平低，难以引进外地优秀人才和高校各类苏北籍毕业生。且由于经济发展缓慢，事业软硬环境条件差，本地发展机会较少，不少人选择外出打工，难以留住本地人才。

（4）苏北文化。

文化在经济建设中有着十分重要的地位和作用。国内外实践发展经验表明，地域文化对区域经济发展的作用效应无非是积极的和消极的两种，而这两种作用效应都是通过对个体经济意识、企业家精神、制度层面以及区域发展模式等体现出来的①。

苏北地区综合经济实力落后，工业化、城市化进程缓慢，与其文化有着密不可分的关系。苏北与苏南地区在经济建设、城市建设等方面有着较大的差距，而差距的根本原因是其文化上的差异。而苏南、苏北文化的差异是历史积累的结果。长江天堑，将江苏省划出了两个截然不同的文化圈。

苏南与苏北的文化差异，主要体现在两个方面：

其一，较苏北文化而言，苏南文化具有更大的内聚力。吴语地区，包括苏南，浙江大部，其语言、民俗、文化上有很强的内聚力，例如明末江南反抗清朝之激烈。在苏南的乡镇中，多以一家大企业为龙头，带动一片辐射发展，全村致富。苏南人，自成一生意圈，多在吴语地区之间做生意，甚至与苏北生意往来不如自家吴语兄弟浙江。比较而言，苏北人多内斗不已。

其二，苏南人眼界更为开阔、外向，有更为进取的性格。苏南地区，多半沿海沿江，有明显的海洋文明特征。因此，有一种比较好的“重商”氛围。对外包容性也较强，如明末徐光启，是把西洋文化带进中国的第一人；明末资本主义萌芽产生于江南；近代上海买办资本家也都出自苏南。而苏北农业文明色彩更为浓厚，有比较强的故步自封小农意识。苏北的农业文明性格，比较根深蒂固。农民有其吃苦耐劳的一面，也有自安天命，不思进取，逆来顺受的一面。在这个工业文明，市场经济的年代，苏北人依然喜欢“等、靠、要”，吃大锅饭，指望政府。

---

① 殷晓峰．地域文化对区域经济发展的作用机理与效应评级［D］．东北师范大学，2011.

8.3 苏北五市科技人才政策梳理

为了配合江苏省关于高层次创新创业人才引进计划的政策实施，苏北五市也依据本身特色和实际情况，相应出台了人才政策配合江苏省计划。本节将从引进、培育、激励三个方面对苏北五市出台的政策进行简单梳理。

8.3.1 科技人才引进政策

关于引进对象，各市参照江苏省有关计划，根据自身发展状况，提出本市需要的人才要求。

8.3.1.1 淮安市的人才引进政策

淮安市高层次创新创业人才引进对象为具有硕士研究生以上学历（学位）或副高级以上职称的人才。其中，创新创业领军人才还需具有三年以上工作经验，且符合下列条件之一：

◇ 是国际某一学科或技术领域的学术技术带头人，拥有国际先进且市场开发前景广阔的高新技术科研成果。

◇ 拥有自主知识产权，且其技术成果能够填补国内空白、具有市场潜力并可进行产业化生产。

◇ 拥有可形成淮安市新的、具有良好发展前景产业的重大项目。

◇ 淮安市高层次创新创业人才引进的重点为：掌握新材料、新能源、电子信息、生物医药、节能环保、先进装备制造、盐化工和现代农业及教育、卫生等领域的领军人才。

8.3.1.2 连云港市的人才引进政策

连云港市制定了“创业创新领军人才集聚工程”（“555 工程”）。连云港市高层次创业创新人才引进对象为具有硕士研究生以上学历（学位）或副高以上职称并具有创业创新能力和科研成果的人才。其中，创业创新领军人才还需具有在国内外创业创新经历，且符合下列条件之一：

◇ 是国际某一学科或技术领域的学术技术带头人，拥有国际先进且市场开发前景广阔的高新技术科研成果。

◇ 拥有自主知识产权和发明专利，且其技术成果能够填补国内空白、具有市场潜力并可进行产业化生产。

◇　拥有可引领连云港市产业发展的重大项目和技术。

引进的重点为：新医药、新材料、新能源、装备制造业、冶金、石化、电子信息、节能环保、海洋资源开发和现代农业、教育、卫生、旅游以及港口物流服务业等领域的领军人才或团队。

连云港市还专门制定了引进高层次人才的政策条文。在该市行政区域外工作、学习，经办理有关手续，来该市行政区域内注册登记的企事业单位、社会团体和中央、省驻连企事业单位，主要从事生产科研工作的以下人员：

◇　中国科学院院士、中国工程院院士；

◇　国家有突出贡献的中青年专家，国家重点学科、重点实验室、工程技术中心、企业技术中心的学术技术带头人，享受国务院政府特殊津贴人员；

◇　部省级有突出贡献的中青年专家，省级重点学科、重点实验室、工程技术中心的学术技术带头人，省重点人才工程培养对象；

◇　取得硕士以上学位或副高级以上职称并具有创新能力和科研成果的人员；

◇　海外高层次留学人员（含外国专家和特殊人才）；

◇　拥有自主知识产权成果和科技成果的人员；

◇　连云港市发展重点领域紧缺的高层次人才（含高技能人才）。

8.3.1.3　盐城市的人才引进政策

政策要点如下：

◇　重点引进盐城市委、市政府确定的经济社会发展重大战略、重大决策和重大科技创新工程急需的领军人才。

◇　重点引进能够对盐城市新兴产业发展、特色产业提升有重大影响和带动作用，特别是在新能源汽车、环保装备、海洋生物、新材料、新医药、软件与服务外包、文化产业和现代农业等高新技术产业或现代服务业领域从事研发和实施科技成果产业化的领军人才。

◇　重点支持带资金、带项目、带人才来盐的创业型领军人才，兼顾支持来盐进行成果转化、能尽快形成产业规模和较好效益的创新型领军人才。

◇　重点支持重大招商引资项目和行业龙头企业引进的创新创业领军人才。

◇　重点支持既有海外背景又有成功创新创业经历的国际化领军人才，特别是来盐创业创新的国家“千人计划”专家。

◇　重点支持实施省级以上重大科技计划项目、创建省级以上企业重点研发机构和技术服务平台所需要的领军人才。

8.3.1.4 徐州市的人才引进政策

徐州各县都有自己的人才引进政策，如沛县规定：高层次创新创业人才应具有硕士研究生以上学历、学位或具有副高以上职称，年龄一般不超过50周岁，在沛创新创业时间不少于5年，每年原则上在沛工作时间不少于6个月。

主要是具备以下基本条件之一的人员（含沛县籍在内）：

◇ 中国科学院院士，中国工程院院士；

◇ 国家级学术带头人、享受政府特殊津贴、获得省（部）级“有突出贡献中青年专家”称号及以上人员；

◇ 博士生导师、有创新创业业绩的教授、研究员级高级工程师，拥有国内外相关领域先进水平或重大科技成果转化产生较大经济效益的人员；

◇ 在国内外大型企业或知名高校、科研机构从事研发或管理工作3年以上经历的人员；

◇ 带资金、带项目、带技术以及拥有发明专利到沛县领办、创办、合办企业，其投入企业的注册资金不少于100万元，并能产生较大经济效益的人员；

◇ 对沛县重大产业、规模企业、重大项目以及新兴产业所急需的优秀技术或管理人员；或为沛县“三重一大”项目、外资外贸项目作出突出贡献的优秀招商人员和招商顾问。

8.3.1.5 宿迁市的人才引进政策

宿迁市参照江苏省引进人才的相关政策，把人才引进重点放在“双创”人才上。

8.3.2 人才培养政策

淮安市的人才培养政策力度较大，在其出台的政策中规定：以国内外名牌大学、培训机构、跨国公司为依托，建立省内、国内、国（境）外三个层次科技企业家培训基地，形成布局合理、特色鲜明、优势互补的培训体系。每年选送一批培育对象到培训基地开展入选集训、理想信念教育、素质提升培训和境外高端研修；与国内名校合作举办科技企业家EMBA学位班，帮助他们进一步开阔思路、拓展视野、更新理念，着力提升创新创业能力和国际化素质。

徐州沛县在县级人才培养政策方面有代表性，该县人才政策提出：结合国家和省、市、县重点人才工程的实施，突出重点，加大投入，扩大规模，努力培养一批各领域的优秀中青年学术技术带头人。支持和引导企业加大技术创新和人才开发投入，把人才的引进和培养纳入企业发展的战略目标，努力打造一支高层次科技型企业家队伍。充分运用县内、县外两种资源，通过专题培训、创业辅导、政策引导和资金扶持，加大对县高层次创新创业人才的培养力度，努力提高其战略思维、全球视野、创新创业能力和现代化管理水平。经过5年的努力，培养100名在省内具有重要影响、处于同行业领先水平的学术技术带头人和科技型企业家，同时，加强社会科学领域高层次人才队伍建设，增强文化软实力。

在培养模式方面，沛县也有具体规定：加快建立以企业为主体、产学研紧密合作的有效机制，促进高层次创新创业人才培养与产学研合作互动融合。加强企业院士工作站、博士后科研工作站、工程技术研究中心、重点实验室、重大研发机构、科技公共服务平台等科技平台建设，引导高层次创新创业人才向一线聚集，促进技术转移和成果转化。适应企业提高经营管理水平的迫切需要，对企业中高级管理人员和技术人员进行以工商管理硕士、企业家EMBA、公共管理硕士、工程硕士核心课程等为主要内容的培训。进一步深化教育教学改革，大力发展素质教育，优化教育资源配置，调整学科专业设置，突出特色学科、强化优势学科、发展交叉学科，强化创新创业精神和能力的培养，重点培养一批符合产业发展需要的高层次人才。加强工程技术专业实训基地和师资队伍建设，更新教学方式和内容，聘任有实践经验的工程技术人才担任专兼职教师，扩大工程技术人才的培养规模。做好高层次人才的继续教育，推进知识更新工程。

沛县还注意人才的交流合作：加强与县外企业、科研院所、高校的交流与合作，吸引并支持国内知名企业、科研院所、高校在沛县设立研发中心或分支机构，大力提高沛县科研基地的现代化水平。有计划、有重点地选送高层次创新创业人才到国内著名研究机构、高校、企业进修和开展合作研究。组织县内企业参加省市“人才科技对接”活动，开展高层次人才创新创业“面对面”交流活动，充分发挥其示范带动作用，推进产学研技术创新成果向现实生产力转化。

8.3.3 人才激励政策

连云港市在人才激励方面有较为详细的政策规定，以下是其部分规定：

◇ 凡引进的下列高层次人才，前3年按其在用人单位实际工作时间，每月享受生活补贴，标准为：两院院士8000元；国家有突出贡献的中青年专家，国家重点学科、重点实验室、工程技术中心、企业技术中心的学术技术带头人3000元；享受国务院政府特殊津贴人员2000元；部省级有突出贡献的中青年专家，省级重点学科、重点实验室、工程技术中心的学术技术带头人、具有博士学位或正高级职称的人才1000元。在财政拨款单位工作的，生活补贴由同级财政负担。在其他单位工作的，由用人单位负担，确有困难的，可从同级财政专项资金中按其补贴金额的10%～50%申请资助。

◇　凡引进的高层次人才，与用人单位签订5年以上聘用合同的，可享受安家补贴。标准为：两院院士60万元；国家有突出贡献的中青年专家，国家重点学科、重点实验室、工程技术中心、企业技术中心的学术技术带头人30万元；享受国务院政府特殊津贴人员15万元；部省级有突出贡献的中青年专家，省级重点学科、重点实验室、工程技术中心的学术技术带头人、具有博士学位或正高级职称的人才10万元。其中：两院院士每年在用人单位工作时间不少于3个月，其他人才不少于7个月。在财政拨款单位工作的，安家补贴由同级财政负担。在其他单位工作的，由用人单位负担，确有困难的，可从同级财政专项资金中按其补贴金额的10%～50%申请资助。财政负担的安家补贴由同级财政分3年支付。

◇　2009年以后来连云港市企业工作的，40周岁以下（特殊专业人才的年龄可以适当放宽）取得硕士学位或副高级职称并具有创新能力和科研成果的人才一次性享受安家补贴3万元，由用人单位支付，可直接计入成本。确有困难的，可从同级财政专项资金中按其补贴金额的10%～50%申请资助。夫妻双方同时引进，且都属安家补贴享受对象的，双方同时享受安家补贴。高层次人才可优先享受人才安置房优惠政策。纳税级次在区级的企业引进高层次人才，申请生活补贴、安家补贴获得财政资助部分，由市、区财政各承担50%。

◇　凡引进的高层次人才，优先推荐申报省高层次创业创新人才引进计划，申报获得批准的可享受不低于100万元的省资金资助。对高层次人才所从事的科技开发项目，优先列入市创业创新扶持范围。

◇　优先解决高层次人才的专业技术职称评聘问题。高层次人才的专业技术职务的申报、晋升、聘任，不受单位结构比例或指标限制。具有硕士学位且工作满两年的，可初定中级专业技术资格，特别优秀的可提前1～2年破格报评副高级专业技术资格；具有博士学位的，可提前1～2年破格报评副高级专业技术资格，特别优秀的可破格报评正高级专业技术资格。允许用人单位先聘后评、低职高聘。

◇　建立和完善向优秀人才倾斜的分配机制。对引进的高层次人才，其管理、技术、资金、项目和科技成果作为生产要素可参与分配。鼓励实行年薪制、协议工资制、项目承包、技术入股等多种分配形式。高层次人才的职务科技成果已转化取得经济效益的，用人单位应按国家有关规定给予个人奖励。高层次人才来该市从事技术转让、技术开发和与之相关的技术咨询、技术服务所获得收入，经有关部门认定，免征营业税和部分企业所得税。

◇ 建立高层次人才补充保险制度。凡引进高层次人才的单位须为其参加各项社会保险，并履行缴费义务。鼓励用人单位建立企业年金、补充医疗保险等制度，提高标准，向高层次人才倾斜。企业还可增购商业保险，为高层次人才提供更多保障。

◇ 引进到连云港市（含县）的高层次人才的配偶、子女及父母可根据本人意愿，将户口迁入市区。引进人才要求为配偶安排工作的，原则上在用人单位系统内就业，人事和劳动保障部门予以协助；子女入学，由教育部门优先安排到重点中学或市区小学。

◇ 对引进的高层次人才，因特殊原因不能正常办理调入手续的，人事部门准予重新建档，免费人事代理，承认其原身份、行政职务和专业技术职务任职资格，工龄连续计算。

◇ 实行高层次人才休假、体检制度。根据连云港市实际，逐年提高专家和优秀人才休假、体检标准。凡引进的高层次人才，定期安排休假、体检，切实保障身心健康。

◇ 设立市创业创新人才奖，每三年评选一次。对在连云港市创业、创新、创优等方面做出突出贡献的高层次人才，由市政府颁发荣誉证书，并一次性给予重奖。

8.4 面向未来苏北振兴的科技人才政策设计

8.4.1 理论分析

8.4.1.1 理论基础

本节主要根据推拉理论进行分析，根据系统论进行设计。

推拉理论认为，人口流动是流出地和流入地各种推拉因素综合作用的结果，流动的启动是流入地对流出地产生了净拉力，或流出地对流入地产生了净推力，如图 8－1 所示。

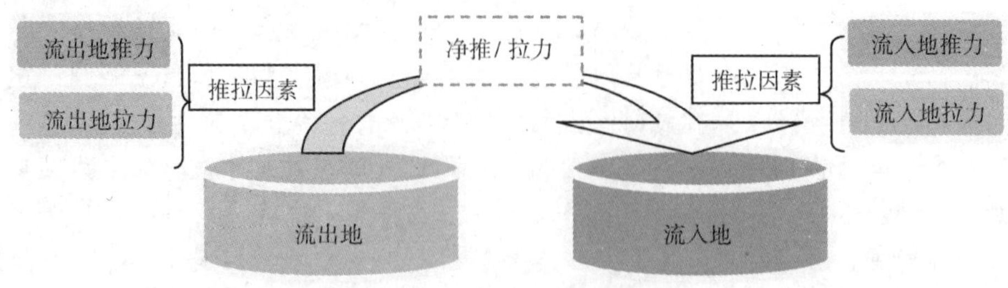

图 8－1　人口流动推拉模型

系统论认为，任何一个研究对象，都可以看作是一个系统，任何一个系统，都是由构成它的要素构成的，各要素彼此相互影响，交互作用。系统又存在于环境之中，根据与研究对象关系的远近，可把这些系统进行分级和分类。现实中的系统都是开放系统，系统与环境之间保持着信息、能量和物质的交换。

8.4.1.2　推拉因素分类

影响人口流动的推拉因素非常多且复杂，为简单起见，在推拉因素的分析中，我们可按照图 8－2 的分类进行分析。核心分类是把推拉因素首先划分为企业环境因素和区域环境因素，其他分类还包括：划分为软环境因素和硬环境因素，工作成长环境因素和生活环境因素，本人因素和家庭成员因素。

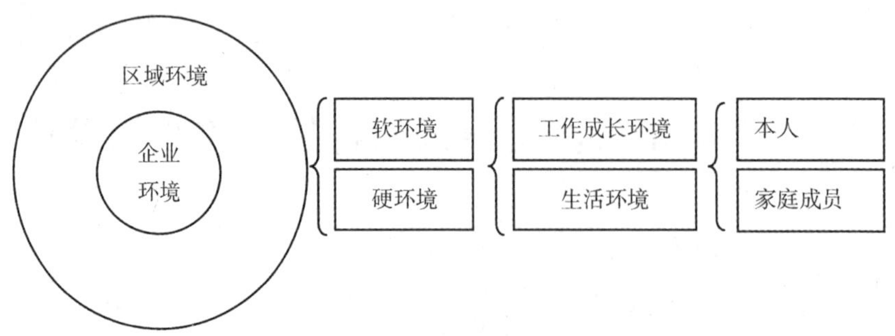

图 8－2　推拉因素分层分类模型

8.4.1.3　科技人才流动主要推拉（影响）因素

人才流动比一般人口流动的推拉因素更复杂一些，影响科技人才流动的推拉因素则更具体而复杂，主要如下：

◇ 当地产业发展规模和水平；
◇ 当地产业生态的配套性；
◇ 当地政府对地方经济发展的总体规划、服务和引导水平；
◇ 公务员整体素养；
◇ 机关办事效率；
◇ 企业规模和管理水平；
◇ 地方文化显示的尊重人才程度；
◇ 待遇；
◇ 学习机会；
◇ 成长空间；
◇ 再就业机会；
◇ 探索、实验、研发的硬件条件；
◇ 同类人才集聚与同行交流；
◇ 各类人才生态；
◇ 配偶就业机会；
◇ 基础教育水平；
◇ 子女就业机会；
◇ 医疗卫生服务水平；
◇ 生活便利性；
◇ 其他。

8.4.1.4 当前潜在流出地推拉因素分析

在本节中，流入地是苏北五市，流入地可以设定为“经济发达城市”。现在我们简单分析一下潜在流出地推拉因素的消长。

目前，经济发达城市虽然保持着对科技人才诸多拉力因素的优势，但推力因素正在迅速增长，这些推力因素主要是：

◇ 以住房为核心的生活成本急剧上升，尤以“北上广”为最；
◇ 城市过快扩大、交通拥堵，生活质量有下降倾向；
◇ 人才竞争激烈，人才感受的压力过大；
◇ 日益青睐成熟人才，新毕业大学生就业困难；
◇ 其他。

事实上，近年来，原准备在沿海大城市扎根的人才开始回归家乡或相对发达地区甚至欠发达地区就业，形成一股人才回流潮。

8.4.2 政策设计原则

根据推拉理论的分析结果和系统论的基本原理，本节认为，无论是省级还是市级科技人才政策的制定，都需要遵循如下原则：

◇ 与原有人才政策配套。面向苏北的人才政策特别是科技人才的政策应与全省性人才政策配套，尤其要与近年推行的“双创”人才政策配套。

◇ 与苏北各市县产业配套。科技人才直接服务于产业发展，必须与各地产业相配套。

◇ 超前引领又不脱离苏北实际。科技人才政策具有一定超前性，从而满足经济与社会发展需要，但也不能严重脱离苏北的实际情况。

◇ 强调人才生态。政策制定时，要注意科技人才与基础人才、科技人才与公务员人才、科技人才与社科人才之间的关系。特别是要突出公务员人才的政策执行意愿和执行能力对科技人才政策落实的影响，同时也要注意医疗、教育等基础人才对科技人才工作与生活环境的影响作用。

◇ 从区域文化建设高度思考。在大多数情况下，地区社会与经济发展的差异并非决定于地理、自然禀赋甚至政策差异，而来自文化的差异，因此，政策设计应着眼于对地方文化的有意识引导，虽然这一过程是长期的。

◇ 纳入市级领导考核指标范围。绩效指标是指挥棒，短期内把科技人才问题解决情况作为考核指标纳入各市县主要领导考核范围，有助于把科技人才政策落到实处。

◇ 延续原来的倾斜政策。原有面向苏北的科技人才支持政策仍有助于吸引外地优秀人才到苏北服务，新政策需要建立在原来政策的基础之上。

◇ 以吸引原籍为主的人才多元化策略。苏北“自产”人才数量庞大，但长期以来“孔雀东南飞”，学业结束后返回原籍工作的只占少数。因此，如何把在其他地区奋斗并已有成就的人才及大学毕业生吸引回原籍，仍是目前苏北吸引科技人才的主要方向，同时，苏北也应实现人才来源的多元化，以更加开放的心胸吸引各地人才。

◇ 政策引导与市场相结合。由于现实与历史综合因素的作用，目前市场对苏北人才的配置作用无法与经济社会发展的需求相匹配，必须通过政策的反向调查作用发挥政策与市场效用的联动，共同配置人才资源，使人才供给能够与苏北社会经济发展对人才的需求相吻合。

◇ 寻找高效的政策支点。不管怎样，在市场经济条件下，应该尽可能降低政策对市场的替代，同时降低政策成本，为此，苏北寻找合适的政策支点显得很重要。好的支点可以以小博大，以极小的政府干预、极小的政策成本来引导和配置市场人才资源。

8.4.3 面向苏北的省科技人才政策设计思路

根据上述设计原则，结合原有各类面向全省和面向苏北倾斜的科技人才政策，以及全省和苏北社会经济发展现状、苏北未来发展战略定位和产业布局，本节认为，科技人才政策设计应从以下几方面进行。

8.4.3.1 继续加大吸引人才的政策支持力度

增加人才增量是当前及将来一段时间苏北科技人才问题的关键。原有的人才吸引政策可以在一定程度上弥补被吸引人才与原工作地收入上的差距，需继续实施。

在吸引人才的选择上，除考虑与当地产业相配套的专业人才外，一定要以吸引原籍地人才为重点，强力推动“凤还巢”。原因如下：

◇ 原籍地人才对家乡多一份情感，在其他条件相同情况下，被吸引到苏北的可能较大；

◇ 原籍地人才亲人多在家乡，回原籍地工作可以方便照顾亲人，家庭和子女也易于被亲人所照顾；

◇ 原籍地人才返乡后再流失的可能性极小。

当然，也不能限于只吸引原籍地人才，这一方面可能匹配本地产业的原籍地人才可能无法满足需求，另一方面人才来源单一不易保持文化的活力。

在原籍地人才回流中，既要注重已经成熟的人才，也要重视新毕业的大学生，利用目前发达地区对新毕业大学生需求相对下降的机会多储备未来人才。因此，本节建议增设面向二本以上大学毕业生政府补贴政策。

8.4.3.2 增设连续工作奖励政策

对在苏北连续工作若干年（如十年），或工作到退休（十年内）的科技人才，设立一次性奖励资金。可分级制定不同标准。

这一奖励的设立将有助于长期稳定被引进人才，包括留住新毕业大学生。

8.4.3.3 设立专项舆论引导资金

文化差距是其他条件类似地区发展不平衡的主要决定因素。苏南和苏北经济发展的严重不平衡，背后的主要因素是两地文化的差距。

从长期的视角来看，苏北既不能靠省政府的输血健康地发展起来，也不可能靠倾斜的政策健康地发展起来，而必须靠苏北的内生动力！而内生动力的源泉，就是积极进取的地方文化。消极堕落的文化，则只能是“扶不起的阿斗”！

文化的核心是一系列价值观，发达地区文化都具有追求创造财富、推崇勤奋的社会价值观，持续发达的地区则还具备重视教育、崇尚科学等价值观。产品技术含量高的发达地区，则特别拥有尊重科技人才的价值观。

从资源禀赋来说，苏北五市都不可能走资源为主的发展道路，因而经济腾飞必须走科技道路。因此，苏北必须树立起尊重科技人才的价值观和社会风尚，只有如此，才可提升科技人才的荣誉感，才可引导当地社会在物质和待遇上向科技人才倾斜，从而补偿科技人才从外地来苏北的心理损失，并切实改善他们的物质条件。

为此，苏北可设立专项舆论引导资金。这一资金，既可由科技厅经费中支出，也可由省政府协调，由其他部门支付。

8.4.3.4 制定优化公务员队伍政策

公务员队伍的工作能力和工作态度，既是一个地区文化的集中反映，也极大地决定了一个地区的发展环境，特别是软环境。因此，公务员队伍建设具有先导性和支点性作用。在这方面，新沂市的做法值得肯定。

优化公务员队伍政策内容应包括：打破公务员的铁饭碗，实行末位淘汰和起点淘汰，提升公务员进入门槛，定期培训和考核公务员队伍。

这一政策的制定、执行和经费来源，应由省劳动与社会保障厅负责。

8.4.3.5 制定巩固基础人才队伍政策

医疗卫生人才、基础教育人才等，是一地区的基础性人才，这些人才虽然不参与地方经济的直接建设，但却对科技人才的吸引、保留有相当大的影响，因为这类人才的工作属于高层次的社会公共服务，是当地居民生活质量和生活便利性的重要体现，是一个地区社会软环境的重要因素，尤为科技人才所重视。

省相关部门应制定相应人才政策，引进和保留优秀基础人才队伍，不断提升苏北各市基础人才队伍的服务水平。

8.4.3.6 市县主官和分管官员考核纳入科技人才队伍建设指标

考核指标对官员具有明确的引导作用。目前，苏北产业振兴急需大量科技人才，但该地区此类人才严重匮乏，已经严重制约了地方产业振兴和地方经济社会发展目标的实现。把科技人才队伍建设指标纳入主官和分管官员考核指标体系，有助于把人才工作落到实处。

后 记

《江苏科技创新人才管理研究》一书终于要出炉了，它凝聚了江苏科技人才思想库的集体智慧。江苏科技人才思想库是江苏省科技厅为深入实施科教与人才强省战略的重大决策需求而建立的政府咨询机构。思想库成立三年以来，以南京理工大学为核心，聚集了一大批科技人才研究的专家、教师及相关领域的学者。团队以企业科技创新创业人才开发与管理为主要研究方向，立足理论创新与政策制定两个维度，分别从社会环境、政策制定实施、企业创造力环境、科技创新创业人才特征等多个视角对江苏科技人才扶植与创新问题进行多方面的深入研究，取得了一批初步研究成果，本书就是部分尚未公开出版和发表成果的汇集。

本书得到了江苏省软科学的资助，是江苏省软科学课题“企业创新创业人才投资的动力机制与制度政策研究（BR2013076）”和“科技创新人才引进、培养政策及其措施研究（BR2012076）”的主要成果，这两个江苏省软科学重点课题均由恢光平教授主持完成。本书共分八章，第一、二、三章主要是对科技创新人才现状与管理现状的研究，第四、五、六章主要是对现有科技人才政策进行分析；第七、八两章是为了深化与运用理论而进行的案例研究。本书由周小虎、恢光平策划、统稿；第一章由田辉完成；第二章由周小虎、张双喜、杨倚奇完成，本章同时得到江苏省经济和信息化委员会（简称江苏省经信委）资助，是江苏省经信委“工业企业人力资源现状分析与多层面适用研究”课题的主要成果；第三章由周小虎、杨倚奇、张双喜完成，本章同时得到江苏省经信委资助，是江苏省经信委“江苏工业强省战略人才支撑体系研究”课题的主要成果；第四章由杨倚奇、周小虎、张双喜完成；第五章由张双喜、杨倚奇、周小虎完成；第六章由鲁涛完成；第七章由吴杲完成，第八章由马士斌完成。

江苏科技人才思想库自成立以来，得到省科技厅领导的关心和大力支持。政策法规与体制改革处施蔚处长、朱近中处长、罗扬副处长、王建华副处长、王志宏副处长都给我们的工作提供了大量支持。南京财经大学刘志彪校长审阅了本书，并为本书撰写了序言，中国科学院心理研究所时勘教授、南京大学商学院杨东涛教授、河海大学商学院赵永乐教授等多名国内外专家、学者为思想库发展做出了特别贡献，在此一并表示感谢。最后，特别感谢经济管理出版社的张艳主任和杨雪编辑，正是他们辛勤的劳动和认真负责的态度使本书大为增色。

江苏省科技人才思想库专家团队

2014 年 6 月 4 日